Mn、Fe纳米氧化物的制备及其应用

滕飞　等著

化学工业出版社
·北京·

内容简介

本书是一部论述以低品位软锰矿为原料，从矿物中可控分离、提取锰和铁元素，制备 Mn_3O_4、MnO_2 和 Fe_2O_3 纳米氧化物及 $LiMn_2O_4$ 电池材料的专著。全书共 6 章，详细介绍了锰、铁有价元素提取和 Mn_3O_4、MnO_2 及 Fe_2O_3 纳米氧化物制备的反应原理、工艺流程、工艺条件、产品性能和应用以及制备工艺-微结构-电化学性能间相互关联规律等。本书结合冶金、材料、资源、环境等多个学科，将冶金资源材料化，建立矿物中各元素定向强化迁移规律和绿色分离的工艺以及机理框架，实现各元素的有效分离，开发高附加值产品，为低品位软锰矿的高效利用与多组元优化利用提供新思路。既能够缓解我国锰矿资源的紧张，同时可实现低品位软锰矿资源的高附加值综合利用，对锰工业的可持续发展和环境保护具有重要科学意义和实用价值。

本书可供从事冶金、材料、化学和环境等专业的科研人员和管理人员学习和参考。

图书在版编目（CIP）数据

Mn、Fe 纳米氧化物的制备及其应用 / 滕飞等著．北京：化学工业出版社，2025．12．— ISBN 978-7-122-49314-9

Ⅰ．TQ426.8

中国国家版本馆 CIP 数据核字第 20257MZ400 号

责任编辑：邢　涛　　　　装帧设计：韩　飞
责任校对：田睿涵

出版发行：化学工业出版社
（北京市东城区青年湖南街 13 号　邮政编码 100011）
印　　装：北京科印技术咨询服务有限公司数码印刷分部
710mm×1000mm　1/16　印张 12¼　字数 252 千字
2025 年 12 月北京第 1 版第 1 次印刷

购书咨询：010-64518888　　　售后服务：010-64518899
网　　址：http://www.cip.com.cn
凡购买本书，如有缺损质量问题，本社销售中心负责调换。

定　　价：98.00 元

前言

锰及其化合物已被广泛应用于国民经济的多个重要领域。硫酸锰是一种非常重要的化学中间体，是生产其他锰化合物的原料。大多数硫酸锰是通过锰矿石的加工生产的。以软锰矿为主的氧化锰矿和以菱锰矿为主的碳酸锰矿石是目前工业上主要利用的锰矿物。全球锰矿资源比较丰富，但分布不均衡。含锰量超过35%的高品位锰矿主要分布在南非、澳大利亚、加蓬和巴西。我国锰资源平均锰品位仅为20%～22%。近年来，全球对锰资源的年需求量显著增加，特别是在中国，鉴于富锰矿石的缺乏及碳酸锰矿石的快速枯竭，低品位软锰矿的开发利用备受关注。同时，大量低品位软锰矿由于高昂的还原成本或生产过程中给环境带来巨大的污染而没有得到充分利用，而成为尾矿，造成环境污染和资源浪费。因此，合理有效地利用我国低品位软锰矿，扩大锰业生产原料，将缓解目前国内锰产品供需之间的严重矛盾，又可减少废弃物的排放，符合可持续发展及对矿产资源清洁高效利用的要求。

软锰矿主要成分是MnO_2，长期以来，处理工艺主要分为火法还原焙烧浸出和湿法直接还原浸出。锰的提取工艺主要依赖于软锰矿的还原预处理，这使得处理过程复杂且成本高昂或动态缓慢。过渡金属Mn、Fe氧化物具有独特的结构和优异的理化性质，使其在催化、磁性材料、传感器、防腐材料、分子吸附、电池、超级电容器以及空气净化等领域存在着广泛的应用价值。纳米微粒可以表现出特殊的热学、电学、光学和磁学性质，成为近年来研究的热点。通过微观结构设计与调控，制备出比表面积大、粒径小的Mn、Fe纳米氧化物，在解决能源和环境问题方面具有重要的实际意义。

为了推动我国的低品位软锰矿综合利用的发展，帮助高校、科研院所的研发，我们撰写了《Mn、Fe纳米氧化物的制备及其应用》一书。

全书共分成6章。第1章是绪论。第2章主要介绍了本书中制备Mn_3O_4、MnO_2、Fe_2O_3的原材料、主要设备及产物表征及电化学性能测试方法。第 3 章涉及硫酸直接焙烧低品位软锰矿提锰的原料、反应原理、工艺研究及提锰渣化学成分及微观形貌分析。第 4 章叙述了提锰液制备 Mn_3O_4 的原理、工艺路线、制备方法、特性表征与产品应用及基于 Mn_3O_4 原料制备锰酸锂的电化学性能研究。第 5 章介绍了提锰液制备铁掺杂 MnO_2 的原料、工艺、特性表征及其超电容性能。第 6 章介绍了提锰渣提铁的工艺和提铁液制备 Fe_2O_3 的工艺、特性表征及其超电容性能。笔者十多年以来，一直从事相关方向的教学和科研工作。有长期的有色金属分离提取、电极材料合成及改性研究、材料物性分析表征的实践经验和理论研究基础。本书是对我们开展的低品位软锰矿有价元素提取和高附加值利用研究的归纳和总结。第 1 章的 1.6 节、第 2 章的 2.5 节、第 4 章的 4.7 节由罗绍华（东北大学）和滕飞（东北大学）撰写。其余章节由滕飞（东北大学）撰写，全书由滕飞统一补充修改定稿。

本书的研究工作和撰写得到了河北自然科学基金青年基金（E2022501028）、中央高校基本科研业务费（N2223010）、东北大学秦皇岛分校河北省电介质与电解质功能材料重点实验室运行经费（14460109）和河北省省级科技计划（24464402D）的资助，在此致谢。同时对书中所引用的文献资料的作者予以感谢。

Mn、Fe 纳米氧化物涉及面广，又是正在蓬勃发展之中，著者水平和经验有限，尽管查阅了大量资料，并对书稿中内容进行多次修正，但难免有不妥之处，敬请专家和读者批评指正。

滕飞

2025 年 6 月

目录

第1章

绪 论

1.1 锰矿资源概述

1.1.1 锰矿石品位和分类

自然界中含锰矿物有150多种，锰矿按矿物的化学成分可分为氧化矿物、碳酸盐矿物、硫化矿物、硅酸盐矿物和硼酸盐矿物等。锰矿物种类主要有软锰矿、硬锰矿、水锰矿、黑锰矿和菱锰矿等，常见锰矿物的物理性质列于表1.1。

表1.1 常见锰矿物物理性质

类别	矿物名称	化学式	晶系	颜色	密度/($g\cdot cm^{-3}$)
氧化矿物	软锰矿	MnO_2	四方	钢灰至黑	4.3～5.0
	硬锰矿	$BaMn^{2+}Mn_9^{4+}O_{20}\cdot 3H_2O$	单斜	黑、灰黑	4.4～4.7
	水锰矿	$MnO(OH)$	单斜	暗钢灰	4.2～4.4
	褐锰矿	Mn_2O_3	四方	灰黑	4.7～5.0
	黑锰矿	Mn_3O_4	四方	黑	4.7～4.9
碳酸盐矿物	菱锰矿	$MnCO_3$	三方	粉红至白	3.6～3.7
	锰方解石	$(Ca,Mn)CO_3$	三方	白至浅粉红	2.7～3.8
	锰菱铁矿	$(Mn,Fe)CO_3$	三方	灰至白	3.5～3.7
硫化矿物	硫锰矿	MnS	立方	深绿、钢灰	3.9～4.1
	褐硫锰矿	MnS_2	立方	浅灰黑	3.4～3.5

续表

类别	矿物名称	化学式	晶系	颜色	密度/($g \cdot cm^{-3}$)
硅酸盐矿物	蔷薇辉石	$MnO \cdot SiO_2$	三斜	粉红	3.4～3.7
	钙蔷薇辉石	$Ca_3Mn_3[Si_3O_9]_2$	三斜	淡红至褐红	3.1～3.4
硼酸盐矿物	锰方硼石	$Mn_3(B_7O_{12})OCl$	立方	白、灰、淡红	3.48～3.49

氧化锰矿与碳酸锰矿是目前工业上主要利用的锰矿物，其中绝大部分应用于钢铁行业。在已探明的储量中，碳酸锰矿所占比例最高，储量占 73.81%，碳酸锰矿物以菱锰矿（$MnCO_3$）为主，约占碳酸锰矿物的 97%，其次为锰方解石、锰菱铁矿和锰白云石等。氧化锰矿一般品位较高，是目前主要开采的矿石类型，储量占 19.89%，氧化矿物以软锰矿（MnO_2）为主。软锰矿一般由 MnO_2、Fe_2O_3、MgO 和 SiO_2 等氧化物组成，主要化学成分是 MnO_2，颜色随成分、含量的不同呈钢灰至黑色，具有一定金属光泽，硬度随结晶程度和形态而异，密度为 4.7～5.0$g \cdot cm^{-3}$，属斜方晶系，一般呈块状，有时具有放射纤维状，有些软锰矿矿石表面还呈现出树枝状，人称假化石，如图 1.1 所示。

图 1.1　软锰矿外观形貌

(a) 块状；(b) 纤维状；(c) 树枝状

自然资源部根据我国矿石采选难易程度以及锰矿资源产出特点，对我国优质锰矿及优质富锰矿的品位和杂质含量指标作出规定，详见表 1.2。

表 1.2　优质锰矿和优质富锰矿品位及杂质含量指标

自然类型	工业分类	品级	锰质量分数/%	锰铁质量比	磷锰质量比	灼失量/%
碳酸锰矿石	优质锰矿		≥15	≥6	≤0.003	20
	优质富锰矿	Ⅰ	≥28	≥6	≤0.003	20
		Ⅱ	≥25	≥4	≤0.005	20

续表

自然类型	工业分类	品级	锰质量分数/%	锰铁质量比	磷锰质量比	灼失量/%
氧化锰矿石	优质锰矿		≥18	≥6	≤0.003	
	优质富锰矿	Ⅰ	≥35	≥6	≤0.003	
		Ⅱ	≥30	≥4	≤0.005	

根据工业类型，锰矿石可分为冶金用锰矿石、电池用锰矿石和化工用锰矿石等。

① 用于冶金工业的锰矿石占95%。钢铁工业中使用的冶金级要求锰的质量分数为35%～55%，一般Mn/Fe比大于5；锰的质量分数为5%～35%的铁质锰矿石适合制造锰铁；锰质量分数5%～10%的含锰铁矿用于生产含锰生铁。

② 电池原料用锰占1.85%。电池级要求锰的质量分数为44%～54%。

③ 化工用锰占1.5%。化工级有各种规格，取决于具体的用途。

④ 其他行业用锰不足1%。其中肥料和饲料级需要用锰占30%～60%。

1.1.2 锰矿资源的分布

全球锰矿资源总量较丰富。在化学元素周期表中，锰的地壳丰度排名第12位，其中大部分的锰存在于地幔中。在过渡元素中，锰含量仅次于铁和钛，排名第3位，但在地理分布上很不均衡。图1.2(a)展示了世界锰矿储量分布情况。据美国地质调查局（USGS）2016年统计，以锰金属含量计，全球陆地锰矿储量约为6.9亿吨。99.5%以上的锰矿资源集中在南非、乌克兰、巴西、澳大利亚、印度、中国、加蓬、加纳、哈萨克斯坦和墨西哥，这些国家的矿石类型主要为氧化锰矿。锰质量分数高于35%的高品位锰矿主要分布在南非、巴西、澳大利亚和加蓬，主要矿床类型为沉积变质型和风化壳型。中国的锰矿资源以锰质量分数低于30%的低品位锰矿为主。乌克兰锰储量居世界第二位，70%的矿石类型为低品位碳酸盐锰矿石。加纳和乌克兰主要矿床类型为火山沉积型和沉积型。2008年部分国家锰矿资源品位分布情况见表1.3。

从图1.2(a)可以看出，中国锰矿资源储量位居世界第6位，锰矿储量约占世界总量的6.2%。我国锰资源分布很广，已在23个省、直辖市、自治区勘察并发现了锰矿。截至2016年底，查明我国锰矿产地有500多处，但分布不均衡，主要集中分布在西南和中南地区，还有少量锰矿资源分布在西北、东

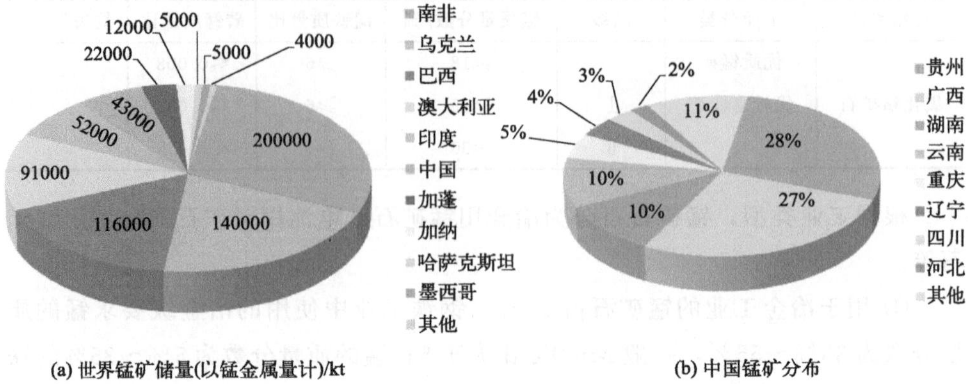

图 1.2　世界锰矿储量与中国锰矿分布（美国地质调查局；国际锰协会；中国锰业）

北和华东地区。中国锰矿分布情况如图 1.2(b) 所示。锰矿资源主要分布在贵州、广西、湖南、云南、重庆和辽宁等地。上述 6 个省（市、自治区）的锰矿资源占全国锰资源储量的 84%，尤其是贵州和广西两地，锰矿资源储量占到了全国的 55%。四川和河北也有少量锰矿，分别占 3%和 2%。根据 2016 年找矿成果，在贵州发现 4 个超大锰矿床，贵州已超越广西，成为中国锰资源最为丰富的地区；其中在铜仁松桃普觉锰矿勘查区发现资源量达 1.92 亿吨（以矿石量计）的超大型锰矿床。有 27%的锰矿集中在广西，位居全国第二。其次是占全国资源量 10%的湖南和云南，排名并列第三。

表 1.3　2008 年部分国家锰矿品位分布

国家	南非	乌克兰	巴西	澳大利亚	印度	中国	加蓬	墨西哥
品位/%	30～50	18～22	27～48	40～50	25～50	15～30	50	25

1.1.3　我国锰矿资源的特点

我国锰矿根据矿石种类、地质特征、资源分布和开采技术条件等方面，具有以下特点：

① 资源分布极不平衡。从图 1.2(b) 中可明显看出，我国锰矿资源主要分布于南方地区，北方锰矿资源严重不足，逐步形成了以贵州、广西、湖南、云南和重庆为主导的锰矿资源开采局势。

② 矿床规模多为中、小型，难以充分利用现代化技术开采。截至 2016 年

底，以矿石量计，资源量≥1亿吨的超大型锰矿有5处，分别是广西下雷，贵州松桃普觉、高地、道坨和桃子坪，资源量≥2000万吨的大型锰矿有30多处，其余均为中小型矿。

③ 矿石品位低。我国锰矿资源的平均品位只有20%～22%，比世界锰矿平均品位低10%～15%。优质富锰矿（氧化锰矿锰质量分数≥30%，碳酸锰矿锰质量分数≥25%）储量只占6.4%，贫锰矿储量占93.6%，符合国际商品级锰质量分数≥48%的富锰矿石几乎没有。

④ 矿石结构复杂。对国内锰矿资源主要分布区的一些锰矿的研究结果表明，绝大多数锰矿中的有用矿物嵌布粒度细，小于几十微米，甚至有的小于1μm，属于细粒或微细粒；选别难度大，技术加工性能不理想。

⑤ 矿石开采条件差。我国锰矿主要是碳酸锰矿，大多属于沉积或沉积变质型，矿体埋藏深，矿层薄，需要进行地下开采，适宜露天开采的只有6%；矿体呈断层、裂隙发育，分布面广，难以扩大地下开采规模，从而增加了采矿难度和成本。

⑥ 矿石组分复杂，杂质和伴生元素含量高。按照表1.2优质锰矿石标准，高磷、高铁锰矿石储量占很大比例。在已勘探的209处矿床中，铁含量偏高的锰矿占73.0%，其中高铁碳酸锰矿石占碳酸锰矿的69.7%。磷含量偏高的占49.6%，其中高磷碳酸锰矿石占60.61%，磷含量满足工艺要求的占32.7%，其余占6.69%。在我国一些锰矿石中，共（伴）生多种有用组分，主要有铁、锌、银、镍、铅、钴和金等元素，这类矿石在选择提取工艺时应考虑伴生资源的综合回收利用。

1.1.4 我国锰矿市场供需及进出口贸易情况

图1.3列出了近几年来我国锰矿产量和需求量情况。如图可知，2015～2018年我国锰矿产量呈逐年下降趋势，我国锰矿产量占全球总产量的比例也逐年下降，到2019年稍有增加。然而，2015～2019年我国对锰矿的需求量逐年增加，而且需求量远大于产量，需求缺口主要来源于进口。图1.4为近几年我国锰矿砂及精矿的进口数量。显然，2015～2019年我国锰矿砂及精矿进口量呈逐年上升趋势，尤其2015～2018年进口量同比增长迅速。通过对比图1.3和图1.4可知，我国对锰矿的需求量主要来自进口。

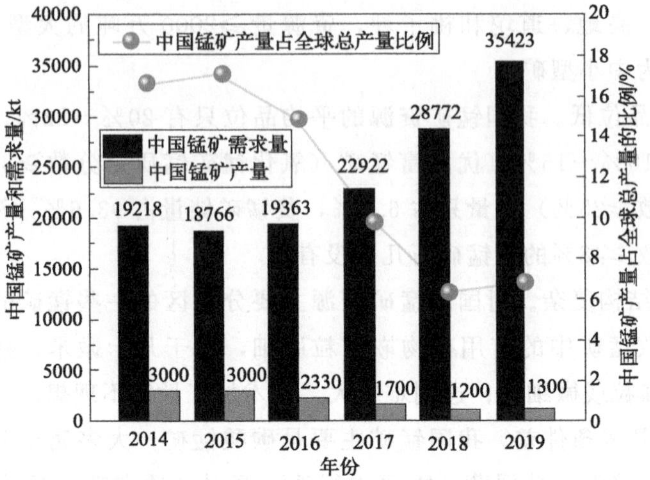

图 1.3　中国锰矿产量和需求量

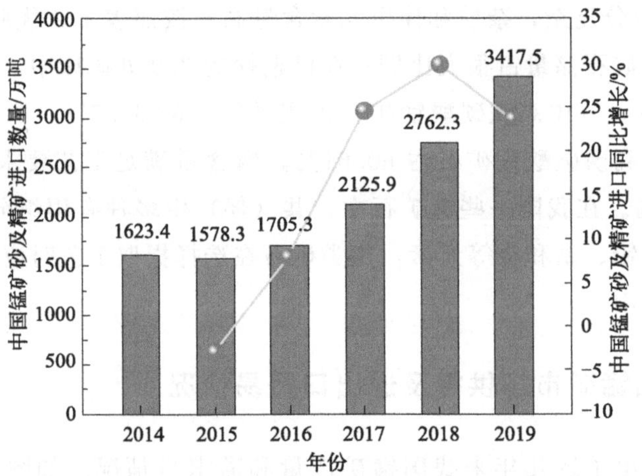

图 1.4　中国锰矿砂及精矿进口量

1.2　低品位软锰矿处理工艺及研究现状

作为全球最大的锰资源消费国和主要锰产品生产国，中国对锰矿资源的需求日益增长。随着锰矿资源的大力开发，锰矿资源急剧减少，矿石品位也逐渐降低，碳酸锰矿品位已从 18%～20%降低至 13%～15%。鉴于碳酸锰矿的大规模消耗，软锰矿已成为重要的原料。但我国锰矿储量主要为低品位锰矿，高品位锰矿的缺乏加剧了锰矿的供需矛盾。此外，在高品位软锰矿的开采、破碎、选矿和运输过程中，约有30%的锰矿转化为低品位矿粉。大量低品位软锰矿成为尾矿堆积起来，既污染环境，又浪费资源。因此，低品位软锰矿的高效开发利用迫在眉睫。近年来，研究人员一直在努力从低品位软锰矿中回收锰。目前，国内外低品位软锰矿的处理工艺主要有火法还原焙烧浸出和湿法直接还原浸出。

1.2.1 火法还原焙烧浸出

火法还原焙烧是将软锰矿与碳、氢和硫等还原剂充分接触，在高温焙烧下将 MnO_2 还原为 MnO 的过程。浸出方法主要有酸浸、水浸和氨浸。

1.2.1.1 煤基还原焙烧-浸出

煤基还原焙烧-浸出所用的还原剂主要有煤炭、一氧化碳、水煤气等，在较高焙烧温度下将 MnO_2 还原成 MnO 后，用浸出剂浸出。其中碳热还原浸出剂一般选用硫酸，得到硫酸锰溶液。碳热还原焙烧-浸出过程中发生的主要反应如式(1-1)～式(1-4)所示。Welham 等研究了磨矿时间对锰矿碳热还原的影响，结果表明，预磨处理可起到机械活化的作用，相比未磨粉末，将煤与氧化锰矿预磨后再焙烧，可使焙烧温度从800℃降到600℃。田宗平等采用煤气发生炉供热，在新型立式窑炉中碳热还原连续焙烧低品位软锰矿，软锰矿还原率达93%以上。碳热还原法工艺成熟，但焙烧温度较高，需800～1050℃；烟气排放量大，不利于环保；而且煤属于不可再生资源，不利于可持续发展。采用一氧化碳或水煤气做还原剂时，焙烧还原反应如式(1-5)～式(1-8)所示：

$$4MnO_2 + C \xlongequal{} 2Mn_2O_3 + CO_2\uparrow \tag{1-1}$$

$$6Mn_2O_3 + C \xlongequal{} 4Mn_3O_4 + CO_2\uparrow \tag{1-2}$$

$$2Mn_3O_4 + C \xlongequal{} 6MnO + CO_2\uparrow \tag{1-3}$$

$$MnO + H_2SO_4 \xlongequal{} MnSO_4 + H_2O \tag{1-4}$$

$$2MnO_2 + CO \xlongequal{} Mn_2O_3 + CO_2 \tag{1-5}$$

$$3Mn_2O_3 + CO \xlongequal{} 2Mn_3O_4 + CO_2 \tag{1-6}$$

$$Mn_3O_4 + CO \xlongequal{} 3MnO + CO_2 \tag{1-7}$$

$$Mn_3O_4 + H_2 \xlongequal{} 3MnO + H_2O \tag{1-8}$$

1.2.1.2 硫基化还原焙烧-浸出

硫基化还原焙烧使用的还原剂主要有硫、二氧化硫和黄铁矿（FeS_2）等。用硫做还原剂反应式为式(1-9)～式(1-13)。Zhang等使用化学纯硫作为还原剂还原焙烧低品位氧化锰矿，然后用硫酸对焙烧熟料进行浸出，锰的浸出率为95.6%，铁的浸出率为14.5%。

$$4MnO_2+S = 2Mn_2O_3+SO_2\uparrow \tag{1-9}$$

$$6Mn_2O_3+S = 4Mn_3O_4+SO_2\uparrow \tag{1-10}$$

$$3Mn_3O_4+S = 8MnO+MnSO_4 \tag{1-11}$$

$$Mn_3O_4+3S = 2MnS+MnSO_4 \tag{1-12}$$

$$MnS+3Mn_3O_4 = 10MnO+SO_2\uparrow \tag{1-13}$$

二氧化硫做还原剂的反应如式(1-14) 所示。You等用SO_2作还原剂，采用选择性硫酸盐焙烧-水浸工艺从高铁低品位氧化锰矿中回收锰，锰的提取率达90.6%，铁的提取率为3.5%。

$$MnO_2+SO_2 = MnSO_4 \tag{1-14}$$

以黄铁矿为还原剂，将其与软锰矿混合焙烧提锰的工艺主要化学反应为式(1-14) 和式(1-15)。黄铁矿焙烧产物为水溶性硫酸盐，可以采用水浸。朱贤徐等用黄铁矿还原焙烧低品位软锰矿提锰，焙烧实验中锰的提取率达90%以上，锰的总回收率为85%以上。硫基化焙烧还原主要面临的问题是对环境污染比较严重和操作条件较差，尤其是采用矿石类还原剂还原焙烧时，后续的浸出工序中渣量大，浸出液化学成分复杂难净化，因此相较于碳热焙烧还原其工业化应用较为困难。

$$4FeS_2+11O_2 = 2Fe_2O_3+8SO_2 \tag{1-15}$$

1.2.1.3 生物质热解还原焙烧-浸出

生物质热解还原是以稻草、玉米秸秆、麦秆、甘蔗渣和木屑等生物质作还原剂，将其与氧化锰矿混合后在程序控制温度下反应一定时间得到MnO的过程。生物质热解还原的过程包括两个步骤：生物质热解产生具有还原性的有机挥发分；还原性有机挥发分将MnO_2逐级还原成MnO。Cheng等以玉米秸秆作为还原剂，还原焙烧低品位氧化锰矿，以硫酸为浸出溶剂，锰的回收率在优化条件下达到90.2%。Yang等采用甘蔗渣作还原剂，在管式炉中无氧焙烧低品位软锰矿，然后用3mol·L^{-1}硫酸溶液浸出，锰的回收率可达98.1%。生物质焙烧还原所需温度较低，焙烧温度为300～600℃，具有生产能耗低和环境污染小等优点；但所需生物质配比较大，需10%～35%，混匀困难；此外，其质量控制困难和供应无保障等，导致其较难在短期内进行工业化应用。

1.2.1.4　微波还原焙烧-浸出

微波的电磁波频率范围是0.3～300GHz。微波加热是一种新型加热技术，微波加热通过材料内部的介电损耗直接将反应所需的能量转移到反应分子或原子上，利用矿物和脉石电磁特性的不同，使其优先加热矿石中的有价值矿物。与传统加热方式相比，微波能量直接作用于物体。因此，微波加热具有选择性好、加热均匀、加热速率快、能耗低、清洁生产等特点，有利于提高能源效率和更好的运行条件。微波还原焙烧可极大地提高软锰矿提取效率，降低焙烧还原过程中的能耗，缩短反应时间，提高产品质量和回收率，减少环境污染，但目前的技术限制微波仪器向大型化、工业化方向发展。Li等结合生物质作为还原剂和微波作为能源还原软锰矿的优点，以核桃壳为碳源，微波为能源，探索了软锰矿的还原过程。在加入18%核桃壳，650℃下焙烧30min时锰的回收率为92.01%。Li等微波碳热还原低品位软锰矿技术已进入中试研究阶段，在加煤量为15%，焙烧温度650℃下恒温60min后，锰的提取率达95.38%。

1.2.2　湿法直接还原浸出

湿法直接还原浸出是指将软锰矿加入含有还原剂的酸性介质中浸出，在这个工序中，还原和浸出是同时进行的。近年来，软锰矿的湿法直接还原浸出成为国内外研究的热点，相较于传统的焙烧还原工艺具有能耗低和环境污染小等优点，有利于当代的可持续发展，逐渐成为处理低品位软锰矿的有效途径和发展方向。还原剂的选择是提锰工艺的关键因素，根据还原剂的性质，可将其分为无机还原剂和有机还原剂。

1.2.2.1　无机还原剂还原浸出

无机还原剂主要有二氧化硫、硫酸亚铁、硫化钙、铁金属和黄铁矿（FeS_2）等。Bafghi等研究了以粉状海绵铁放于稀硫酸中还原浸出氧化锰矿。根据其理论和实验结果得出结论：金属铁优于亚铁离子的溶解速率和效率；采用金属铁作还原剂，即使在室温，氧化锰矿在稀硫酸中也能快速溶解，而且浸出率较高；提高温度可缩减反应时间。Li等以CaS为还原剂，用稀硫酸从低品位氧化锰矿中回收锰。在优化条件下，锰的浸出率为96.47%，铁的浸出率为19.24%。除此之外，此工艺可以用于处理其他氧化锰矿，锰的回收率可达95%以上。冯雅丽等采用黄铁矿作为还原剂，研究了软锰矿-黄铁矿-硫酸的浸出过程。在反应过程中，FeS_2 和 MnO_2 通过 Fe^{3+} 和 Fe^{2+} 在反应体系中的电子转化实现二者的氧化还原反应。FeS_2 和 MnO_2 的反应过程如图1.5所示。黄铁矿-软锰矿两矿法硫酸浸出过程中发生的化学反应如下：

$$2FeS_2+15MnO_2+28H^+ = 15Mn^{2+}+2Fe^{3+}+14H_2O+4SO_4^{2-} \quad (1\text{-}16)$$

$$2FeS_2+3MnO_2+12H^+ = 3Mn^{2+}+2Fe^{3+}+6H_2O+4S \quad (1\text{-}17)$$

$$2FeS_2+9MnO_2+20H^+ = 9Mn^{2+}+2Fe^{3+}+10H_2O+2S+2SO_4^{2-} \quad (1\text{-}18)$$

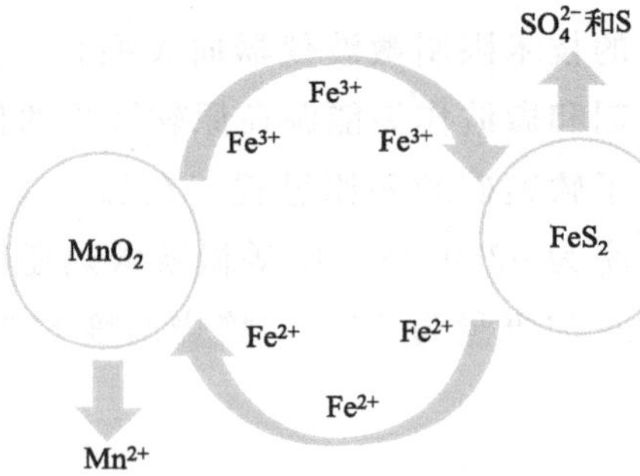

图1.5 FeS_2 和 MnO_2 的反应原理示意图

微波加热方式具有可以减少还原剂和硫酸的用量、缩短反应时间和环保等优点，最近也被用于湿法浸出中。Lin等以黄铁矿为还原剂，分别采用微波浸出法和常规浸出法处理低品位软锰矿回收锰。在其他实验条件相同的情况下，采用微波加热和常规加热锰的浸出率分别为95.07%和75.08%，实验结果验证了微波加热可提高锰的浸出率。

1.2.2.2 有机还原剂还原浸出

无机还原剂还原浸出，包括最受关注的二氧化硫吸收法和黄铁矿-软锰矿两矿法，在大规模工业化应用上并不成功。目前，采用有机还原剂还原浸出的方法备受关注，使用的有机还原剂有葡萄糖、甘蔗糖蜜、废茶、玉米芯、抗坏血酸、燕麦秸秆和蔗渣等。Pagnanellia等使用葡萄糖作还原剂，用硝酸浸出低品位锰矿。通过优化浸出实验条件，锰提取率达99%，铁浸出率低至0.05%，较好地解决了锰的高效浸出问题。Su等以 $60g\cdot L^{-1}$ 甘蔗糖蜜为还原剂，以 1.9mol·L^{-1} 硫酸为浸出介质，在 90℃下浸出低品位锰矿 120min，锰的提取率高达 97.0%，同时铝和铁的浸出率较低，分别为 21.5% 和 32.4%。Tian 等以玉米芯为还原剂，在稀硫酸介质中浸出某氧化锰矿，锰回收率为 92.8%，同时铁的浸出率为 24.6%，较好地拓宽了能源渠道，符合绿色经济要求。Tang 等以加蓬锰矿和湘西锰矿为原料，以废茶为还原剂，在稀硫酸溶液中浸出锰矿。加蓬锰矿石在优化条件下浸出率高达 100%，湘西氧化锰矿在优化条件下浸出率达 99.8%。满瑞林等以资源丰富的燕麦秸秆为还原剂，将软锰矿、燕麦秸秆共同放入硫酸中浸出，锰、铁的提取率分别为 96.1% 和 46.8%。燕麦秸秆-硫酸浸出软锰矿的反应机理与以玉米芯、木屑等植物作为还原剂酸浸反应基本相同。首先秸秆中的纤维素和半纤维素在硫酸介质中水解生成还原性糖，对应的反应如下：

$$(C_{12}H_{22}O_{11})_n + nH_2O \xrightarrow{H_2SO_4} 2nC_6H_{12}O_6 \tag{1-19}$$

$$(C_5H_{12}O_6)_n \xrightarrow{H_2SO_4} nC_5H_{10}O_5 + nH_2O \tag{1-20}$$

MnO_2 在酸性条件下再与还原性糖发生氧化还原反应，被还原成 Mn^{2+} 进入溶液中。其反应如式(1-21) 和式(1-22) 所示。研究人员也尝试了采用其他各种还原剂还原浸出软锰矿提锰，在低品位软锰矿有价组元分离方面取得了丰硕的成果。但还原剂的加入会引入杂质元素，从而增加锰的纯化难度。使用有机还原剂处理软锰矿已被证明是无污染、可行的技术，然而，考虑到还原剂的较高费用和消耗率，这项技术的商业应用还很少。

$$C_6H_{12}O_6 + 12MnO_2 + 12H_2SO_4 = 12Mn^{2+} + 18H_2O + 12SO_4^{2-} + 6CO_2\uparrow \tag{1-21}$$

$$C_5H_{10}O_5 + 10MnO_2 + 10H_2SO_4 = 10Mn^{2+} + 15H_2O + 10SO_4^{2-} + 5CO_2\uparrow \tag{1-22}$$

1.2.2.3　微生物还原浸出

微生物浸出软锰矿工艺有两种类型：一种是利用自养型细菌的代谢产物将 MnO_2 还原成 Mn^{2+} 进入溶液，称为微生物间接浸出法；另一种是利用异养型细菌自身的还原特性将 MnO_2 还原成 Mn^{2+}，称为微生物直接浸出法。Keshavarz 等以黑曲霉菌为还原剂从低品位软锰矿中回收锰，分析了不同的接触法和营养来源对锰回收率的影响。在最佳条件下，锰的最大回收率超过 80%。Lan 等最新研究了一种以软锰矿或纯 MnO_2 为原料，利用微细菌 Y1 和废糖蜜从软锰矿中提取锰的工艺，锰的浸出率达 98%，浸出期为 6～8 天。图 1.6 为对应的微生物浸出软锰矿回收锰的机理示意图，其反应原理是细菌 Y1 在体系中产生大量酪氨酸类物质，可以促进糖的分解和 Mn(Ⅳ) 的还原，然后在 pH＝3.5 的弱酸性环境中浸出锰氧化物（Ⅱ）。尽管微生物湿法的过程成本低、对环境更友好，适合处理低品位矿，但还没有商业化，主要是因为生物还原浸出法需要根据体系中存在的每种类型的元素进行调整，受环境影响大，而且这些过程在动态上非常缓慢。

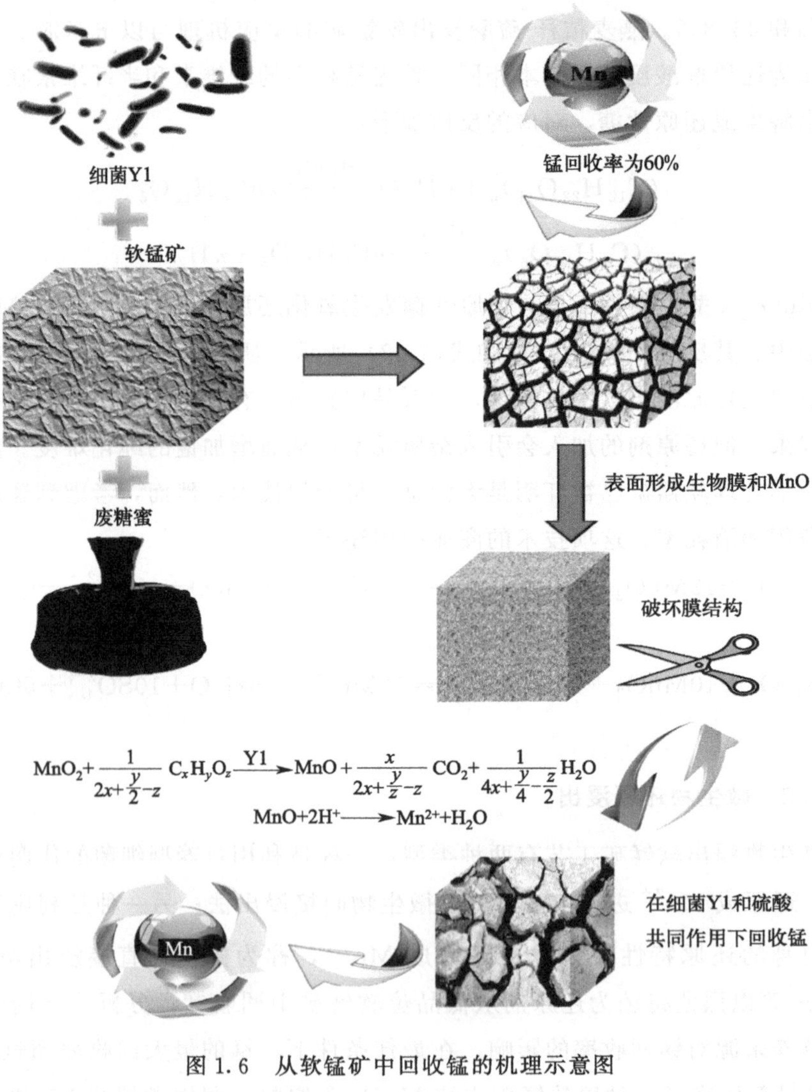

图 1.6　从软锰矿中回收锰的机理示意图

与火法相比，湿法处理低品位软锰矿是一种环保的冶金方法，但存在着酸用量大、对设备要求高等缺点。

1.3　四氧化三锰的研究现状

1.3.1　四氧化三锰的性质和结构

自然界中的四氧化三锰（Mn_3O_4）呈黑色，条痕为浅红色或褐色；人工合成的 Mn_3O_4 随制备工艺、粒度大小以及表面性能的不同而呈现棕黄色、棕红色、深红色和黑色等。理论锰的质量分数 72.03%，硬度 5，熔点 1590℃，密度 $4.7 \sim 4.9 g \cdot cm^{-3}$。$Mn_3O_4$ 不溶于水，可溶于盐酸、硝酸和硫酸。任何其他锰的氧化物、锰的氢氧化物、锰盐在空气中加热或灼烧至一定温度均可得到棕红色的 Mn_3O_4 粉末。Mn_3O_4 既有一定的氧化性，也有一定的还原性。由于 Mn_3O_4 中 Mn^{2+} 的核外电子组态为 $3d^5$，Mn^{3+} 的核外电子组态为 $3d^4$，两者均有未成对电子，故 Mn_3O_4 具有磁性。在室温下，Mn_3O_4 具有顺磁性，Mn_3O_4 在居里温度（T_c 约为−231℃）时为铁磁性。

Mn_3O_4 在 1160℃以下具有扭曲四方尖晶石结构，其晶胞结构如图 1.7(a) 所示。其结构通式为 AB_2O_4，离子分布式为 $Mn^{2+}(Mn^{3+})_2O_4$，其中 O^{2-} 为立方紧密堆积，Mn^{2+} 位于四面体中心（位置 A），八面体中心（位置 B）被 Mn^{3+} 占据，其几何结构图如图 1.7(b) 和 (c) 所示。氧八面体的正方扭曲是由于姜-泰勒效应（Jahn-Teller effect，JTE）对 Mn^{3+} 的影响。在 Mn_3O_4 结构中，八面体位的 Mn^{3+} 的核外电子排布 d^4 具有低自旋态，而 Mn^{2+} 的核外电子排布 d^5 具有高自旋态。另外，有研究者认为 Mn_3O_4 内层是 $2MnO \cdot Mn_2O_3$，而表层是 $MnO \cdot MnO_2$，存在 Mn^{2+}、Mn^{3+}、Mn^{4+} 三种离子。还有研究人员认为 Mn_3O_4 的结构是由一个 Mn^{2+} 和一个 Mn^{4+} 组成，即 $2MnO \cdot MnO_2$。当温度大于 1160℃时，Mn_3O_4 会畸变为立方尖晶石结构，这是由占据 B 位的 Mn^{3+} 按照式(1-23) 发生歧化反应所致：

$$2Mn^{3+} \longrightarrow Mn^{2+} + Mn^{4+} \tag{1-23}$$

1.3.2　四氧化三锰的用途

Mn_3O_4 在许多领域有广泛应用价值，因具有出色的电磁性能，Mn_3O_4 被

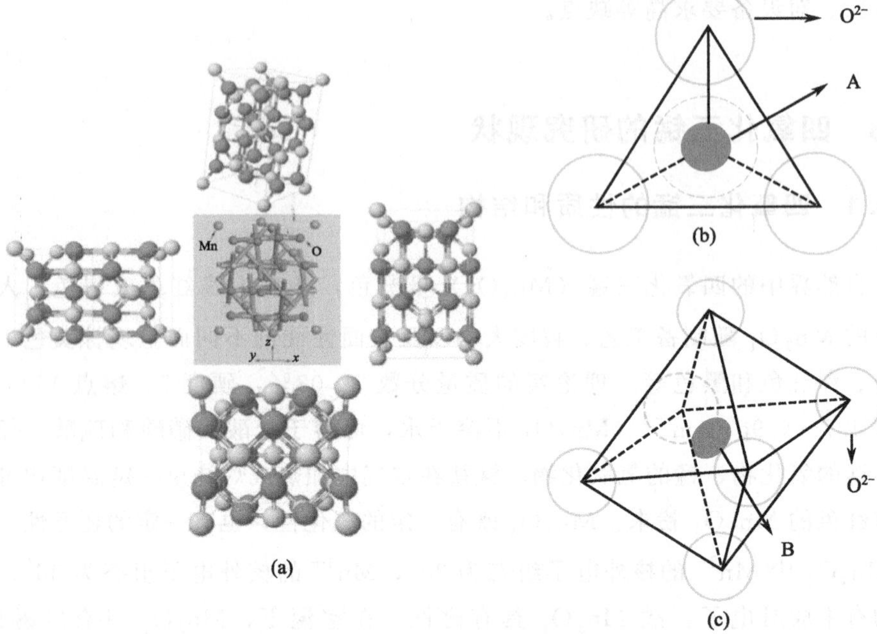

图 1.7 Mn_3O_4 的晶胞结构示意图

(a) 多角度下的 Mn_3O_4 晶胞结构；(b) 氧离子立方密堆中的 A 位置；(c) 氧离子立方密堆中的 B 位置

用于生产锰锌铁氧体等软磁材料。软磁铁氧体可应用于微波技术、电子和电气等工业领域。例如电子计算机的磁芯、存储电子资料的磁记录材料、电话用变压器、光伏发电用的高频变压器、电视用的回扫变压器、新能源汽车的电能转换器、滤波电感器和天线棒等。软磁铁氧体材料的纯度对其性能有较大影响，因而对用于软磁铁氧体的 Mn_3O_4 纯度要求较高。高比表面积、高纯度的 Mn_3O_4 电子材料的生产曾是被国家支持和鼓励优先发展的高新技术产业。目前，锰锌铁软磁铁氧体行业是 Mn_3O_4 最主要的应用领域，其用量占我国 Mn_3O_4 总产量的 80%以上。

近年来，Mn_3O_4 应用到电池领域。因其特殊的扭曲尖晶石结构，用 Mn_3O_4 合成尖晶石结构 $LiMn_2O_4$ 电极材料的过程中不存在剧烈的结构变化，更易合成性能优异的 $LiMn_2O_4$。因此，Mn_3O_4 成为 $LiMn_2O_4$ 锂离子电池正极材料的优质原料。随着锂离子电池的迅猛发展，对 Mn_3O_4 材料的活性、粒径和纯度等要求更高。比表面积大、粒径小，纯度高的 Mn_3O_4，更能满足 $LiMn_2O_4$ 合成中对原料的特殊要求。另外，由于 Mn_3O_4 具有低成本、高比电容、高功率密度和环境友好等优势，已成为超级电容器电极材料的理想选择之一。

Mn_3O_4 可被用于一氧化碳和甲烷的氧化反应和硝基苯的选择性还原反应的催化剂。它也是有机化合物在 100～500℃的燃烧反应和分解废气中的氮氧化物和一氧化碳的催化剂，可以控制废气中的氮氧化物和挥发性有机化合物的排放，减少空气污染。还可作为过氧化氢分解亚甲基蓝染料的活性催化剂。另外，它对臭氧的选择性催化还原和硫化氢的去除也具有活性。

除以上用途外，Mn_3O_4 也逐步拓展到其他应用领域，如在分子吸附领域，可用于处理重金属废水来净化水资源。Mn_3O_4 还可用作涂料的色料，添加 Mn_3O_4 的涂料具有更强的抗腐蚀性能。用于低温热敏电阻和光学玻璃的制造、石油钻井泥浆增重剂等。

1.3.3 四氧化三锰的制备方法

Mn_3O_4 的制备有多种分类方法。按制备原理可分为低价锰氧化法和高价锰还原法。按照工艺特点及反应性质可分为：水热法、微波辅助法、声化学法、溶剂热法、溶胶-凝胶法、高温固相法、电沉积法和化学沉淀法等。按所用锰原料的不同主要可分为：金属锰氧化法、高价锰氧化物法、锰盐法和锰矿法。以下按照锰原料的不同，对 Mn_3O_4 的制备方法进行介绍。

1.3.3.1 金属锰氧化法

金属锰氧化法源于美国专利的相关报道。其反应原理是以电解金属锰片为原料，将金属锰片粉碎制成悬浮液；在加入铵盐催化剂的溶液中，生产锰铵络合物；此络合物受热析出 $NH_3 \cdot H_2O$ 和 $MnSO_4$，两者反应生成 $Mn(OH)_2$ 沉淀；$Mn(OH)_2$ 经空气或氧气氧化后生成 Mn_3O_4。其工艺流程为：电解金属锰片→破碎→用空气或氧气氧化→洗涤→干燥→成品。

张野在以金属锰粉为原料制备 Mn_3O_4 的过程中，用非离子表面活性剂处理洗涤后沉淀，再采用离心喷雾方式干燥，控制了产物的团聚。银瑰等采用金属锰粉焙烧氧化法，利用 Se 易氧化挥发的特性将 Se 或 SeO_2 挥发除去，可制备 Se 质量分数小于 0.02%的低硒 Mn_3O_4 产物。余进等研究了某添加剂的加入以及不同的加入量对氧气利用率的影响，结果证明某催化剂或烃类化合物的少量加入可以提高氧气利用率。

金属锰法具有工艺成熟、产量大和回收率高等优势，被国内大多数生产企业所采用，但其生产成本较高，产品比表面积较小及某些杂质含量偏高，这些

制约了 Mn_3O_4 在某些特定领域的应用。

1.3.3.2 高价锰氧化物法

高价锰氧化物法以高价锰氧化物（MnO_2、Mn_2O_3 和 MnOOH 等）为原料，加热脱氧制备 Mn_3O_4。为降低焙烧温度、减小能耗，在高温焙烧还原过程中，研究人员尝试了加入各种还原性气体（甲烷、氢气、一氧化碳等）。相比氢气和一氧化碳，以甲烷为还原气体，反应温度更低。以甲烷为还原气体时，MnO_2 在 250～400℃即可被还原为 Mn_3O_4，Mn_2O_3 和 MnOOH 在 300～500℃可转变成 Mn_3O_4。化学反应方程式可表示为：

$$MnO_x(x>1.33)+CH_4 \longrightarrow Mn_3O_4+CO_2+H_2O \qquad (1\text{-}24)$$

高价锰氧化物法制备过程简单，但样品颗粒较大、粒径不均、比表面积小、反应过程中易有 MnO 生成、反应过程不易控制。为了得到物理性能更好的 Mn_3O_4，唐爱东等以 MnO_2 为原料，将其与乙醇置于反应釜中，采用溶剂热法在 180～220℃下反应 12h，得到了单相 Mn_3O_4 纳米晶。

1.3.3.3 锰盐法

锰盐法是指碳酸锰、硫酸锰、氯化锰、硝酸锰、乙酸锰、高锰酸钾等锰盐经氧化或者还原制备成 Mn_3O_4。

（1）碳酸锰法

碳酸锰法是以碳酸锰为原料，经 900℃以上高温焙烧热解生成 Mn_3O_4。在 20 世纪末制备 Mn_3O_4 的研究主要采用 $MnCO_3$ 热解法。吴义添等将 $MnCO_3$ 在 950～1050℃下焙烧得到 Mn_3O_4 产品，含锰量以及杂质含量基本符合电子级产品的要求。高温煅烧法制备 Mn_3O_4 往往导致样品的颗粒尺寸较大，且不经济，国内很少厂家采用此方法。

（2）硫酸锰法

硫酸锰法分为高温热解（干法）和水解氧化（湿法）两种方法。相比传统固相热解法，湿法具有经济高效、环保、产品比表面积较大和表面活性高的优点，近些年备受关注。Ozkaya 等以 $MnSO_4$ 为原料，NaOH 为沉淀剂，Na_2NO_3 为氧化剂，采用沉淀-氧化法成功制备了纳米 Mn_3O_4 产物。Dubal 等以硫酸锰溶液为原料，NaOH 溶液为沉淀剂，在室温条件下采用化学连续离子层吸附与反应法制备了 Mn_3O_4 薄膜，在扫描速率为 $5mV \cdot s^{-1}$ 条件下比容量高达 $314F \cdot g^{-1}$。Zhang 等报道了一种以 $MnSO_4$ 和 Na_2CO_3 为原料，在室温下合成了具有良好电化学性能的纳米 Mn_3O_4。硫酸锰法的主要问题就是在沉淀时，碱式硫酸锰或硫酸盐易夹杂其中，造成产品中硫含量偏高。

（3）氯化锰、硝酸锰和乙酸锰法

以氯化锰、硝酸锰和乙酸锰为原料制备 Mn_3O_4 的原理与硫酸锰湿法相似。近年来，文献中出现了许多以上述原料合成纳米 Mn_3O_4 的报道。Apte 等以 45%～50%的 $Mn(NO_3)_2$ 溶液为原料，在乙醇胺和乙二胺存在情况下，采用微波辅助法成功地合成了单一相纳米级 Mn_3O_4 粉体。Yousefi 等以 $Mn(NO_3)_2 \cdot 4H_2O$ 和无水硫酸钠为原料，采用阴极电沉积法制备了均匀的单晶 Mn_3O_4 纳米球。Song 等以 $Mn(CH_3COO)_2 \cdot 4H_2O$ 和有机溶剂为原料，采用溶剂热法合成了 Mn_3O_4 纳米材料。Safarifard 等以 $MnCl_2 \cdot 4H_2O$ 为原料，通过声化学法合成了 Mn_3O_4 八面体。Shaika 等以 $MnCl_2 \cdot 4H_2O$ 和 NaOH 为原料，通过水热法合成了纳米 Mn_3O_4 电极材料。Ramezanpour 等以 $Mn(CH_3COO)_2 \cdot 4H_2O$ 为原料，H_2O_2 为氧化剂，通过简单的绿色溶胶-凝胶法成功合成了无掺杂和钒掺杂的 Mn_3O_4 纳米粒子。Liu 等以 $Mn(CH_3COO)_2 \cdot 4H_2O$、油酸和油胺为原料，通过微乳液法制备了粒径为 10～12nm 的 Mn_3O_4 八面体纳米晶颗粒，并进一步组装成胶体粒子。

（4）高锰酸钾法

Li 等以高锰酸钾为锰源，水和 *N*-甲基吡咯烷酮（NMP）为混合溶剂，通过简单的水热合成方法制备了单晶羟基氧化锰（MnOOH）纳米棒；然后将水热得到的 MnOOH 纳米棒放入马弗炉中 500℃加热 4h，最后得到黑色 Mn_3O_4 粉末。Atique Ullah 等以 $KMnO_4$ 为原料，甘油为还原剂，通过溶胶凝胶法制备了 Mn_3O_4 纳米颗粒。

1.3.3.4 锰矿法

锰矿法是二价锰盐氧化法的拓展应用。此法制备成本低，具有一定的市场竞争优势。锰矿石法不仅可以制得高纯度的 Mn_3O_4 产品，还可以制得物理性能优异的 Mn_3O_4 产品。锰矿法是用硫酸提取锰矿中的锰得到高纯硫酸锰溶液，经碱化沉淀获得中间产物，再将碳酸锰加热分解或氢氧化锰氧化制备 Mn_3O_4 产品。李先柏等采用菱锰矿为原料，首先采用硫酸浸出-净化工序制备出硫酸锰溶液，然后经沉淀-氧化法制备出电子级 Mn_3O_4 产物，锰的浸出回收率达 88%。

1.4 二氧化锰的研究现状

1.4.1 二氧化锰的性质和结构

二氧化锰（MnO_2）可分为人造 MnO_2 和天然 MnO_2，其中人造 MnO_2 按照制备方法不同可分为电解 MnO_2、活化（性）MnO_2 和化学 MnO_2。活化 MnO_2 是将天然 MnO_2 经过化学处理制得，活性 MnO_2 综合了活化 MnO_2 成本低和化学 MnO_2 品质高等优良特点。化学 MnO_2 常温下是一种黑色或棕黑色粉末状物质，相对密度为 5.026，松装密度为 $1.3\sim1.5g\cdot cm^{-3}$；不溶于水、冷硫酸、硝酸和丙酮，可溶于盐酸放出氯气；在空气中加热至 527℃以上可放出氧气。MnO_2 中锰处于中间价态，所以它既有氧化性又有还原性。

MnO_2 晶体的基本结构单元是锰氧八面体［MnO_6］，常被称为锰氧八面体分子筛。其八面体结构示意图如图 1.8 所示。它是由一个位于八面体中心的锰原子和六个位于八面体顶角的氧原子构成，［MnO_6］成六方密堆积或立方密堆积结构。这些基本结构单元以不同的方式连接，形成不同的晶体结构类型。MnO_2 有五种主晶（α、β、γ、δ 和 λ 型）和三十多种次晶，主要晶体结构示意图如图 1.9 所示。［MnO_6］八面体单元顶点和边通过不同的共享方式构筑了一维（1D）、二维（2D）或三维（3D）隧道结构，其中 α-MnO_2，β-MnO_2 和 γ-MnO_2 属于一维链状结构，δ-MnO_2 为二维的片状或层状结构，λ-MnO_2 是三维立体结构。不同的晶体形态由八面体结构单元的数目（$n\times m$）所形成的隧道的大小来描述，常见的 MnO_2 种类和晶体结构特点见表 1.4。α-MnO_2 的结构由共享边的［MnO_6］八面体双链组成，在四角形单元格中以角连接形成平行于 c 轴方向的 1D(2×2) 和（1×1）隧道，其中（2×2）隧道的尺寸约为 4.6Å(1Å=0.1nm)，这种大隧道有利于碱金属离子和水分子的嵌入和脱出。β-MnO_2 在自然界中多以软锰矿的形式存在，具有金红石型结构，它是由共享［MnO_6］八面体单条边组成的具有 1D(1×1) 隧道结构的晶体，由于 1D 隧道尺寸狭窄，约 1.89Å，因此，β-MnO_2 不能容纳阳离子。此外，β-MnO_2 是 MnO_2 各种形态中最稳定的晶型。γ-MnO_2 的结构是斜方锰矿（1×2 隧道）和软锰矿（1×1 隧道）的随机共生，这种共生结构可以用 De Wolff 无序和微孪晶缺陷来描述。δ-MnO_2 具有以［MnO_6］八面体共用棱边构成的层状结构，层间距离约为 7.0Å，层间含有一定量 Na^+、K^+ 等阳离子和大量水分子。λ-MnO_2 具有尖晶石型三维立体结构。

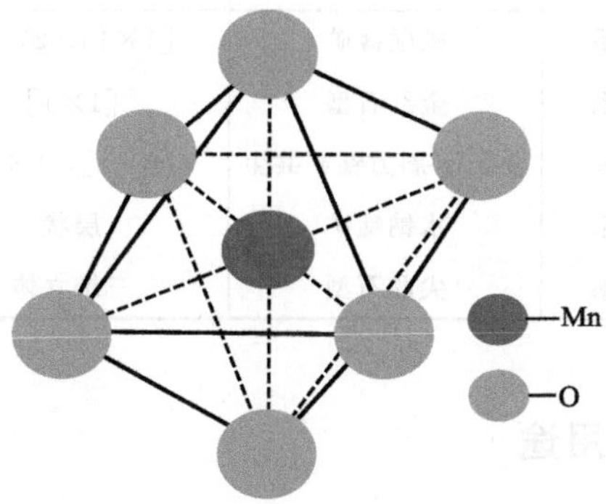

图 1.8 ［MnO_6］八面体结构示意图

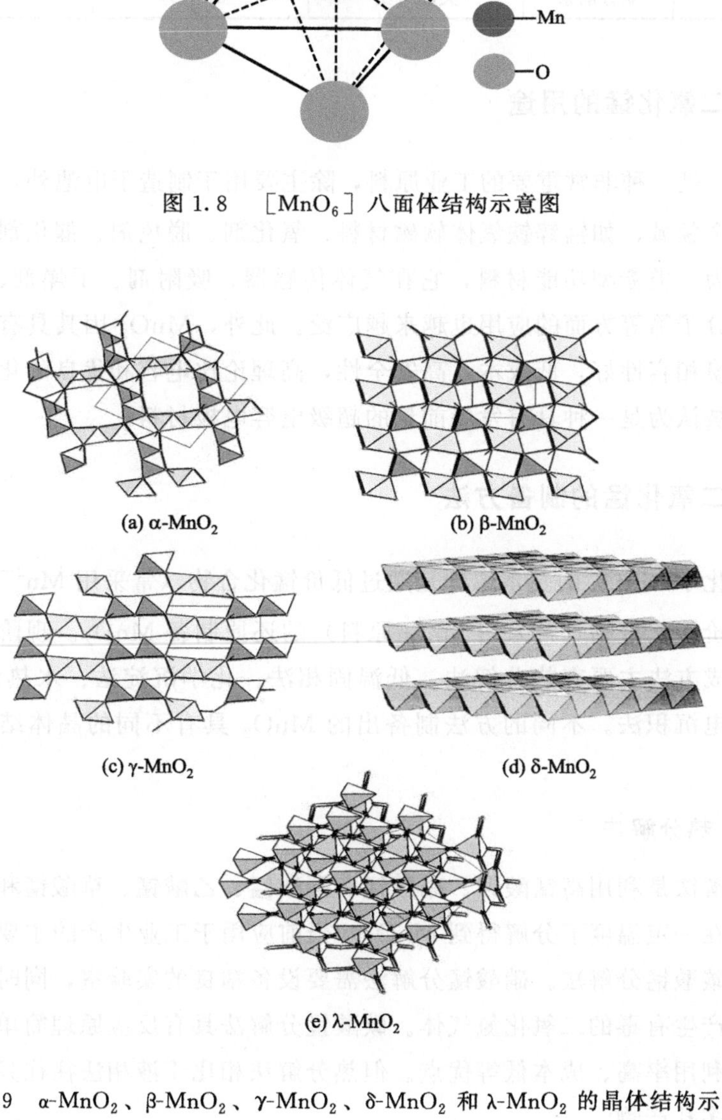

图 1.9 α-MnO_2、β-MnO_2、γ-MnO_2、δ-MnO_2 和 λ-MnO_2 的晶体结构示意图

表 1.4 MnO_2 种类和晶体结构特点

晶体名称	晶系	结构类型	隧道类型	隧道尺寸/Å
α-MnO_2	四方晶系	碱硬锰矿	[1×1],[2×2]	1.89,4.6
β-MnO_2	四方晶系	金红石型	[1×1]	1.89
γ-MnO_2	正交晶系	金红石-斜方锰矿共生	[1×1],[1×2]	1.89,2.3
δ-MnO_2	单斜晶系	水钠锰矿	层状	7.0(层间距)
λ-MnO_2	立方晶系	尖晶石型	三维立体	—

1.4.2 二氧化锰的用途

MnO_2 是一种非常重要的工业原料，除主要用于制造干电池外，还被广泛应用于多个领域，如锰锌铁氧体软磁材料、氧化剂、脱色剂、催化剂、净水滤料等。作为一类新型功能材料，它在气体传感器、吸附剂、干燥剂、助燃剂、离子筛和分子筛等方面的应用也越来越广泛。此外，MnO_2 因其具有形貌易于调节，环境相容性好，低成本，高安全性，高理论比电容和优良的化学稳定性等优点而被认为是一种具有发展前景的超级电容电极材料。

1.4.3 二氧化锰的制备方法

合成化学 MnO_2 的基本原理是通过低价锰化合物（常采用 Mn^{2+} 原料）的氧化或高价锰化合物（常采用 Mn^{7+} 原料）的还原制备 MnO_2。现阶段常用的 MnO_2 合成方法主要有热分解法、低温固相法、化学沉淀法、水热法、溶胶-凝胶法和电沉积法。不同的方法制备出的 MnO_2 具有不同的晶体结构及形貌特征。

1.4.3.1 热分解法

热分解法是利用高锰酸钾、硝酸锰、碳酸锰、乙酸锰、草酸锰和氢氧化锰等前驱体在一定温度下分解得到 MnO_2。当前应用于工业生产的主要是硝酸锰分解法和碳酸锰分解法。硝酸锰分解法需要设备精良的实验室，同时在热分解过程中会产生有毒的二氧化氮气体。碳酸锰分解法具有反应原理简单、操作简便、原料利用率高、成本低等优点。但热分解法相比于液相法往往只能获得单一晶型的多孔产物。

1.4.3.2　低温固相法

低温固相法是将固态反应物按一定比例混合，在较低温度下进行反应而得到产物的方法。该方法具有操作简单、易于控制，反应选择性好、回收率高和环境污染小等优点。但相比液相法，固相法的反应物接触不够充分，产物大多形貌不均一或无明显形貌。

1.4.3.3　化学沉淀法

化学沉淀法是在水溶液中通过氧化二价锰盐或还原高锰酸盐制备 MnO_2 的方法。其中氧化二价锰盐的氧化剂主要有 H_2O_2、MnO_4^-、ClO_3^-、$S_2O_8^{2-}$、O_2 和 Cl_2。还原剂主要有乙酸锰、硝酸锰和硫酸锰。此方法具有工艺简单、成本低廉、反应条件可控、产物纯度高等特点，但得到的产物颗粒容易发生团聚。化学沉淀法是合成 MnO_2 粉末常用的方法。Li 等以十六烷基三甲基溴化铵（CTAB）表面活性剂为结构导向剂，以 $KMnO_4$ 和 $Mn(CH_3COO)_2$ 为原料，采用化学沉淀法制得高纯 α-MnO_2 粉末，并经 800℃下热处理得到良好的结晶，表现出良好的电容行为和循环稳定性。Wang 等在四甲基氢氧化铵（TMAOH）碱性溶液中，以 $MnCl_2$ 为原料，H_2O_2 为氧化剂，采用化学沉淀法合成 MnO_2 纳米片，并将其沉积在柔性聚氨酯泡沫材料表面，起到阻燃的作用。

1.4.3.4　水热法

水热法是以水为溶剂，将反应物置于密闭压力容器中，在高温高压下合成 MnO_2 的方法。高温高压的反应环境可以加速和促进化学反应的进行。与传统方法相比，水热法是一种简单易行的方法，具有产物纯度较高、粒径较小、分散性和结晶性较好、形貌多样化等特点。水热技术被广泛应用于纳米材料的合成，是目前研究最多的一种方法。国内外研究人员已经通过水热法成功合成了不同形貌和晶体结构的 MnO_2 纳米材料。Toufiq 等以 $KMnO_4$ 和 $(NH_4)_2S_2O_8$ 为原料，采用水热法成功合成了表面光滑均匀的一维四边形单晶 MnO_2 纳米线（直径 15～20nm），且具有良好的光学性能和磁性能。Wei 等以 $KMnO_4$ 为原料，通过加入 $CO(NH_2)_2$ 和 $(NH_4)_2S_2O_8$ 两种不同的试剂，一步水热法制备了均匀的不同形态的 α-MnO_2，其中添加剂为 $CO(NH_2)_2$ 时产物为纳米线，添加剂为 $(NH_4)_2S_2O_8$ 时产物为纳米棒，纳米线比纳米棒表现出更好的电化学性能。

1.4.3.5 溶胶-凝胶法

溶胶-凝胶法（sol-gel）是通过无机盐或金属醇盐的水解和缩聚过程形成溶胶，再经干燥、煅烧后转化为凝胶的过程。但由于缺乏水溶液中稳定存在的Mn(Ⅳ)前驱体，难以用常规的溶胶-凝胶法合成MnO_2，通常基于高锰酸盐还原或Mn^{2+}盐的氧化反应制备MnO_2。该法具有反应温度低、副反应少、产物的均一性和分散性好、纯度高及尺寸和形貌易于控制等优点。但存在反应过程复杂、生产周期长和在干燥过程中产物易团聚等缺点。马淳安等将柠檬酸和醋酸锰溶解后，用氨水调节pH值，采用溶胶-凝胶法得到干凝胶，再将其高温和酸化处理，制得了高比表面积纳米MnO_2。Wei等报道了一种制备高比表面积MnO_2催化剂的方法，首先采用传统的溶胶-凝胶法制备得到$LaMnO_3$，然后通过酸处理选择性去除$LaMnO_3$中的La元素，所得MnO_2催化剂对甲苯氧化具有良好的催化活性。

1.4.3.6 电沉积法

电沉积法是基于Mn^{2+}或MnO_4^-在电极表面发生氧化或还原反应，通过阴极/阳极沉积得到MnO_2纳米材料的过程。通过电化学沉积法合成MnO_2的显著优点是可以直接一步制成电极，产物将在导电衬底上形成均匀的薄膜，无需使用任何黏结剂。但此方法只能制备出薄膜材料而且通常结晶度较差。Kondo等以$MnCl_2 \cdot 4H_2O$和$KBrO_3$为原料，十六烷基三甲基氯化铵为表面活性剂，通过电沉积法在掺氟的氧化锡玻璃基底上成功制备出γ-MnO_2和δ-MnO_2。

1.4.3.7 其他方法

除了以上方法以外，还有一些其他的制备方法如回流法、微乳液法、微波法、声化学法等，也越来越受到关注。提高材料性能的另一个有效途径是设计MnO_2的形貌和结构，因此，在上述方法的基础上，发展了几种制备多种形态和结构MnO_2的方法，包括复合改性、离子掺杂和模板法等。复合改性主要是将MnO_2与碳、导电聚合物、导电金属和金属氧化物/氢氧化物等材料复合。Shen等以$MnSO_4 \cdot H_2O$和$KClO_3$为原料采用水热法制备α-MnO_2基体，以稻壳为原料制备活性炭，最后通过复合成功制备了α-MnO_2/活性炭复合材料；样品呈现出海葵目状结构，由于碳的良好导电性，复合材料的比容量可达$977.4C \cdot g^{-1}$（比未复合的α-MnO_2高55.3%）。通过在

MnO_2晶格中掺杂锌、钴、银、铁、铝、钒、锡、铜、钼、镍、铬等元素，可以显著提高材料的电化学性能。Yang等以$KMnO_4$和$NiCl_2 \cdot 6H_2O$为原料，采用水热法成功地合成了核桃状纳米花结构的镍掺杂MnO_2纳米材料。样品具有良好的电化学性能，比电容在$1A \cdot g^{-1}$时为$153.6F \cdot g^{-1}$，循环1000次后电容仍保持103%。模板（包括硬模板和软模板）可以控制MnO_2的宏观和微观结构。近年来，采用模板法来合成MnO_2材料的研究很多。Guo等以$KMnO_4$为原料，以蝴蝶翅膀为模板和碳源，制备了具有三维层次结构的MnO_2/C复合材料，作为超级电容器电极，该材料表现出了非常好的电化学性能。

从国内外研究现状来看，MnO_2材料的制备均采用分析纯化学试剂为原料，成本较高。复合改性、离子掺杂和模板法等虽取得一定进展，但制备工艺复杂、成本较高，限制了其商业应用。

1.5 三氧化二铁的研究现状

1.5.1 三氧化二铁的性质和结构

三氧化二铁（Fe_2O_3）为深红色无定型粉末或块状物，相对密度为5.24，熔点为1565℃。能缓慢溶于酸，不溶于水。灼烧时能被一氧化碳或氢气还原成铁。迄今为止，Fe_2O_3有四种晶体形态：α-Fe_2O_3（赤铁矿）、β-Fe_2O_3、γ-Fe_2O_3（磁赤铁矿）和ε-Fe_2O_3，其晶体结构示意图如图1.10所示。其中α-Fe_2O_3和γ-Fe_2O_3在自然界中普遍存在，而β-Fe_2O_3和ε-Fe_2O_3是稀有的Fe_2O_3形态，仅以纳米结构存在，通常是在实验室合成的。ε-Fe_2O_3和β-Fe_2O_3纳米粒子是γ-Fe_2O_3和α-Fe_2O_3纳米粒子的中间相。除了晶体形式外，还可以制备非晶态Fe_2O_3。

图1.10(a)显示α-Fe_2O_3具有菱形晶型、六角刚玉结构。O^{2-}以六方密堆积排列，2/3的八面体空间被Fe^{3+}占据。它的晶格参数$a=5.036Å$和$c=13.749Å$。它具有不同寻常的磁性能，在超过-13℃左右时，α-Fe_2O_3表现为弱铁磁性或倾斜反铁磁性；在677℃以上时，α-Fe_2O_3失去了磁性，转变为顺磁性。在以上所有晶型的Fe_2O_3中，α-Fe_2O_3是最稳定的氧化物。从图1.10(b)可以看出β-Fe_2O_3呈体心立方的“方铁锰矿”结构，在β-Fe_2O_3中，Fe^{3+}占据了两个不相等的八面体晶位。β-Fe_2O_3是唯一的在室温下表现顺磁行

为的铁（Ⅲ）氧化物。因为它的热力学不稳定性，所以它在加热时会转化为 α-Fe_2O_3 或 γ-Fe_2O_3。图 1.10（c）显示 γ-Fe_2O_3 具有立方相尖晶石结构，O^{2-} 以立方密堆积排列形成两个非等效的四面体（A）和八面体（B）位置。Fe^{3+} 占据 A 和 B 位置，在八面体（B）位置还具有一定数量空位，其化学计量可以描述为 $Fe^A(Fe_{5/3}\square_{1/3})^BO_4$。γ-$Fe_2O_3$ 是自然界中第二常见的 Fe_2O_3 多晶型物，可以通过多种反应形成。由图 1.10（d）可知 ε-Fe_2O_3 具有斜方晶系的晶体结构，ε-Fe_2O_3 晶体结构来源于四层氧的紧密堆积，结构本身由共享边的八面体三链和平行于晶体 *a* 轴的共享角的简单四面体链组成。它有 6 个不等价的阴离子和 4 个阳离子（Fe_1，Fe_2，Fe_3，Fe_4）位置，所有的阳离子位都被 Fe^{3+} 填充，没有空位。Fe_4 位为四面体配位，Fe_1、Fe_2 和 Fe_3 位为八面体配位。在非晶态 Fe_2O_3 中，Fe^{3+} 被氧八面体包围，氧八面体的对称轴在非周期晶格中随机排列。

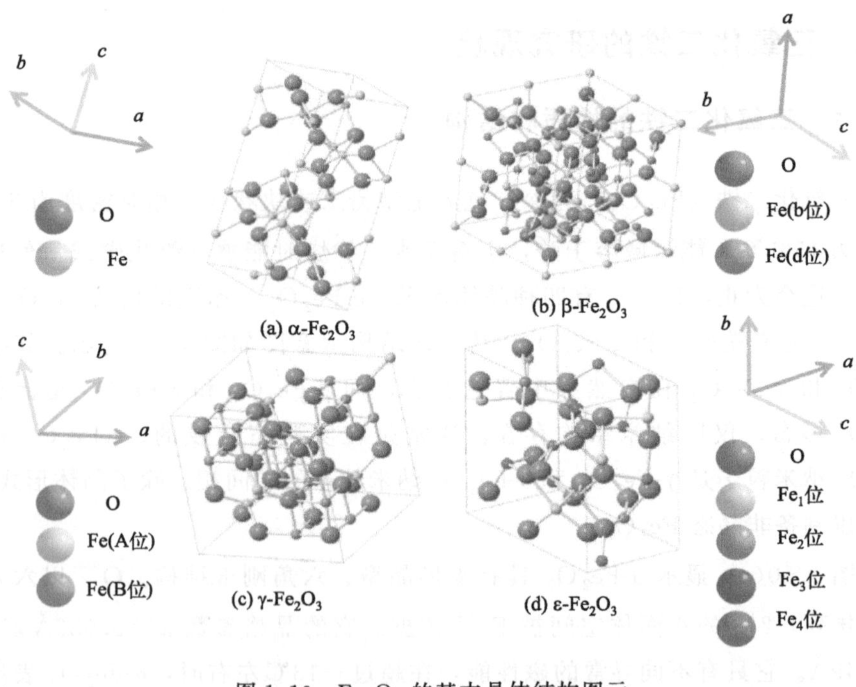

图 1.10　Fe_2O_3 的基本晶体结构图示

1.5.2 三氧化二铁的用途

Fe_2O_3 因其具有资源丰富、制作成本低、无毒和环境友好等优点，被广泛应用于许多领域。α-Fe_2O_3 具有优异的光、电、磁、热和力学等理化性质，在光催化、电池、超级电容器、磁性材料、染料、吸附净化、气敏传感、生物医药、建筑材料及抛光剂等方面有着重要的应用。γ-Fe_2O_3 作为一种磁性材料，具有可生物降解和强化学稳定性等特点，除了在磁记录工业中广泛应用外，还在吸附、电池、催化和生物医学中得到了应用。相比常规 Fe_2O_3，纳米 Fe_2O_3 表现出更优异性能，有较好的化学反应性、气敏性、电化学性能和半导体特性以及较强的催化活性，具有广阔的应用前景。可制得特殊性能涂料和图像增强剂，也被用于制作催化和吸附、静电屏蔽、食品包装和紫外线防护等材料。在一些高级应用中，Fe_2O_3 相的非晶态性质和较大表面积是必需的。近年来，与晶体结构相比，非晶态 Fe_2O_3 具有更强的催化活性，更优越的光学、磁学、电化学和吸附等性能，更大的比表面积。因此非晶态 Fe_2O_3 在现代纳米技术中显示出巨大的应用潜力，如太阳能转化、电化学、吸附净化、催化和湿度传感器等领域。

1.5.3 三氧化二铁的制备方法

目前，制备 Fe_2O_3 常用的方法有溶胶-凝胶法、共沉淀法、微乳液法、水热/溶剂热法和微波辅助法等。溶胶-凝胶法制备的 Fe_2O_3 纳米材料纯度较高、化学性质可由原料的化学成分和加工条件控制，但受洗涤和干燥条件的影响较大、制备周期长且产率低。共沉淀法简单易行、结晶度好、反应温度较低，但产物粒径分散较宽、容易团聚且产物纯度较低。微乳液法合成的球形纳米颗粒通常粒径较小且分散均匀，缺点是组分复杂、操作烦琐、煅烧过程中还会产生污染环境的有害气体。水热法或溶剂热法是目前最常用的制备方法，但水热法反应较慢，对反应设备的要求较高。自 20 世纪 40 年代初期，微波加热开始被人们所熟知，并已成功地应用于食品工业。直到 1986 年，它才在化学中得到应用。水热条件与微波加热方式相结合，具有反应速度快、受热均匀、回收率高、样品纯度较高、粒径分布较窄、形态更均一、节能环保和操作简单等优异特性。它作为一种很有前途的方法，已被广泛应用于纳米材料的制备中。

近年来，为了改善 Fe_2O_3 材料的性能，研究人员通过各种不同的方法制备具有特殊尺寸和形貌的 Fe_2O_3 及其复合材料。改进方法主要有：①将 Fe_2O_3 与碳材料或导电聚合物复合；②元素掺杂；③特殊纳米结构的设计。

1.6 尖晶石锰酸锂电池的概述

1.6.1 尖晶石锰酸锂的性质与结构

尖晶石锰酸锂电池是一种锂离子电池，其正极材料为尖晶石结构的锰酸锂（$LiMn_2O_4$），呈现黑灰色粉末状。尖晶石锰酸锂是一种重要的锂离子电池正极材料，因其独特的物理化学性质而在电池领域得到了广泛关注。$LiMn_2O_4$ 正极材料具有立方尖晶石型结构，其空间群属于 $Fd\bar{3}m$ 类型，相应的晶格参数为 $a=0.8245nm$。Li^+ 占据四面体的空穴 8a 位点，$Mn^{3+/4+}$ 占据八面体 16d 位点，O^{2-} 呈面心立方密堆积占据 32e 位点。其晶体结构如图 1.11 所示。具有边缘共享的八面体结构的 $[Mn_2]_{16d}O_4$ 框架提供了一个三维的锂离子扩散途径，Li^+ 将从 8a 位点穿过相邻的 16c 八面体空位进入下一个四面体 8a 位点，这种独特的三维离子扩散通道使得 $LiMn_2O_4$ 具有更快的充放电特性。同时因为空余的 16c 位点的存在，额外的 Li^+ 可以进入到 16c 八面体空隙，在 3V 左右形成锂化尖晶石 $Li_2Mn_2O_4$。$LiMn_2O_4$ 的放电平台在 4.1V，理论的比容量为 $148mAh \cdot g^{-1}$，实际的比容量则在 $120mAh \cdot g^{-1}$ 左右，表现出优异的结构稳定性。但是由于锂离子在 3V 进行嵌入-脱嵌时，晶格结构会产生畸变（Jahn-Taller 效应），晶胞体积发生膨胀使尖晶石颗粒破裂，导致容量下降，并且 $LiMn_2O_4$ 与电解液接触也会产生副反应，以及 Mn^{3+} 的溶解都会降低 $LiMn_2O_4$ 正极材料的电化学性能。目前锰酸锂正极材料在充放电过程中容量衰减以及不耐高温等缺点一直制约着锰酸锂的发展。

1.6.2 尖晶石锰酸锂制备方法

尖晶石型锰酸锂（$LiMn_2O_4$）虽然有很多优点，但其在进行充放电时结构不稳定，循环过程中容量衰减严重，高温时就更加明显。因此近些年来，国内外研究者尝试了从制备方法、体相掺杂和表面修饰等方法来改善 $LiMn_2O_4$ 材料的电化学性能。尖晶石型锰酸锂的合成方法有很多种，主要有高温固相

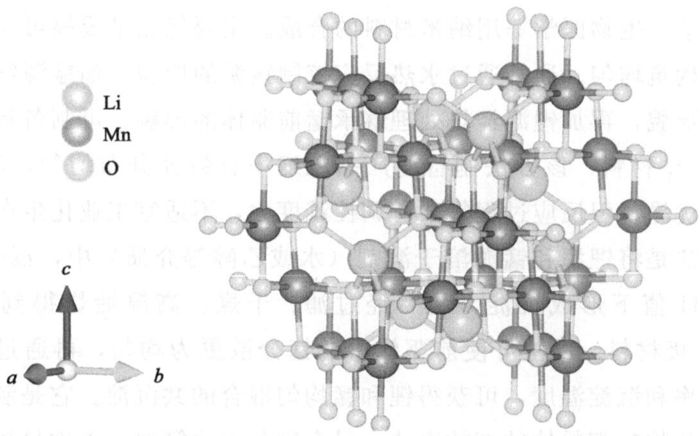

图 1.11 $LiMn_2O_4$ 结构示意图

法、溶胶-凝胶法、水热合成法、共沉淀法、熔融盐法和微波合成法。

高温固相法是合成尖晶石型锰酸锂的传统方法，是将锂化合物和锰化合物按一定比例混合研磨，然后在高温下焙烧而制得。常用的含锰原料有化学二氧化锰（CMD）、电解二氧化锰（EMD）及锰盐，含锂材料有碳酸锂、氢氧化锂和硝酸锂。1958 年，D. G. Wichham 等以 $LiCO_3$ 和 MnO_2 的混合物为前驱体，在 850℃下首次采用高温固相法合成锰酸锂。高温固相法操作简便，条件易控制，成本低，易于工业化生产，是合成 $LiMn_2O_4$ 的常用方法。但是该方法制备出来的材料颗粒粒度较大且粒径分布不均匀、电化学性能不理想，反应时间较长，反应温度较高，能耗较大。

溶胶-凝胶法是一种液相化学合成方法，是将一定剂量比的锰源与锂源进行液相混合，搅拌均匀后加入络合剂（柠檬酸等）固定金属离子，再逐滴加入氨水调节溶液的 pH 值，通过水解及缩合反应形成稳定的溶胶体系，最后充分干燥、烧结制得 $LiMn_2O_4$ 粉末材料。在该法中，初始反应发生在原子和分子尺度上，导致颗粒形成时粒径较小且分布均匀，具有相对较好的电化学性能。而且该法具有合成温度低的优点。其缺点是材料制备过程中使用较多有机物，合成时间长且成本较高不利于工业化生产。

水热合成法是将一定化学计量比的锰源和锂源溶解于一定体积的溶剂（常采用水作为溶剂）中混合均匀，然后置于水热反应釜中在较低的温度下（通常在 100～350℃）通过高压环境反应制备得到锰酸锂粉末材料的一种方法。该法工艺简单且反应温度较低，是当前锰酸锂正极材料最热门的制备方法。广泛应用于电化学、生物医学等用纳米材料的合成。主要优点是成核可控制、能耗较低、形貌构筑均匀。通常通过水热反应控制锰源的形貌，如锰源纳米线、纳米片等特殊形貌，再加锂源经热处理继承锰前驱体的形貌，可制备具有特殊形貌的 $LiMn_2O_4$ 材料。该方法制备的产品粒度小且粒径分布均匀，纯度较高，电化学性能优异。但反应过程复杂，调控难度大，不适宜工业化生产。

共沉淀法是将锂源和锰源溶于溶剂（水或乙醇等介质）中，混合均匀后，在一定的 pH 值下形成沉淀，最后经过滤、干燥、高温煅烧得到尖晶石型 $LiMn_2O_4$ 正极材料。此法可使前驱体中的锰分散更为均匀，再通过控制沉淀剂的注入速率和沉淀温度，可获得锂和锰均匀混合的共沉淀。它是制备含有金属元素的氧化物超细粉体的有效方法，具有制备方法简单、条件易控、合成时间短、能耗低、产率高，产物结晶程度较高、颗粒尺寸小粒径分布较均匀、形貌可控等优点，是制备尖晶石锰酸锂正极材料的优良方法。其缺点是在材料制备过程中实验变量较多且不同元素的沉淀速率不同导致产物的组成难以精确控制。

熔融盐法是以高温固相法为基础，将锂化合物（通常采用锂盐如氢氧化锂、碳酸锂等）加热至熔融状态，由于锂盐熔点较低，所需温度不高。再将熔融的锂盐渗透到氧化物孔中，与锰化合物混合均匀后，在高温下煅烧得到尖晶石 $LiMn_2O_4$。这种方法增大了前驱体之间的接触面积，使反应更充分，改善了固体锂盐与氧化锰的不均匀性，减少了锂的扩散时间，从而加快固态反应进程。但该方法比较复杂，实验参数不易控制，且锂盐等化合物挥发会造成环境污染，能耗也较高，不利于工业化生产。

微波合成法是通过微波促使物质内部运动，引起分子和原子极化并相互接触碰撞产生剧烈反应使材料温度迅速升高。微波辅助合成法快速、简便，但是相对其他方法其比容量和循环稳定性较低，需要后期对其进行一定程度的改性处理。此法相比于高温固相法具有温度低、时间短、晶粒细小等优点。但由于其电化学性能不稳定等缺陷，通常将微波合成法与其他方法相结合制备出晶粒更细小且均匀的锰酸锂正极材料，这也是最有发展前景的一面。

1.6.3 尖晶石锰酸锂的应用

尖晶石锰酸锂作为锂离子电池正极材料，因为独特的结构和具有资源丰富、成本低、绿色环保、锂离子迁移速度快、安全性好、倍率性能好、服役寿命长等优点，是一种理想的动力电池正极材料。尽管其循环性能和电化学稳定性曾是限制其产业化的瓶颈，但通过表面修饰和掺杂等改性手段，这些问题已得到显著改善。未来，尖晶石锰酸锂的研究将继续集中在如何进一步提高其电化学性能和商业化应用潜力上。

1.7 超级电容器的概述

1.7.1 超级电容器的概念与基本结构

电化学电容器也称为超级电容器，是一种介于常规电容器与二次电池之间的新型储能器件，其可以大功率地存储和输出能量，也就是可以进行大电流充放电。

根据超级电容器电极材料的储能机理，分为以下三种类型：双电层型超级电容器、赝电容型超级电容器和混合型超级电容器。双电层型超级电容器（electric double layered capacitor，EDLC）又称为非法拉第电容器。赝电容型超级电容器（pseudocapacitors）又称为法拉第准电容器，是继双电层电容器之后的又一种新型电容器。混合型超级电容器又称为非对称型超级电容器，是指正负两个极板是由具有不同特性的多种材料组合而成。混合型的超级电容器兼具双电层型超级电容器和赝电容型超级电容器的优点，在进一步提高储能设备的能量密度和工作电压的同时，显著降低了整个体系的内阻，提高其稳定性。目前，研究的混合型超级电容器的赝电容负极材料主要有 MoO_x、Bi_2O_3、VN以及三氧化二铁等。

从结构上看，超级电容器主要由电解质，正负电极，隔膜，集流体和封装外壳构成。对超级电容器的性能有决定性作用的包括电极的制造技术、电解质的组成和隔离膜质量等。电极材料是影响超级电容器性能和生产成本的最关键因素。因此，研究高性能、低成本的电极材料是超级电容器研发工作的重要内容。超级电容器的基本结构如图 1.12 所示。

1.7.2 超级电容器的工作原理和电荷储存机制

双电层型超级电容器表面电荷分布模型由 Helmholtz 在 1953 年提出，经过 Gouy 与 Chapman 的修正和 Stem 的改良，最终的模型认为，在电极表面存在一个约两个原子厚的吸附层（亥姆赫兹层），溶液中的一部分离子在此紧密

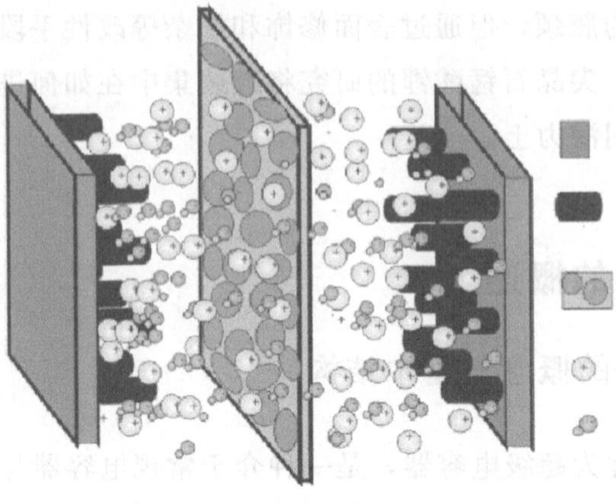

图 1.12 超级电容器的基本结构图

排列，而距离较远的异号离子以一定的浓度梯度在溶液中形成扩散层，而且界面电位会随着距离的增加而改变。因此双电层电容是由亥姆赫兹层和扩散层所产生的电容相互串联得到的。双电层型超级电容器的电荷储存过程只是一个单纯的静电过程，不涉及电荷转移、化学反应和物质相变化等化学过程。这种储能机理允许大电流的充放电，但能量密度有限，增大电极的比表面积有助于提高双电层型超级电容器电极材料的储能性能。

赝电容型超级电容器通过活性物质在电极表面或者体相中发生快速可逆的法拉第反应来实现快速储能的目的。赝电容在本质上是非静电的，由电化学电荷转移的数量决定，储存是基于氧化还原反应。以金属氧化物型赝电容超级电容器为例，充电时在外加电场的作用下，电解液中的离子（H^+/OH^-）外加电场的作用下由溶液中扩散到电极/溶液界面，通过式(1-23) 界面电化学反应进入到电极表面活性氧化物的体相中。放电时这些进入氧化物中的离子又会重新返回到电解液中，同时所存储的电荷通过外电路而释放出来，这就是法拉第准电容器的充放电机理。

$$MO+H(OH)+e^- \longrightarrow MO(OH) \tag{1-25}$$

混合型超级电容器的正负两极一部分产生双电层电容，而另一部分则产生法拉第赝电容，但其中一个仍然占据着主导地位。在能量储存过程中，电池型电极通过法拉第电荷转移存储能量，另一个电极通过离子吸附到活性材料表面来平衡电荷，法拉第和非法拉第反应的两种不同的电化学过程在同一装置中同时发生。

1.7.3 超级电容器的应用

超级电容器由于具有功率密度高、循环寿命长、工作温度范围宽、安全无污染等优点而受到广泛关注和研究。超级电容器相比于其他电容器具有许多特殊的优点，随着性能的不断提升，应用范围的扩展，在电化学储能设备中占有重要地位，应用前景非常广阔。

① 风力发电或太阳能发电系统：由于风力与太阳能的不稳定性，会引起蓄电池频繁充电，导致寿命缩短，超级电容器可以平滑太阳能发电系统的电能波动，提高并网发电的可行性。超级电容器能够适应风能的大电流波动，帮助平抑风电的波动，实现更有效的并网。

② 新能源汽车：作为电动汽车和混合动力汽车的动力电源，可以单独使用超级电容器或将其与蓄电池联用。超级电容器具有高功率密度，可以在汽车启动和爬坡时瞬时提供大功率辅助动力，在汽车制动或怠速运行时收集并储存能量，提高系统性能。

③ 小型电子设备：当主电源出现故障或由于其他原因造成供电不足时，超级电容器就可以启动保证供电，延长使用时间。典型的应用有移动手持录像机、手机、汽车音频系统、无线电波接收器和电视机等。

④ 智能分布式电网系统：超级电容器作为微电网中必不可少的储能系统，发挥着重要作用。

⑤ 其他应用：超级电容器还广泛应用于消费电子产品、轨道交通、重型机械等领域。

第2章

纳米氧化物制备工艺与性能分析

2.1 实验试剂

所用到的主要试剂及其规格、生产厂家如表2.1所示。

表2.1 实验试剂

试剂名称	化学式	规格	生产厂家
硫酸	H_2SO_4	分析纯	天津市津东天正精细化学试剂厂
盐酸	HCl	分析纯	天津市津东天正精细化学试剂厂
硝酸	HNO_3	分析纯	西陇化工股份有限公司
磷酸	H_3PO_4	分析纯	天津欧博凯化工有限公司
氯化亚锡二水合物	$SnCl_2 \cdot 2H_2O$	分析纯	阿拉丁化学试剂有限公司
重铬酸钾	$K_2Cr_2O_7$	分析纯	北京化工有限公司
二苯胺磺酸钠	$C_{12}H_{10}NNaO_3S$	分析纯	天津欧博凯化工有限公司
六水合硫酸铁(Ⅱ)铵	$Fe(NH_4)_2(SO_4)_2 \cdot 6H_2O$	分析纯	天津欧博凯化工有限公司
N-苯基邻氨基苯甲酸	$C_{13}H_{11}NO_2$	分析纯	国药集团化学试剂有限公司
氨水	$NH_3 \cdot H_2O$	分析纯	天津欧博凯化工有限公司
过硫酸铵	$(NH_4)_2S_2O_8$	分析纯	天津市凯通化学试剂有限公司
聚乙二醇-1000	$HO(CH_2CH_2O)_nH$	分析纯	天津市大茂化学试剂厂
无水乙醇	CH_3CH_2OH	分析纯	天津欧博凯化工有限公司
三氯化钛	$TiCl_3$	分析纯	国药集团化学试剂有限公司
硫酸铵	$(NH_4)_2SO_4$	分析纯	天津欧博凯化工有限公司
无水硫酸钠	Na_2SO_4	分析纯	天津欧博凯化工有限公司
氢氧化钾	KOH	分析纯	天津市凯通化学试剂有限公司

续表

试剂名称	化学式	规格	生产厂家
导电炭黑	C	电池级	焦作市和兴化学工业有限公司
N-甲基吡咯烷酮(NMP)	C_5H_9NO	电池级	濮阳迈奇科技有限公司
聚偏氟乙烯(PVDF)	$\text{+}CH_2\text{—}CF_2\text{+}_n$	分析纯	国药集团化学试剂有限公司
泡沫镍	Ni	≥99.8%	常德力元科技有限公司
液体石蜡	—	分析纯	天津欧博凯化工有限公司
氯化钾	KCl	分析纯	国药集团化学试剂有限公司
钨酸钠	$Na_2WO_4 \cdot 2H_2O$	分析纯	国药集团化学试剂有限公司
高氯酸	$HClO_4$	分析纯	天津政成化学制品有限公司
碳酸锂	Li_2CO_3	分析纯	国药集团化学试剂有限公司

2.2　实验设备和仪器

2.2.1　实验设备

所用到的主要实验设备如表 2.2 所示。

表 2.2　实验设备

名称	型号	生产厂家
电子天平	AL104	梅特勒-托利多仪器(上海)有限公司
马弗炉	YFX7/120-GC	上海意丰电炉有限公司
超声清洗机	KQ-2200B	巩义市予华仪器有限责任公司
竖式电阻炉	KLK-14	天津市凯恒电热技术有限公司
真空干燥箱	DZ-2BC	天津市泰斯特仪器有限公司
电热恒温干燥箱	202-1AB	天津市泰斯特仪器有限公司
循环水式真空泵	SHD-Ⅲ	保定高新区阳光科教仪器厂
电磁式矿石粉碎机	DF-4	浙江中科仪器有限公司
集热式恒温加热磁力搅拌器	DF-101S	山东鄄城华鲁电热仪器有限公司
蠕动泵驱动器	BT100-2J	保定兰格恒流泵有限公司
纯水机	CSR-1-10(Ⅱ)	北京爱思泰克科技开发有限公司
增氧气泵	CT-101	森森集团股份有限公司
pH 计	PHS-25	上海雷磁仪器有限公司
可调式封闭电炉	FL-2	北京市永光明医疗仪器有限公司
电热恒温水浴锅	DK-S24	上海精宏实验设备有限公司
均相反应器	JXF-8-200	烟台松岭化工设备有限公司
单模微波合成仪	NOVA-Ⅱ	上海屹尧仪器科技发展有限公司
台式电动压片机	DY-30	天津市科器高新技术公司

2.2.2　检测仪器

所用到的主要检测仪器如表 2.3 所示。

表 2.3　检测仪器

仪器名称	型号	生产厂家
差热-热重综合热分析仪	Setsys Evolution System	法国 SETARAM 公司
X 射线衍射仪	SmartLab	日本理学
场发射扫描电子显微镜	SUPRA55	德国蔡司
孔隙比表面积分析仪	SSA-4300	北京彼奥德电子公司
激光粒度分析仪	BT-2003	丹东百特仪器有限公司
高分辨透射电子显微镜	FEI TF20	美国 FEI 公司
X 射线光电子能谱仪	Thermo Scientific ESCALAB 250XI	美国 ThermoFisher Scientific 公司
电化学工作站	1260+1287	英国 Solartron 公司
X 射线荧光光谱仪	ZSXPrimus	日本理学
原子吸收光谱仪	AA6800	日本岛津
电感耦合等离子体发射光谱仪	Optima 8300DV	美国 PE 公司
傅里叶变换红外光谱仪	FTIR-8400S	日本岛津
Neware 电池测试系统	CT-4008T-5V10mA-164	深圳新威尔电子有限公司

2.3　工艺流程设计

工艺流程如图 2.1 所示。

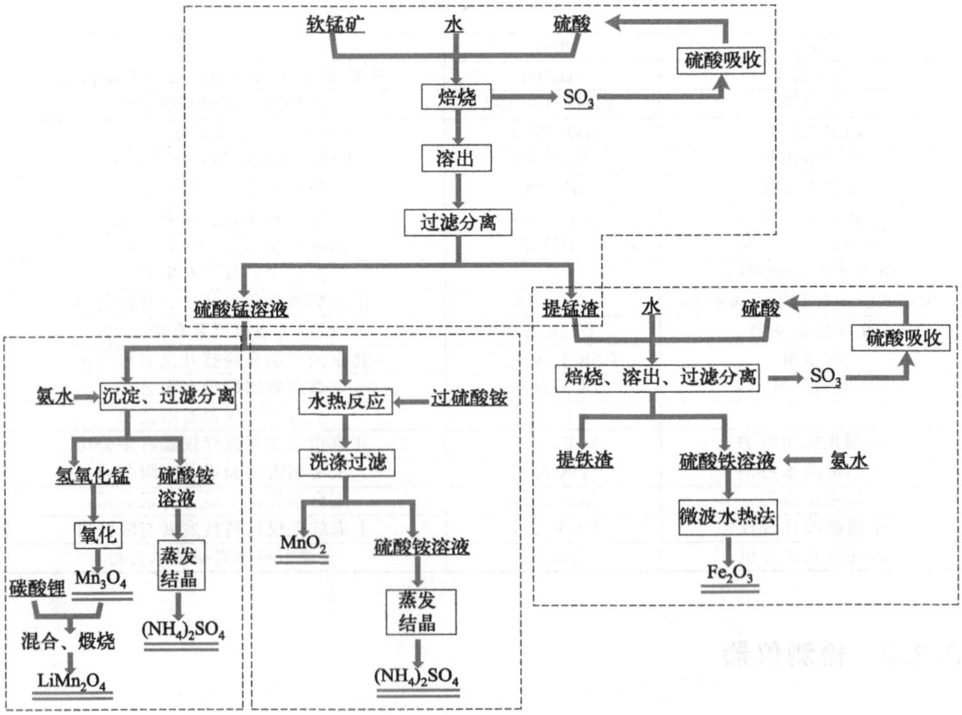

图 2.1　低品位软锰矿利用工艺设计流程图

2.4 产物表征

2.4.1 元素含量测试

2.4.1.1 原矿、焙烧熟料、滤渣及氧化锰产品中主要成分测试方法

采用日本理学公司 ZSXPrimus 型 X 射线荧光光谱仪（XRF）对样品的化学成分进行了半定量分析。采用美国 PE 公司 Optima 8300DV 型电感耦合等离子体发射光谱仪（ICP）对样品进行了定量分析。X 射线荧光光谱仪的测试原理是元素中的原子在 X 射线激发下内层电子的跃迁，放射出该原子所具有的特征 X 射线，不同元素放射出 X 射线的波长与能量不同，研究波长与能量用于作定性分析；其强度大小可表征元素的含量大小，用于定量分析。

2.4.1.2 氧化锰固体产品中锰质量分数测试方法

采用硫酸亚铁铵滴定法测定固体产品中锰的质量分数。样品测试前在 120℃干燥箱中烘干 2h，并置于干燥器中冷却至室温。测试原理为：样品用磷酸和硝酸溶解，在热的浓磷酸介质中，用高氯酸将锰（Ⅱ）氧化到锰（Ⅲ），以二苯胺磺酸钠为指示剂，用硫酸亚铁铵标准溶液滴定至紫色消失为终点。测试步骤如下：称取样品 0.1g，精确至 0.0001g，将称量好的样品置于 250mL 锥形瓶中，加入 15mL 磷酸和 5mL 硝酸，将锥形瓶置于电炉上加热，在溶解过程中不断摇动，直至瓶内液面平静无气泡后取下；滴 1mL 高氯酸，加热至冒浓白烟后取下，冷却至 70℃左右；加入 1∶19 的硫酸 50mL，摇动使稠状物质溶解，流水冷却至室温；用硫酸亚铁铵标准溶液滴至浅红色，滴加 2g·L^{-1} 苯代邻氨基苯甲酸，继续滴定至亮黄色，即为终点。按式(2-1) 计算锰的质量分数 w_{Mn}：

$$w_{Mn}=\frac{54.94\times10^{-3}cV}{m} \tag{2-1}$$

式中，w_{Mn} 为锰的质量分数，%；c 为硫酸亚铁铵标准滴定溶液的物质的量浓度，mol·L^{-1}；V 为滴定消耗硫酸亚铁铵标准溶液的体积，mL；m 为样品的质量，g；54.94×10^{-3} 为每毫摩尔硫酸亚铁铵标准滴定溶液相当的锰质量，g·mmol^{-1}。

2.4.1.3 浸出液中锰、铁含量测试方法

（1）锰的测定

采用硫酸亚铁铵滴定法测定浸出液中全锰物质的量浓度。测试原理是在热

的浓磷酸介质中，用高氯酸将锰（Ⅱ）氧化到锰（Ⅲ）的络合物，以苯代邻氨基苯甲酸为指示剂，用硫酸亚铁铵标准溶液滴定锰（Ⅲ）。其反应式如下：

$$14Mn^{2+}+2ClO_4^-+28PO_4^{3-}+16H^+ = 14[Mn(PO_4)_2]^{3-}+Cl_2\uparrow+8H_2O \tag{2-2}$$

$$Fe^{2+}+[Mn(PO_4)_2]^{3-} = Fe^{3+}+Mn^{2+}+2PO_4^{3-} \tag{2-3}$$

测试步骤如下：用移液管取 2mL 待测液于 250mL 锥形瓶中，加入 15mL 磷酸和 5mL 硝酸，将其置于电炉上加热，直至瓶内液面平静无气泡后取下；滴 1mL 高氯酸，加热至冒浓白烟后取下，冷却至 70℃左右；加入 1∶19 的硫酸 50mL，待稠状物质溶解后，用流水冷却至室温；用硫酸亚铁铵标准溶液滴定至浅红色，以 $2g\cdot L^{-1}$ 苯代邻氨基苯甲酸为指示剂，继续滴定至溶液呈稳定的亮黄色即为终点。按式(2-4) 计算锰的物质的量浓度：

$$c_{Mn}=\frac{c_1V_1}{V} \tag{2-4}$$

式中，c_{Mn} 为锰的物质的量浓度，$mol\cdot L^{-1}$；c_1 为硫酸亚铁铵标准滴定溶液的物质的量浓度，$mol\cdot L^{-1}$；V_1 为滴定消耗硫酸亚铁铵标准溶液的体积，mL；V 为滴定时所取待测液的体积，mL。

(2) 化学滴定法测铁

采用钛（Ⅲ）还原-重铬酸钾滴定法测定浸出液中全铁物质的量浓度。测试原理为：待测液制成盐酸溶液后，以二氯化锡和三氯化钛作为还原剂，将铁（Ⅲ）还原成铁（Ⅱ），略微过量的三氯化钛能使钨酸钠还原成“钨蓝”；用重铬酸钾氧化过量的三氯化钛至蓝色消失，加入硫-磷混酸；以二苯胺磺酸钠为指示剂，用重铬酸钾标准滴定溶液滴定。对应的反应式如下：

$$2Fe^{3+}+Sn^{2+}+6Cl^- = 2Fe^{2+}+SnCl_6^{2-} \tag{2-5}$$

$$Fe^{3+}+Ti^{3+}+6Cl^- = Fe^{2+}+TiCl_6^{2-} \tag{2-6}$$

$$6Fe^{2+}+Cr_2O_7^{2-}+14H^+ = 6Fe^{3+}+2Cr^{3+}+7H_2O \tag{2-7}$$

测试步骤如下：用移液管取 5mL 待测液于 250mL 锥形瓶中，加入 30mL 盐酸（1+1）溶液，盖上表面皿，加热至近沸并维持该状态 5min 后取下；趁热滴加 $100g\cdot L^{-1}$ 氯化亚锡溶液至试液呈浅黄色，冷却至室温，用水稀释至约 150mL；以 $250g\cdot L^{-1}$ 钨酸钠溶液为指示剂，用三氯化钛溶液滴定至呈蓝色，滴加重铬酸钾标准溶液至无色（不计数）；立即加 10mL 硫-磷混酸，以 $5g\cdot L^{-1}$ 二苯胺磺酸钠为指示剂，用重铬酸钾标准溶液滴定至溶液呈稳定的紫色即为终点。按式(2-8) 计算铁的物质的量浓度：

$$c_{\mathrm{Fe}}=\frac{c_2V_2}{V} \tag{2-8}$$

式中，c_{Fe} 为铁的物质的量浓度，mol・L^{-1}；c_2 为重铬酸钾标准滴定溶液的物质的量浓度，mol・L^{-1}；V_2 为滴定消耗重铬酸钾标准溶液的体积，mL；V 为滴定时所取待测液的体积，mL。

(3) 火焰原子吸收光谱法测铁

采用日本岛津 AA6800 型原子吸收分光光度计测定提铁后溶液中铁的质量浓度。原子吸收光谱法是通过样品中的自由原子蒸气对辐射产生的共振吸收程度进行定量分析的方法。火焰法是利用火焰的热能，使试样从溶液雾化至分子蒸气，再解离转化成基态原子的方法。当光源发射某一特征波长的光时，原子蒸气对其吸收，使入射辐射光波强度减弱，其减弱程度与单位体积中原子的浓度成正比并符合朗伯-比尔定律 $A=Kc$（c 为被测元素质量浓度；A 为吸光度；K 为吸收系数），因此可以测出待测元素的含量。测试步骤如下：将 1000mg・L^{-1} 的铁标准溶液分别配置成 0.5mg・L^{-1}、0.75mg・L^{-1}、1mg・L^{-1}、1.5mg・L^{-1} 和 2mg・L^{-1} 的标准液，测量其吸光度绘制出铁的标准曲线。将待测液用水稀释至铁的浓度在 0.5～2mg・L^{-1} 之间，使用空气-乙炔火焰，在原子吸收光谱仪中于 248.3nm 波长处测其吸光度，从计算机中读取并记录铁的质量浓度。

2.4.2　物相分析

X 射线衍射仪（XRD）可对材料进行物相分析。X 射线衍射分析以晶体结构为基础，不同晶体物质都有其特定的结构参数，因而可测定出特定的衍射图谱，将所测衍射图谱与标准卡片比对，即可确定所测材料的物相结构。

采用日本理学的 SmartLab 型 X 射线衍射仪对材料进行物相分析。测试条件：X 射线源是 Cu-Kα 射线，扫描方式为连续扫描，2θ 角度扫描范围为 10°～80°，波长为 1.5406Å，工作电流为 200mA，工作电压为 45kV，扫描步长为 0.01°・step^{-1}，扫描速度为 4°・min^{-1}。

2.4.3　扫描电镜微观形貌分析

扫描电子显微镜（SEM）已成为目前样品表面研究最为有利的手段之一，利用电子枪阴极发出经聚光镜及物镜会聚的高能电子束激发出的二次电子信号、吸收电子信号和背散射电子信号等调制成像，获得扫描图像。二次电子信号主要用于表面形貌衬度观察，吸收电子信号和背散射电子信号主要用于原子序数衬度观察。X 射线能谱仪（EDS）作为 SEM 附件，用于检测样品微区成分，进行定性定量分析。

采用德国蔡司公司的 SUPRA55 型扫描电子显微镜对材料进行微观形貌分析。测定条件：样品测试前在 120℃干燥箱中烘干 2h，将少量粉末均匀分散于导电胶上，再用高压气枪仔细将表面吸附不牢的样品彻底清除，并对样品表面进行喷金处理，在备用样品座上装好样品，然后将其放入设备样品室进行测试；工作电压为 15kV，工作距离为 10mm。

2.4.4 差热-热重分析

热分析技术主要用于研究试样的物理、化学性质与温度的关系。物质在加热过程中，会发生物理或化学变化，相应的会产生吸热或放热现象，差热分析（DTA）是通过测量试样与基准物间的温度差随温度的变化规律，从而确定试样的物理化学性质的一种实验技术。不同物质的热性质不同，其差热曲线上峰的位置、面积、形状及数量均不同，因此可以利用物质的差热曲线对物质进行定性和定量分析。要获得较准确的热效应，需要采用差示扫描量热法（DSC）来测定。热重分析法（TG）是测量物质在加热过程中样品质量随温度变化规律的一种实验技术；物质发生质量变化的温度及变化百分数根据其结构和组成的不同而异，因此可以根据热重曲线上信息推测物质反应机理及产物。微商热重法（DTG）是将 TG 曲线对时间或温度做一阶微商。

采用法国塞塔拉姆公司生产的 Setsy Evolution 型综合热分析仪对材料进行反应机理分析。测定条件：称取样品 10mg 左右，精确至 0.0001g，装入氧化铝坩埚，参比坩埚为空氧化铝坩埚。

2.4.5 比表面积及孔径分布分析

采用北京彼奥德电子公司的 SSA-4300 型孔隙比表面积仪对材料进行比表面积测试，该设备采用 BET（Brunauer、Emmett 和 Teller）低温静态容量法测试。测试原理是将样品置于液氮中，在一定压力和超低温下，被测样品表面对氮气气体分子具有可逆物理吸附作用，在一定吸附质分压下存在某一确定平衡吸附量，通过测定出该平衡吸附量，利用理论模型来等效求出被测样品的比表面积。BET 方程如下：

$$\frac{P}{V(P_0-P)}=\frac{1}{V_mC}+\frac{C-1}{V_mC}\times\frac{P}{P_0} \tag{2-9}$$

式中，P 为吸附质分压，Pa；P_0 为在吸附温度下吸附质的饱和蒸气压，Pa；V 为样品实际吸附量，mL；V_m 为标准状态下氮气分子单层饱和吸附量，mL；C 为与样品吸附能力相关的常数。

比表面积计算公式如下：

$$S_g=\frac{V_mNA_m}{22.4\times10^3m}\times10^{-18} \tag{2-10}$$

式中，S_g 为被测样品比表面积，$m^2\cdot g^{-1}$；A_m 为氮气分子等效最大横截面积，密排六方理论值 $A_m=0.162nm^2$；m 为被测样品质量，g；V_m 为标准状态下氮气分子单层饱和吸附量，mL；N 为阿伏伽德罗常数，数值为 6.02×10^{23}。

通过式(2-9) 可得出 V_m，再通过式(2-10) 可得出 S_g。表 2.4 为比表面积测试所需样品量。测试条件：按照表 2.4 称取一定量样品置于前处理器中 120℃抽真空处理 3h，称量并记录前处理后样品的质量，氮气和氦气气瓶输出压力为 0.3～0.5MPa，递进压力为 10kPa，BET 取点范围为 0.05～0.3，吸附/脱附最大平衡时间为 240s。

表 2.4　比表面积测试所需样品量

序号	比表面积/$m^2\cdot g^{-1}$	样品称样量/g
1	<1	>5
2	1～3	3～5
3	3～10	2～3
4	10～30	1～2
5	30～100	0.3～1
6	100～800	0.15～0.3
7	>800	<0.15

2.4.6　激光粒度分析

采用丹东百特仪器有限公司的 BT-2003 型激光粒度分布仪对材料进行粒度分布测试。测试原理是样品颗粒能使激光产生散射现象，散射角 θ 大小与样品颗粒直径成反比，散射光强度反映该粒径颗粒的数量，在不同角度上通过接收和测量散射光的能量就可以得出样品的粒度分布。测试条件：测试介质为去离子水，设置遮光率数值为 10%～60%，浓度范围控制在 20%～30%之间，循环次数为 10，连续次数为 6。

2.4.7 透射电子显微镜分析

透射电子显微镜（TEM）是把波长极短的电子束聚焦投射到非常薄的待测样品上，电子与样品中的原子碰撞产生立体角散射，再经成像系统成像和放大形成明暗不同的影像，具有高分辨率和高放大倍数的TEM可用于观察材料超微结构。选区电子衍射（SAED）作为TEM附件，可对样品中某微区进行电子衍射，从而实现选区形貌观察和电子衍射的微观对应。

采用日本JEOL公司的JEM-2100F型场发射透射电子显微镜对材料进行组织形貌和晶体结构分析。测定条件：测试前样品已充分干燥，分散剂为无水乙醇，分散方式为超声分散，液体滴在微栅铜网或普通铜网上，在白炽灯下干燥后用于测试。所得数据经DigitalMicrograph分析软件进行分析。

2.4.8 X射线光电子能谱分析

X射线光电子能谱（XPS）分析是一种通过测试样品表面的元素种类、相对含量及化学价态，从而对样品表面元素定性和定量分析的方法。由于光电子能量具有特征值，可根据光电子谱图中峰的位置、峰高及峰位的位移来确定样品表面元素的种类、含量及价态等信息。

采用美国热电公司的ESCALAB 250Xi型X射线光电子能谱仪对材料进行表面元素分析。测定条件：X射线源是Al-Kα射线，线能量为1486eV，线宽为0.9eV，价态分析用碳元素窄谱进行荷电校正，所得数据经XPSPEAK分峰软件进行分析拟合。

2.4.9 红外光谱分析

傅里叶变换红外光谱（FT-IR）分析是一种用于研究材料分子结构和鉴别化合物的方法。样品分子中的基团，在吸收特定频率的红外辐射后，产生振动和转动能级间的跃迁，形成吸收强度或透光度随频率或波数变化的红外光谱，据此可对物质进行定性、定量分析。

采用岛津公司的FTIR-8400S型傅里叶变换红外光谱仪对样品进行红外光谱分析。试样调制剂为KBr，混合均匀后的样品在10kPa下压1min左右，然后将压好的薄片放在仪器的样品窗口上，从4000～400cm^{-1}进行波数扫描，得到吸收光谱。

2.5　锰酸锂电池组装和电化学性能测试

2.5.1　电池组装

将 Mn_3O_4 粉末、乙炔黑和配置好的 5%PVDF（聚偏二氟乙烯）溶液按照固体质量比 8∶1∶1 比例混合均匀，再向混合物中滴加适量 NMP（*N*-甲基-2 吡啶烷酮），将其调成流动浆料。将得到的浆料均匀地涂覆在酒精擦净的铝箔上进行滚压，然后在 80℃真空烘箱中干燥 12h。再将其裁成直径为 10mm 的电极极片，在充满氩气的真空手套箱中，采用 Celgard 2400 膜作为隔膜，锂金属作为对电极，组装 CR2032 型扣式电池。将 $LiPF_6$ 溶解在体积比 1∶1 的碳酸二甲酯和碳酸乙酯混合溶剂中，浓度为 $1mol \cdot L^{-1}$，作为电解质溶液。组装好的电池静置 12h 后对其进行电化学性能测试。

2.5.2　充放电性能测试

采用深圳新威尔电子有限公司生产的 Neware 电池测试系统在室温下对 $LiMn_2O_4$ 材料进行不同倍率充放电及循环性能测试，充放电电位范围为：3.0～4.3V。

2.5.3　循环伏安测试

采用英国 Solartron 公司生产的 1260＋1287 电化学工作站对 $LiMn_2O_4$ 电池材料进行循环伏安（CV）测试。CV 测试条件为室温，扫描电压范围为 3.0～4.3V，扫描速率为 $0.5mV \cdot s^{-1}$。

2.6　超电容性能测试

2.6.1　超级电容器极片制备

MnO_2 和 Fe_2O_3 作为超级电容器材料采用涂片法制备电极片，制备过程示意图如图 2.2 所示，具体制备过程如下：

① 将 MnO_2 或 Fe_2O_3 粉末（活性材料）、乙炔黑（导电剂）、PVDF（黏

结剂）在80℃干燥1h。

② 将裁剪好的1cm×2cm的泡沫镍片浸泡在$1mol \cdot L^{-1}$的HCl中超声15min，用去离子水洗后将其浸泡在酒精中超声10min，用去离子水洗净表面残留溶液后将其置于真空干燥箱中40℃烘干8h。

③ 将MnO_2或Fe_2O_3粉末、乙炔黑和配置好的5%PVDF溶液按照固体质量比8∶1∶1比例混合均匀，再向混合物中滴加适量NMP，将其研磨成流动浆料。

④ 取出烘干后的泡沫镍片，称其质量记为m_1，将上述混合好的浆料均匀涂覆在泡沫镍上，实际涂覆面积为1cm×2cm。

⑤ 将上述涂好浆料的泡沫镍片置于干燥箱中60℃烘干24h后取出，用铜箔包裹在10MPa下压制成平整的薄片，去掉铜箔称其质量记为m_2。

⑥ 计算活性物质质量，将其记为m_0，$m_0=(m_2-m_1)\times 0.8$。

⑦ 测试前将上述制备好的极片置于电解液中浸泡12h。

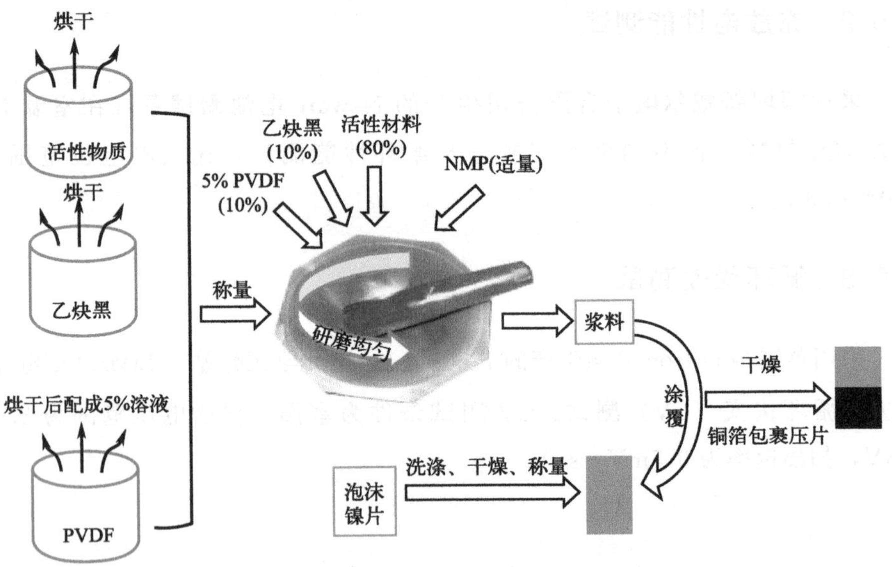

图2.2　超级电容器电极片制备过程示意图

将上述MnO_2或Fe_2O_3电极作为工作电极，铂片电极作为对电极，饱和甘汞电极（SCE）作为参比电极，组成三电极并置于电解池中。电解液应为电解池高度的2/3左右，用于以下电化学性能测试：循环伏安测试（CV）、恒流充放电测试（GCD）和电化学阻抗测试（EIS）。电极材料的电化学性能数据是采用Solartron公司生产的1260+1287型电化学工作站测试的。

2.6.2 循环伏安性能测试

循环伏安测试是通过对电极材料在控制的电极电势间多次往复循环扫描，得到电流与电压间关系的曲线。根据循环伏安曲线的上的特征信息分析电极材料电化学反应的可逆性，推测反应机理，判断其循环性能是否理想、稳定，还可通过循环伏安曲线所围图形的面积计算所测样品的比电容值。

CV曲线测试条件：室温，扫描电压区间为0～1V，扫描速率分别为$5mV \cdot s^{-1}$、$10mV \cdot s^{-1}$、$20mV \cdot s^{-1}$、$50mV \cdot s^{-1}$和$100mV \cdot s^{-1}$。

2.6.3 充放电性能测试

恒流充放电测试是通过对电极材料恒电流充放电，得到电压随时间变化的关系曲线。恒流充放电曲线的线性关系、对称性可以反映电极材料电极性能的规则性、可逆性，从而能够判断其电容性能的好坏。可由公式(2-11)计算电极材料的比电容值[120,166]。

$$C_s=\frac{I\Delta t}{m\Delta V} \tag{2-11}$$

式中，C_s为电极材料的比电容量，$F \cdot g^{-1}$；I为恒定电流值，A；Δt为放电时间，s；m为活性物质质量，g；ΔV为电极的电势降，V。

除了恒流充放电测试以外，还可以在不同电流密度下，对电极材料进行循环充放电测试，以及分析和对比电极材料的循环稳定性、倍率性能及库仑效率等电化学性能。

GCD曲线测试条件：室温；MnO_2电极材料扫描电位区间为0～1V，Fe_2O_3电极材料扫描电位区间为－1.1～0V；MnO_2电极材料电流密度分别为$0.5A \cdot g^{-1}$、$1A \cdot g^{-1}$、$2A \cdot g^{-1}$、$3A \cdot g^{-1}$、$4A \cdot g^{-1}$、$5A \cdot g^{-1}$和$10A \cdot g^{-1}$，Fe_2O_3电极材料电流密度分别为$0.5A \cdot g^{-1}$、$1A \cdot g^{-1}$、$2A \cdot g^{-1}$、$5A \cdot g^{-1}$和$10A \cdot g^{-1}$。

2.6.4 电化学阻抗性能测试

电化学阻抗测试是在小振幅的正弦交流波激励下，研究电化学体系的交流阻抗随频率变化关系的电化学测量方法。

EIS曲线测试条件：室温，开路电位，交流电压振幅为±10mV，频率范围为100mHz～10kHz，采用ZView软件对测试数据进行拟合和分析。

第 3 章

硫酸直接焙烧低品位软锰矿提锰

低品位软锰矿中锰的主要存在形式是 MnO_2，MnO_2（Ⅳ）不能直接溶于稀硫酸或碱性介质，所以从低品位软锰矿中回收锰，在浸出前需将 MnO_2 转化为低价锰（Ⅱ）化合物。目前，国内外低品位软锰矿处理工艺主要有火法还原和湿法还原，锰的提取方法均是在还原条件下进行。硫酸直接焙烧法无需额外加入还原剂，将火法与湿法结合，反应速率快，提取率高，广泛应用于各矿物中有价元素的提取。然而，采用硫酸直接焙烧-水浸工艺高效提取软锰矿中锰，目前国内外未见报道。硫酸直接焙烧法相比湿法还原，酸的用量较少、设备腐蚀度低、操作简单、易于控制、废物排放量较少。与传统火法还原相比，焙烧温度较低、降低能耗、节省成本、环境污染小。

3.1 原料分析

3.1.1 实验原料

所用实验原料为来自甘肃白银地区低品位软锰矿，样品为较硬黑色块状矿样，经粉碎、研磨、过筛后的矿粉混匀后备用。

3.1.2 化学成分分析

采用日本理学公司 ZSXPrimus 型 X 射线荧光光谱仪对软锰矿的化学成分

进行了半定量分析，结果如表 3.1 所示。从此表可看出软锰矿中主要成分为硅、锰和铁，含有少量的钾、钙、铝、锶、钡等元素。

通过化学分析法对软锰矿中含量较高的硅、锰和铁进行了定量分析，结果见表 3.2，表中 TFe 为全铁含量。由表可知，此软锰矿中锰的质量分数为 25.69%，属于低品位软锰矿，锰铁质量比仅为 4.68，质量较差。硅、锰和铁的氧化物质量分数之和超过 90%，极具综合利用价值。书中用于计算提取率和元素质量分数的数据均采用此定量分析结果。

表 3.1　软锰矿的化学组成　　单位：%

SiO_2	MnO	Fe_2O_3	K_2O	CaO	Al_2O_3	SrO	BaO	其他
48.65	38.30	9.29	0.99	0.88	0.41	0.41	0.39	0.68

表 3.2　软锰矿的主要化学组成（质量分数）　　单位：%

Mn	TFe	SiO_2
25.69	5.49	42.30

3.1.3　粒径分布分析

采用丹东百特仪器有限公司的 BT-2003 型激光粒度分析仪对研磨、过筛后的软锰矿粉进行了粒径分布分析，结果见图 3.1。从图中数据可知，样品粒径分布较宽，从 0.1μm 到 163.1μm，其中 $D_{10}=0.81\mu m$，$D_{50}=13.22\mu m$（中位径），$D_{97}=84.65\mu m$。

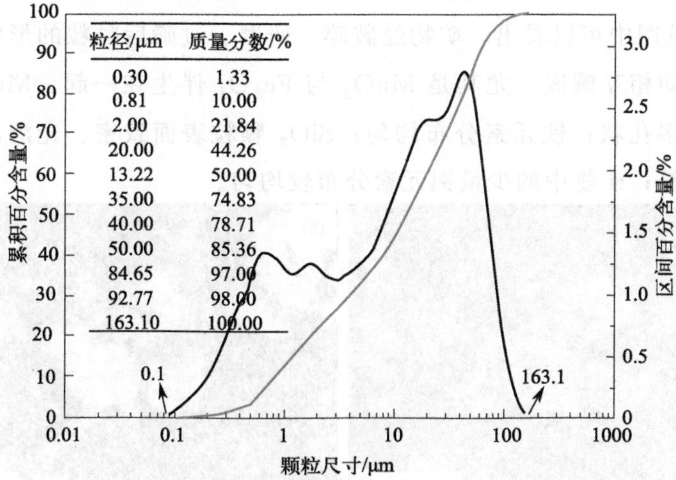

图 3.1　软锰矿的粒径分布曲线

3.1.4 物相成分分析

采用日本理学的 SmartLab 型 X 射线衍射仪对低品位软锰矿进行了物相结构分析，所对应的 X 射线衍射分析图谱见图 3.2。由图可知，该软锰矿中锰的存在形式为 MnO_2，硅以 SiO_2 形式存在，铁以 Fe_2O_3 的形式存在，无其他杂峰，各特征衍射峰尖锐，表明结晶程度较高。

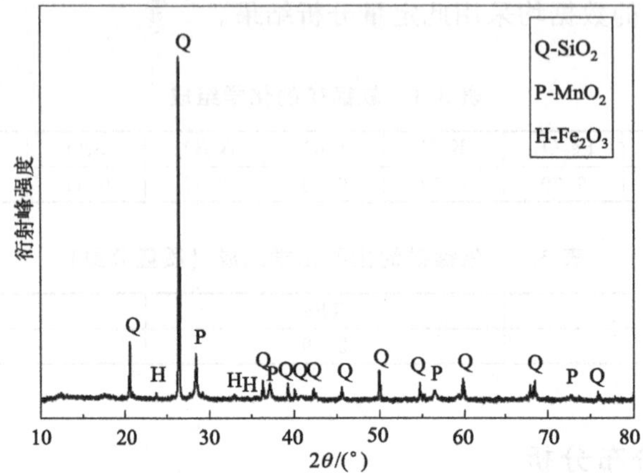

图 3.2　软锰矿的 XRD 谱图

3.1.5 微观形貌分析

采用德国蔡司公司的 SUPRA55 型扫描电子显微镜对低品位软锰矿进行了微观形貌及 EDS 分析，对应的扫描电镜图及矿物中主要元素的分布情况如图 3.3 所示。从图中可以看出，矿物经破碎、研磨、过筛后颗粒的形状是不规则的，元素之间相互镶嵌，尤其是 MnO_2 与 Fe_2O_3 伴生在一起。MnO_2 颗粒较大，呈疏松多孔状；铁元素分布均匀；SiO_2 颗粒表面致密、光滑，这与石英表面性质相符；矿物中的少量铝元素分布较均匀。

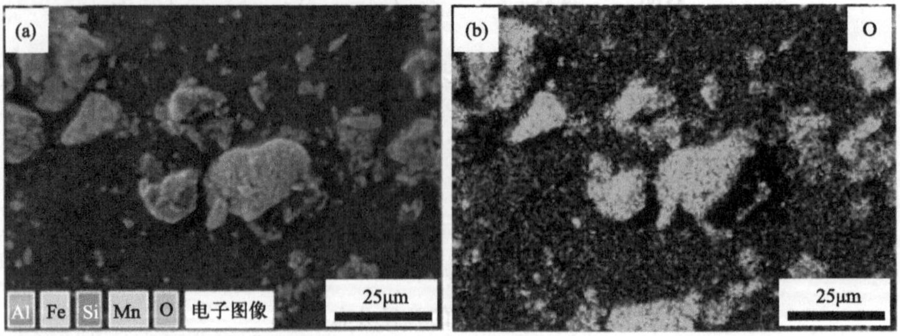

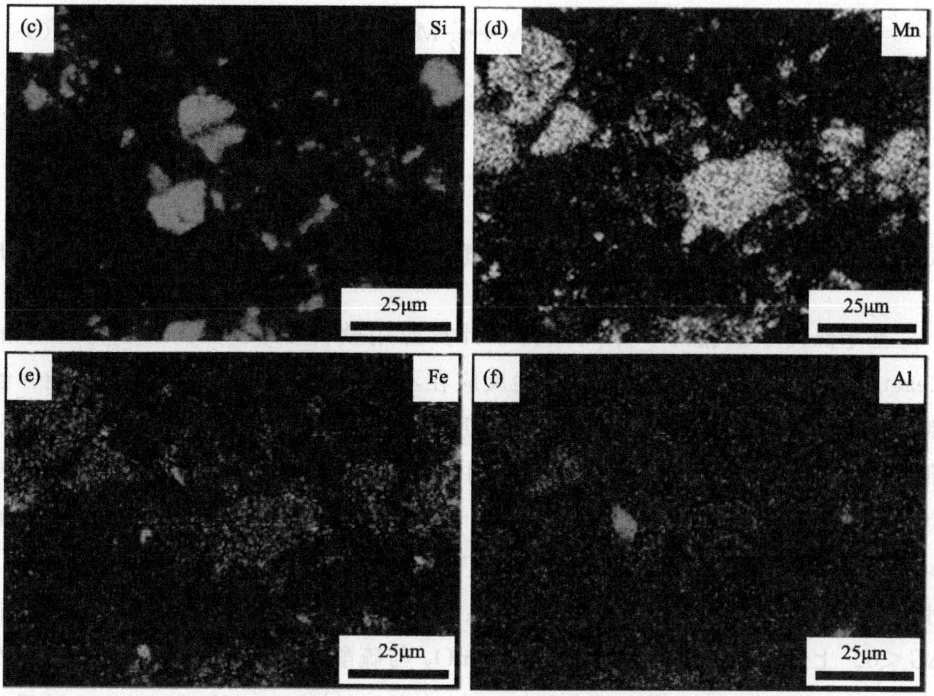

图 3.3　软锰矿的 SEM 图和图中相应元素分布图

(a) SEM；(b) O；(c) Si；(d) Mn；(e) Fe；(f) Al

3.2　硫酸焙烧软锰矿反应原理

3.2.1　硫酸化焙烧软锰矿反应

采用硫酸焙烧软锰矿，矿石中锰的氧化物和铁的氧化物与硫酸反应，生成可溶盐，而 SiO_2 不与硫酸反应，通过调控焙烧过程中焙烧温度可使生成的硫酸铁分解为 Fe_2O_3。焙烧后熟料经溶出、过滤分离，铁和硅进入提锰渣中，待继续分离，锰留在溶出液中，从而实现软锰矿中锰的高效提取及与其他元素的有效分离。根据低品位软锰矿中各组元的物相存在形式可知，软锰矿与硫酸焙烧过程中所涉及的主要化学反应为：

$$Fe_2O_3+3H_2SO_4 = Fe_2(SO_4)_3+3H_2O\uparrow \tag{3-1}$$

$$H_2SO_4 = SO_3\uparrow+H_2O\uparrow \tag{3-2}$$

$$MnO_2+H_2SO_4 = MnSO_4+H_2O\uparrow+\frac{1}{2}O_2\uparrow \tag{3-3}$$

$$Fe_2(SO_4)_3 = 3SO_3\uparrow+Fe_2O_3 \tag{3-4}$$

$$MnSO_4 = \frac{1}{2}Mn_2O_3 + SO_2\uparrow + \frac{1}{4}O_2\uparrow \tag{3-5}$$

$$SO_2 + \frac{1}{2}O_2 + H_2O = H_2SO_4 \tag{3-6}$$

$$SO_3 + H_2O = H_2SO_4 \tag{3-7}$$

3.2.2 热力学分析及锰元素不同氧化态在水溶液中的相对稳定性分析

基于热力学数据库，采用热力学计算应用软件 HSC chemistry 6.0 中的 Reaction Equations 模块计算出上述反应在不同温度的标准吉布斯自由能，绘制出对应的 $\Delta G^{\ominus}$-T 关系图，如图 3.4 所示。用其判断上述各反应的可行性及难易程度，分析软锰矿-硫酸焙烧体系中有价组元状态转化的热力学行为及特点。由图可知，焙烧过程中，式(3-1) 和式(3-3) 反应在 0～900℃范围内的 $\Delta G^{\ominus}$ 均小于 0。由范特霍夫方程 $\Delta G(T)=\Delta G^{\ominus}(T)+RT\ln J$ 可知，式(3-1) 和式(3-3) 反应产物均有气体产生，且该反应为敞开系统，所以 $\ln J<0$，故 $\Delta G<0$。上述表明，矿相中 Fe_2O_3、MnO_2 与硫酸反应在热力学上可正向自发进行，且在相同焙烧温度下，反应式(3-1)的 $\Delta G^{\ominus}$ 小于反应式(3-3)，说明相比 MnO_2，Fe_2O_3 更易与硫酸反应。焙烧过程中，硫酸盐的分解温度和体系中气体 SO_3（或 SO_2、O_2）分压直接相关。从图 3.4 可知，温度越高，反应式(3-4)和式(3-5)的 $\Delta G^{\ominus}$ 越小，且在敞开体系中，温度越高，气体分压越低，$\ln J$ 值越小。因此在较高温度下，$\Delta G<0$，尽管式(3-4) 的 $\Delta G^{\ominus}$ 在 800℃才小于 0，但是 SO_3 气体的存在使硫酸铁的分解变得容易，反应在热力学上可自发进行。同理，气体 SO_2 和 O_2 的存在使硫酸锰的分解变得容易，所以通过控制焙烧温度可实现锰、铁元素的可控提取与分离。虽然反应[式(3-2)]的 $\Delta G^{\ominus}$ 在 400℃小于 0，但分解产物 SO_3 气体的存在使硫酸会在更低的温度分解。反应体系中的 SO_3 和 SO_2 气体可用稀硫酸吸收返回焙烧，式(3-6) 和式(3-7) 的 $\Delta G^{\ominus}$ 在室温下均为负值，很容易自发进行。

图 3.5 为锰的氧化态-标准吉布斯自由能图。横坐标为锰的各种氧化态，纵坐标为锰的各种氧化态的标准生成自由能。由图可知，当 pH＝14 时，MnO_2 的半反应的 $\Delta G^{\ominus}$ 值最小，因此在碱性溶液中 MnO_2 为锰的最稳定态；当 pH＝0 时，Mn^{2+} 的半反应的 $\Delta G^{\ominus}$ 值最小，表明它在酸性溶液中为最稳定的氧化态物种。图中其他各氧化态都具有向最低氧化态变化的趋势，所以软锰矿和硫酸焙烧-水浸提锰工艺不仅具有可行性，而且产物硫酸锰稳定性强。

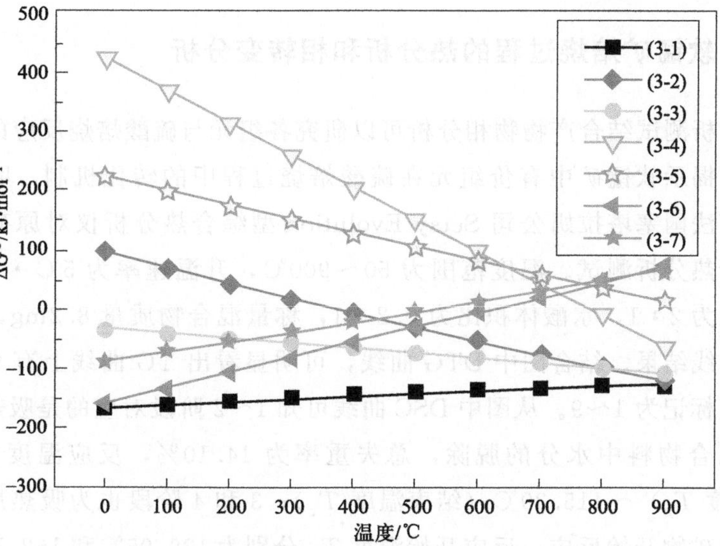

图 3.4　硫酸焙烧软锰矿反应的 $\Delta G^{\ominus}$-T 关系图

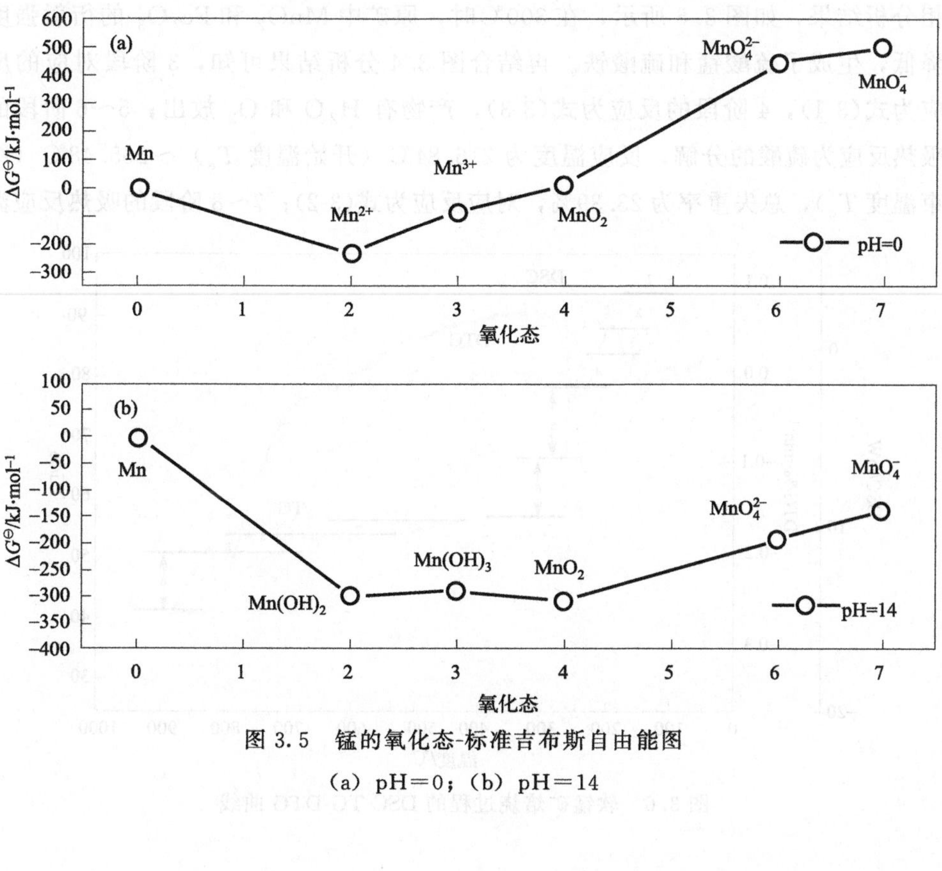

图 3.5　锰的氧化态-标准吉布斯自由能图

(a) pH=0；(b) pH=14

3.2.3 软锰矿焙烧过程的热分析和相转变分析

热分析测试结合产物物相分析可以研究各组元与硫酸焙烧反应的行为及产物组成，揭示软锰矿中有价组元在硫酸焙烧过程中的转化机制，明确反应机理。采用法国塞塔拉姆公司 Setsy Evolution 型综合热分析仪对原矿与硫酸混合物进行热分析测试。温度范围为 50～900℃，升温速率为 5℃ · min^{-1}，酸矿质量比为 2∶1，水酸体积比为 0.2∶1，称量混合物质量 8.2mg，图 3.6 为对应的曲线结果。结合图中 DTG 曲线，可明显看出 TG 曲线上有 9 个失重阶段，将其标记为 1～9。从图中 DSC 曲线可知 1～2 阶段对应的是吸热反应，该阶段为混合物料中水分的脱除，总失重率为 14.10%，反应温度为 58.94℃（开始温度 T_e）～115.39℃（结束温度 T_c）；3 和 4 阶段也为吸热反应，此阶段硫酸与矿物开始反应，反应开始温度 T_e 分别为 139.95℃和 162.51℃，失重率分别为 5.27%和 4.99%。图 3.7 为不同温度下软锰矿与硫酸焙烧产物的物相分析结果，如图 3.6 所示，在 300℃时，原矿中 MnO_2 和 Fe_2O_3 的衍射强度降低，生成了硫酸锰和硫酸铁。再结合图 3.4 分析结果可知，3 阶段对应的反应为式(3-1)，4 阶段的反应为式(3-3)，产物有 H_2O 和 O_2 放出；5～6 阶段的吸热反应为硫酸的分解，反应温度为 216.84℃（开始温度 T_e）～265.48℃（结束温度 T_c），总失重率为 23.39%，对应反应为式(3-2)；7～8 阶段的吸热反应温

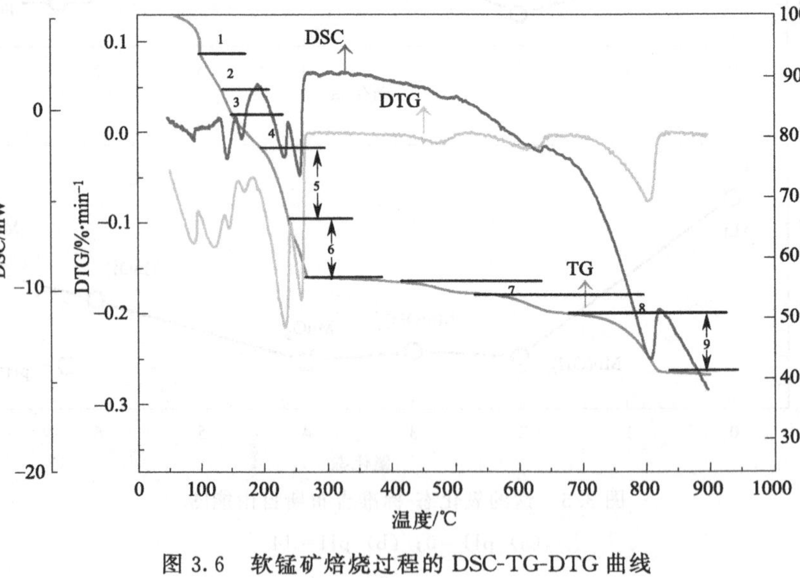

图 3.6 软锰矿焙烧过程的 DSC-TG-DTG 曲线

度范围为 457.25℃（开始温度 T_e）～636.20℃（结束温度 T_c），总失重率为 5.56%；从图 3.7 可看出，直到 400℃，随温度的升高，硫酸铁峰逐渐增强，500℃熟料的 XRD 谱图中，硫酸铁峰开始减弱，直到 650℃消失，在这一过程中，Fe_2O_3 的峰逐渐增强，因此，该阶段是硫酸铁的分解，对应反应为式(3-4)；阶段 9 也是吸热、失重的反应，反应开始温度为 771.43℃，失重率为 10.59%。在图 3.7 中，直至 700℃，随着焙烧温度升高，焙烧产物中硫酸锰峰的衍射强度逐渐增大，然后从 700℃到 800℃减少，在 800℃焙烧熟料中检测到 Mn_2O_3，Mn_2O_3 是由硫酸锰的分解生成的，对应的分解反应方程为式(3-5)；在不同的焙烧温度下，石英相峰的位置和强度基本没有变化，说明 SiO_2 未参与反应。

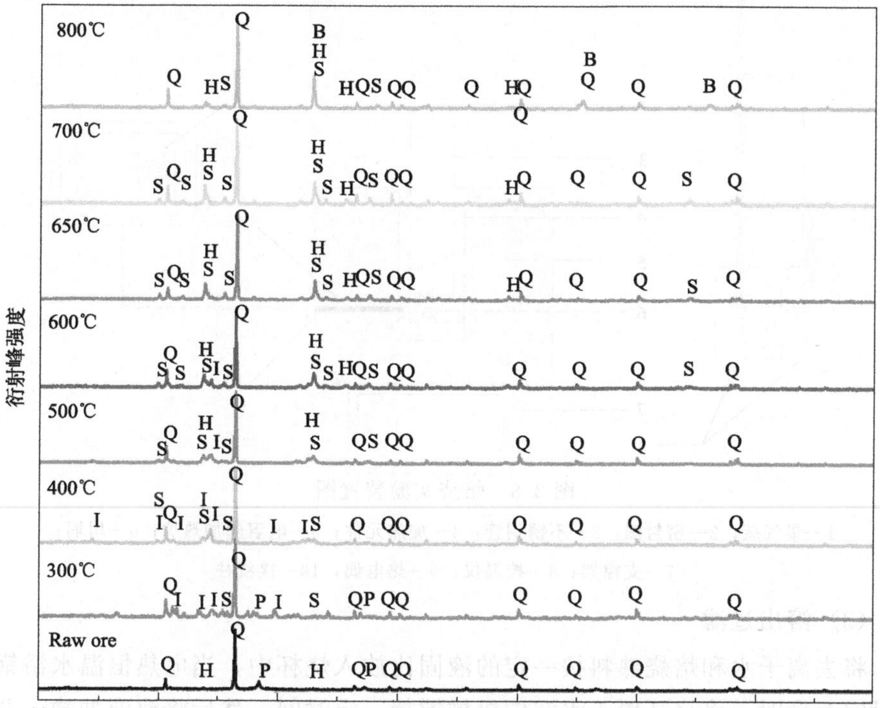

图 3.7　不同温度下软锰矿与硫酸焙烧产物的 XRD 图谱

H—Fe_2O_3；P—MnO_2；Q—SiO_2；S—$MnSO_4$；I—$Fe_2(SO_4)_3$；B—Mn_2O_3

3.3　生产工艺介绍

（1）混料

首先将水和浓硫酸按一定水酸比混合搅拌后倒入刚玉坩埚中（硫酸的加入

量根据矿粉中 MnO_2 和 Fe_2O_3 的质量而定），然后按照一定酸料比称取上述磨细过筛的矿粉缓慢加入坩埚内，边加入边搅拌，直至混合均匀。

（2）焙烧

将上述坩埚置于竖式电阻炉内，盖好配有尾气吸收装置的橡胶密封塞，混合好的物料在电阻丝炉中按设定控温程序进行焙烧一定时间，将焙烧熟料随炉冷却降温后取出。酸化焙烧过程中产生的 SO_2、SO_3 气体，采用 60%～70% 的稀硫酸吸收后返回焙烧工艺循环利用。在进行焙烧过程的动力学实验中，采取固定温度下定时取样方式，焙烧实验装置图如图 3.8 所示。

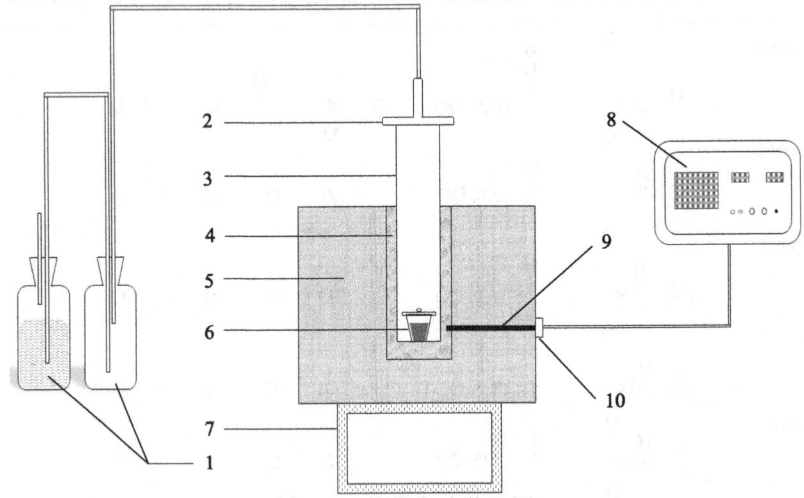

图 3.8　焙烧实验装置图

1—集气瓶；2—密封圈；3—不锈钢管；4—加热元件；5—电阻丝加热炉；6—坩埚；7—支撑架；8—控温仪；9—热电偶；10—接线柱

（3）溶出过滤

将去离子水和焙烧熟料按一定的液固比放入烧杯中，当电热恒温水浴锅达到设定温度时，将烧杯置于水浴中机械搅拌一定时间，然后将溶液抽滤，并用去离子水多次洗涤滤饼。将滤液从滤渣中分离出来后，将滤渣烘干，滤液冷却后记录滤液体积并检测其中锰和铁的质量浓度，计算锰和铁提取率。

焙烧实验中以锰和铁的提取率为考察指标。提取率为溶出后滤液中锰和铁的质量与软锰矿中锰和铁质量的比值。锰的提取率越高，铁的提取率越低，表示锰与铁、硅分离效果越好。

锰、铁提取率的计算公式为：

$$\eta(\mathrm{Mn})=\frac{m(\mathrm{Mn},\text{液})}{m(\mathrm{Mn},\text{固})}\times 100\% \tag{3-8}$$

$$\eta(\text{Fe})=\frac{m(\text{Fe,液})}{m(\text{Fe,固})}\times 100\% \tag{3-9}$$

式中，η（Mn）、η（Fe）分别为锰和铁的提取率，%；m（Mn，液）、m（Fe，液）分别为溶出液中锰和铁的质量，g；m（Mn，固）、m（Fe，固）分别为软锰矿中锰和铁的质量，g。

工艺流程图如图 3.9 所示。

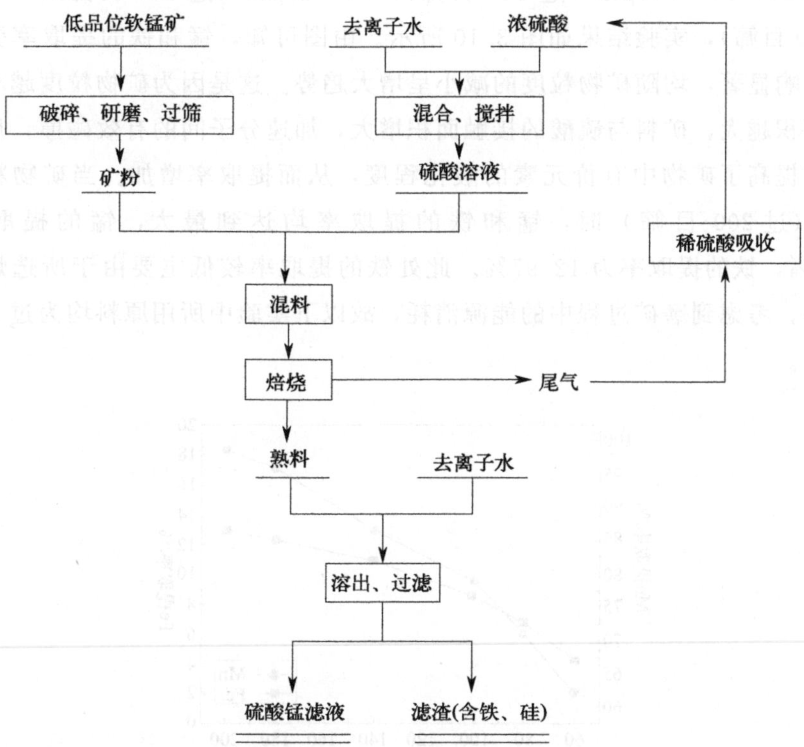

图 3.9　低品位软锰矿硫酸焙烧工艺流程图

3.4　焙烧工艺研究

在焙烧工艺中，固定溶出实验条件：搅拌速度为 300r・min^{-1}，溶出温度为 90℃，溶出时间为 30min，溶出液固比为 5：1。

焙烧工艺中的酸矿比是指酸矿质量比。将软锰矿中的 Fe_2O_3 和 MnO_2 与浓硫酸完全反应生成盐所消耗的浓硫酸的质量计为 1，此时酸矿比为 1：1。水酸比是水酸体积比，指去离子水与浓硫酸的体积比。

3.4.1 矿物粒度对锰和铁提取率的影响

固定实验条件：焙烧温度为600℃，酸矿比为2∶1，水酸比为0.4∶1，焙烧时间为4h，考察不同矿物粒度对锰和铁提取率的影响。颗粒尺寸分别为180～250μm（过60目[1]筛），150～180μm（过80目筛），109～150μm（过100目筛），80～109μm（过140目筛），75～80μm（过180目筛），＜75μm（过200目筛），实验结果如图3.10所示。由图可知，锰和铁的提取率受矿物粒度影响显著，均随矿物粒度的减小呈增大趋势。这是因为矿物粒度越小，其比表面积越大，矿料与硫酸的接触面积增大，加速分子间的有效碰撞，反应更充分，提高了矿物中有价元素的酸化程度，从而提取率增加。当矿物粒径＜75μm（过200目筛）时，锰和铁的提取率均达到最大，锰的提取率为98.69％，铁的提取率为12.97％。此处铁的提取率较低主要由于所选焙烧温度较高，考虑到磨矿过程中的能源消耗，故以下实验中所用原料均为过200目筛矿粉。

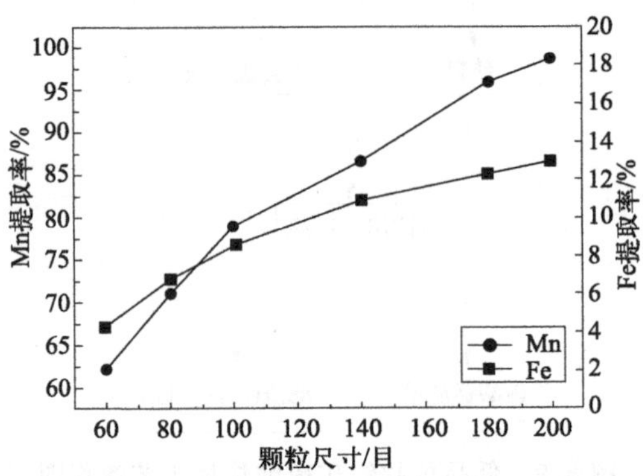

图3.10 矿物粒度对Mn和Fe提取率的影响

3.4.2 酸矿质量比对锰和铁提取率的影响

固定实验条件：焙烧温度为600℃，水酸比为0.4∶1，焙烧时间为4h，考察不同的酸矿质量比0.5∶1～3∶1对锰和铁提取率的影响，实验结果如图3.11所示。随着硫酸加入量的增大，锰和铁的提取率均呈上升趋势。这是因

[1] 目为1英寸（2.54cm）宽度的筛网内的筛孔数。

为增加酸矿质量比，可以提高反应物质量浓度，有助于矿物中锰和铁与硫酸的更充分反应。锰的提取率远高于铁的提取率。这是因为所选焙烧温度 600℃高于硫酸铁分解温度。酸矿质量比从 0.5∶1 增到 2.0∶1，锰的提取率从 42.16%迅速增加到 96.84%，酸矿质量比对锰的提取率影响显著。在 2∶1 以上缓慢上升，虽然铁的提取率在 2∶1 以上仍有所增加，但是此处主要考虑提高锰的提取率，且酸量过多，会导致 SO_3 较大量挥发，尾气吸收量大，因此，H_2SO_4 与软锰矿的合适质量比为 2∶1。之所以比理论量过量一倍，主要是由于矿物中除锰和铁外其他元素与硫酸反应的消耗以及高温下硫酸的分解。

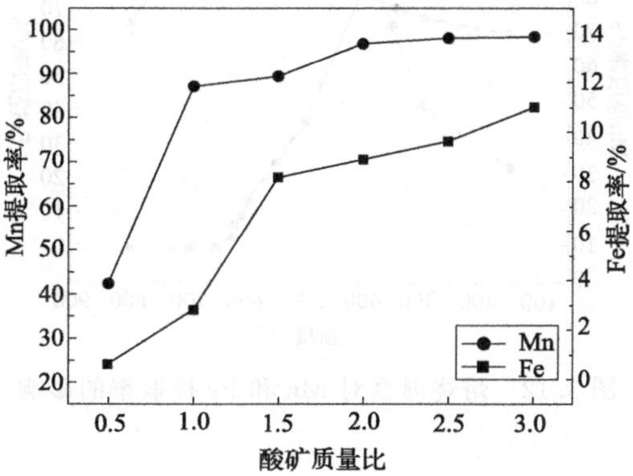

图 3.11　酸矿质量比对 Mn 和 Fe 提取率的影响

3.4.3　焙烧温度对锰和铁提取率的影响

固定实验条件：酸矿质量比为 2∶1，水酸比为 0.4∶1，焙烧时间为 4h，考察不同的焙烧温度 150～800℃对锰和铁提取率的影响，实验结果如图 3.12 所示。由图可知，焙烧温度对锰和铁的提取率均有显著影响，随着焙烧温度的升高，两者的提取率均呈现先上升后下降的趋势。从图 3.4 热力学分析数据可知，Fe_2O_3 与硫酸生成可溶盐硫酸铁的反应容易进行，即使在室温下也容易发生，因此在 150℃时铁的提取率已经达到 63.61%，在 400℃时达到最大值 76.5%，继续升高焙烧温度，铁的提取率急剧下降。这是由于原料硫酸和产物硫酸铁的分解所致，升高温度会加速硫酸和硫酸铁的分解，硫酸铁的分解使铁不再以可溶盐的形式存在，从而降低铁的提取率。从热力学分析可知，升高温度有利于 MnO_2 与硫酸反应生成硫酸锰可溶盐。从图 3.12 可以看出，焙烧温度在 150～400℃时，随着焙烧温度的升高，锰的提取率迅速增加，从 150℃的

31.41%增加到400℃的88.11%，从400～600℃，提取率缓慢增加，600℃时达到99.60%。这是因为提高温度可以增加参与反应的活化分子数量，加快反应速率，增大提取率。当温度超过600℃时，锰的提取率开始缓慢下降，大于700℃时，锰的提取率明显下降。这是硫酸锰的分解所致。在650℃时，锰的提取率为94.70%，铁的提取率为0.59%。为了实现锰与铁的有效分离，应选择高锰提取率与低铁提取率的实验条件，因此，适宜的焙烧温度为650℃。

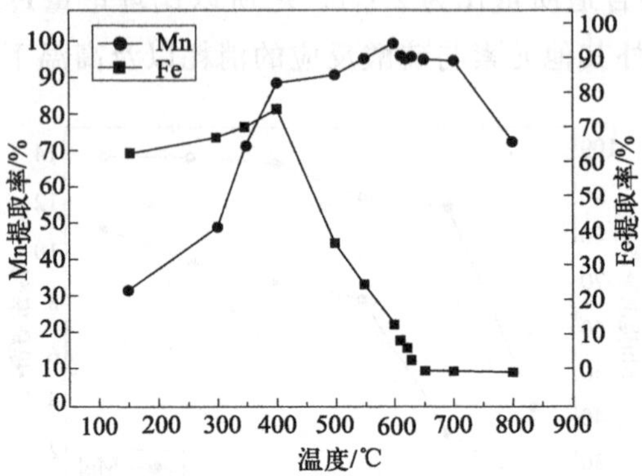

图 3.12　焙烧温度对 Mn 和 Fe 提取率的影响

3.4.4　水酸比对锰和铁提取率的影响

固定实验条件：酸矿质量比为2∶1，焙烧温度为650℃，焙烧时间为4h，考察水酸比分别为0∶1，0.2∶1，0.4∶1，0.6∶1，0.8∶1和1∶1对锰和铁提取率的影响，结果如图3.13所示。从图中看出，随着水酸比从0∶1增加到1∶1，铁的提取率呈上升趋势；锰的提取率是先增后减，在0.6∶1处达到最大值。这说明增大水酸比可以增加体系的流动性和反应物之间的接触面积，从而促进矿物中MnO_2、Fe_2O_3与硫酸的反应，提高锰和铁的提取率。当比值大于0.6∶1时，由于硫酸浓度较低，锰的提取率开始下降。当水酸比大于0.8时，锰的提取率明显下降。尽管在0.6∶1处，锰的提取率最大，但此时铁的提取率约2%，而且当配比小于0.6∶1时，对锰的提取率影响不大，考虑到较高的锰提取率和较低的铁提取率的需求，最合适的比例为0.2∶1。

3.4.5　焙烧时间对锰和铁提取率的影响

固定实验条件：酸矿质量比为2∶1，焙烧温度为650℃，水酸比为0.2∶

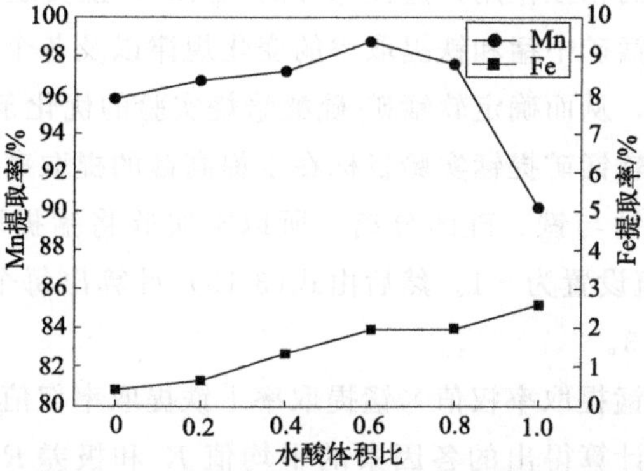

图 3.13　水酸比对 Mn 和 Fe 提取率的影响

1，考察不同的焙烧时间（0.5～6h）对锰和铁提取率的影响，结果如图 3.14 所示。可以看出，从 0.5～4h，随着焙烧时间的延长，铁的提取率迅速下降。这是由于焙烧温度为 650℃，已经超过硫酸铁的分解温度，延长反应时间会增加硫酸铁的分解量，直到 4h 后铁的提取率下降缓慢。延长反应时间有利于硫酸锰的生成，从而提高锰的提取率，在 4h 时锰的提取率达到最大值 96.78%，但反应时间过长，部分硫酸锰会分解，因此最合适的焙烧时间为 4h。

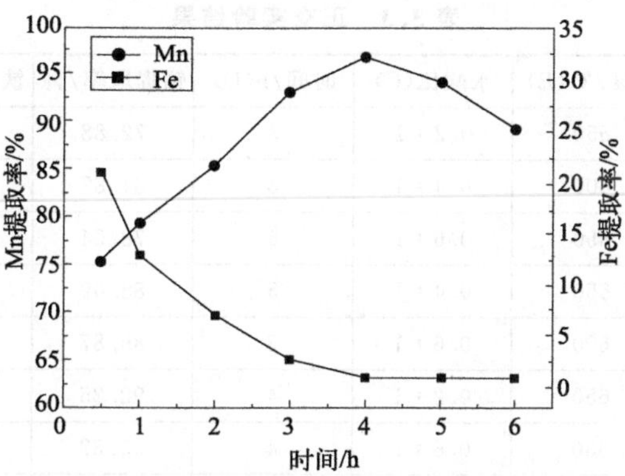

图 3.14　焙烧时间对 Mn 和 Fe 提取率的影响

3.4.6　焙烧正交实验

以上单因素焙烧实验分别对影响锰和铁提取率的几个因素做了研究，并选出了每个单因素下最合适的焙烧条件。在此基础上，选取酸矿质量比、焙烧温度、水酸体积比和焙烧时间四个因素，设计了四因素三水平的焙烧工艺正交实验。不考虑各因素的相互作用，选择标准的 $L_9(3^4)$ 正交表，研究上述四种因素同时作用时，软锰矿中锰和铁提取率的变化规律以及各个因素对锰和铁提取率的影响主次顺序，从而确定软锰矿-硫酸焙烧实验的优化条件组合。

由于硫酸焙烧软锰矿提锰实验目标在于提高锰的提取率，同时降低铁的提取率，有利于实现锰与铁、硅的分离，所以本实验将锰提取率的权值设置为1，铁提取率的权值设置为－1。然后由式(3-10）计算出每个实验的综合指标，其实验结果见表 3.3。

综合指标＝锰提取率权值×锰提取率＋铁提取率权值×铁提取率 (3-10)

根据锰提取率计算得出的各因素的平均值 K 和极差 R 值列于表 3.4 中，对应的效应曲线图如图 3.15 所示。由极差可知各因素对锰提取率影响的主次顺序为：酸矿比＞焙烧温度＞焙烧时间＞水酸比；优化组合为 $A_3B_2C_3D_2$，即酸矿比：2∶1，焙烧温度：600℃，水酸比：0.6∶1，焙烧时间：4h。

根据铁提取率计算得出的各因素 K 和 R 值列于表 3.5 中，对应的效应曲线图如图 3.16 所示。由极差可知各因素对铁提取率影响的主次顺序为：焙烧温度＞酸矿比＞水酸比＞焙烧时间；实验要求降低铁的提取率，所以优化组合为 $A_1B_3C_1D_3$，即酸矿比 1∶1，焙烧温度 650℃，水酸比 0.2∶1，焙烧时间 5h。

表 3.3 正交实验结果

序号	酸矿比(A)	温度/℃(B)	水酸比(C)	时间/h(D)	锰提取率/%	铁提取率/%	综合指标/%
1	1.0∶1	550	0.2∶1	3	72.88	18.05	54.83
2	1.0∶1	600	0.4∶1	4	81.87	6.55	75.32
3	1.0∶1	650	0.6∶1	5	78.54	0.15	78.39
4	1.5∶1	550	0.4∶1	5	85.09	23.10	61.99
5	1.5∶1	600	0.6∶1	3	89.87	13.84	76.03
6	1.5∶1	650	0.2∶1	4	92.25	0.78	91.47
7	2.0∶1	550	0.6∶1	4	95.87	27.73	68.14
8	2.0∶1	600	0.2∶1	5	96.80	9.80	87.00
9	2.0∶1	650	0.4∶1	3	95.30	1.27	94.03

表 3.4 Mn 提取率的极差分析表

因素	K_1	K_2	K_3	R
A	77.76	89.07	95.99	18.23
B	84.61	89.51	88.70	4.90
C	87.31	87.42	88.09	0.78
D	86.02	90.00	86.81	3.98

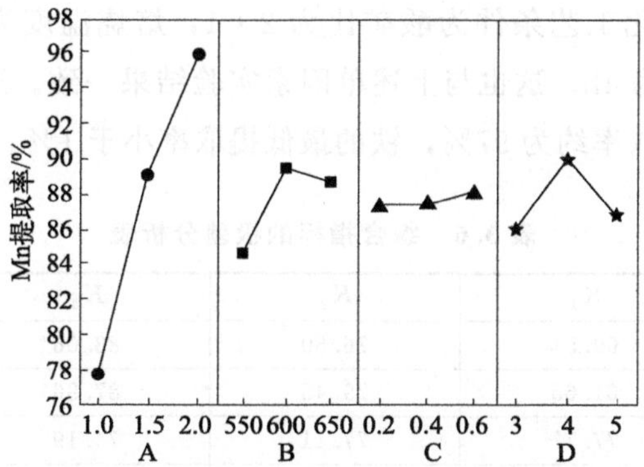

图 3.15　Mn 的提取率与因素关系图

表 3.5　Fe 的提取率的极差分析表

因素	K_1	K_2	K_3	R
A	8.25	12.57	12.93	4.68
B	22.96	10.06	0.73	22.23
C	9.54	10.31	13.91	4.37
D	11.05	11.69	11.02	0.67

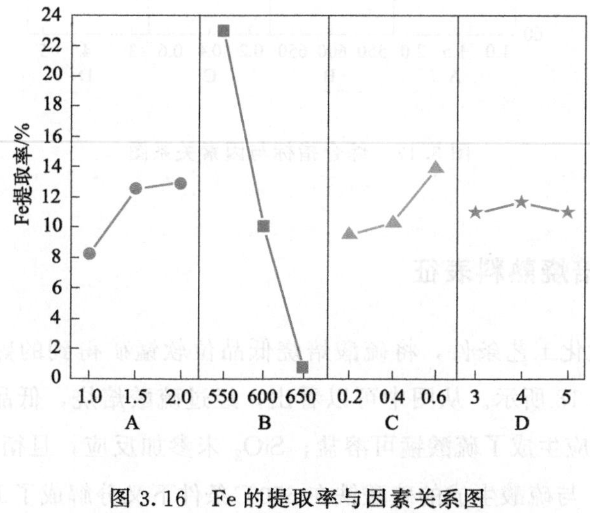

图 3.16　Fe 的提取率与因素关系图

根据综合指标计算得出的各因素平均值 K 和极差 R 值列于表 3.6 中，对应的效应曲线图如图 3.17 所示。根据极差数值可知，影响焙烧实验结果的各因素主次顺序为：焙烧温度＞酸矿比＞水酸比＞焙烧时间；优化组合为 $A_3B_3C_1D_2$。

综合考虑，确定优化工艺条件为酸矿比为 2∶1，焙烧温度为 650℃，水酸比为 0.2∶1，焙烧时间为 4h。这也与上述单因素实验结果一致。通过多次验证试验，测定了锰的最大提取率约为 97%，铁的最低提取率小于 1%。

表 3.6 综合指标的极差分析表

因素	K_1	K_2	K_3	R
A	69.51	76.50	83.06	13.55
B	61.65	79.45	87.96	26.31
C	77.77	77.11	74.19	3.58
D	74.96	78.31	75.79	3.35

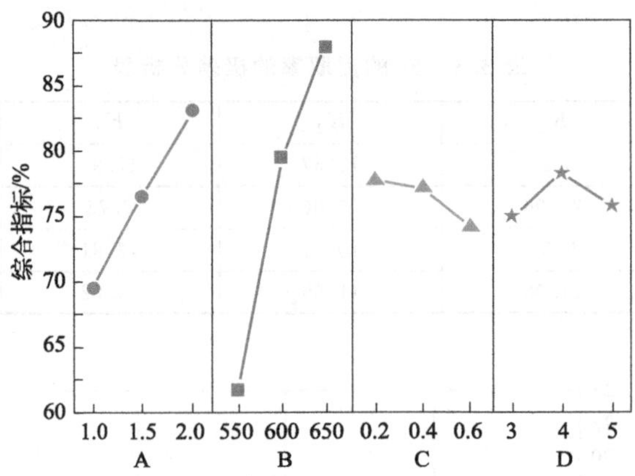

图 3.17 综合指标与因素关系图

3.4.7 优化焙烧熟料表征

按照上述优化工艺条件，将硫酸焙烧低品位软锰矿得到的熟料进行物相分析，结果如图 3.18 所示。从图中可以看出，经过硫酸焙烧，低品位软锰矿中的 MnO_2 与硫酸反应生成了硫酸锰可溶盐；SiO_2 未参加反应，且衍射峰强度很大；原料中的 Fe_2O_3 与硫酸生成的硫酸铁在 650℃条件下又分解成了 Fe_2O_3。

图 3.19(a) 为上述优化条件焙烧熟料的扫描电镜图，图 3.19(b) 和(c) 为对应谱图 1 和谱图 2 的 EDS 能谱图。从图 3.19(a) 中可以明显看出，相比原矿，熟料颗粒表面较光滑。结合图 3.19(b) 和(c) 的能谱图可知，Fe_2O_3 颗粒较细小，团聚在一起，且 Fe_2O_3 小颗粒主要附在硫酸锰颗粒表面；硫酸

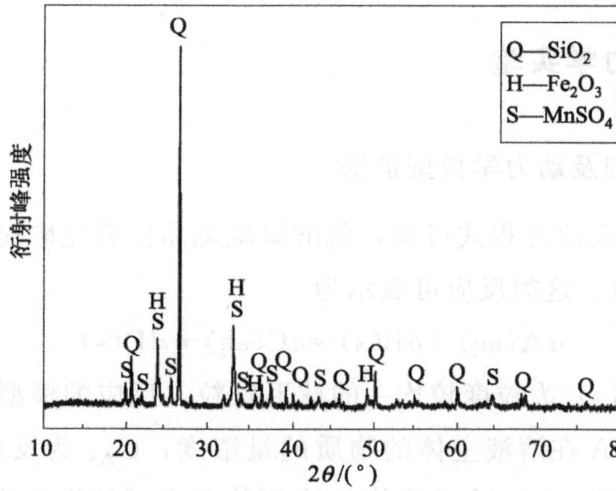

图 3.18　优化组合焙烧熟料的 XRD 图

锰颗粒形状不规则；SiO_2 颗粒与原矿中形貌相似，表面光滑，颗粒尺寸较大。这也进一步表明硫酸化焙烧软锰矿过程中，SiO_2 未参加反应。

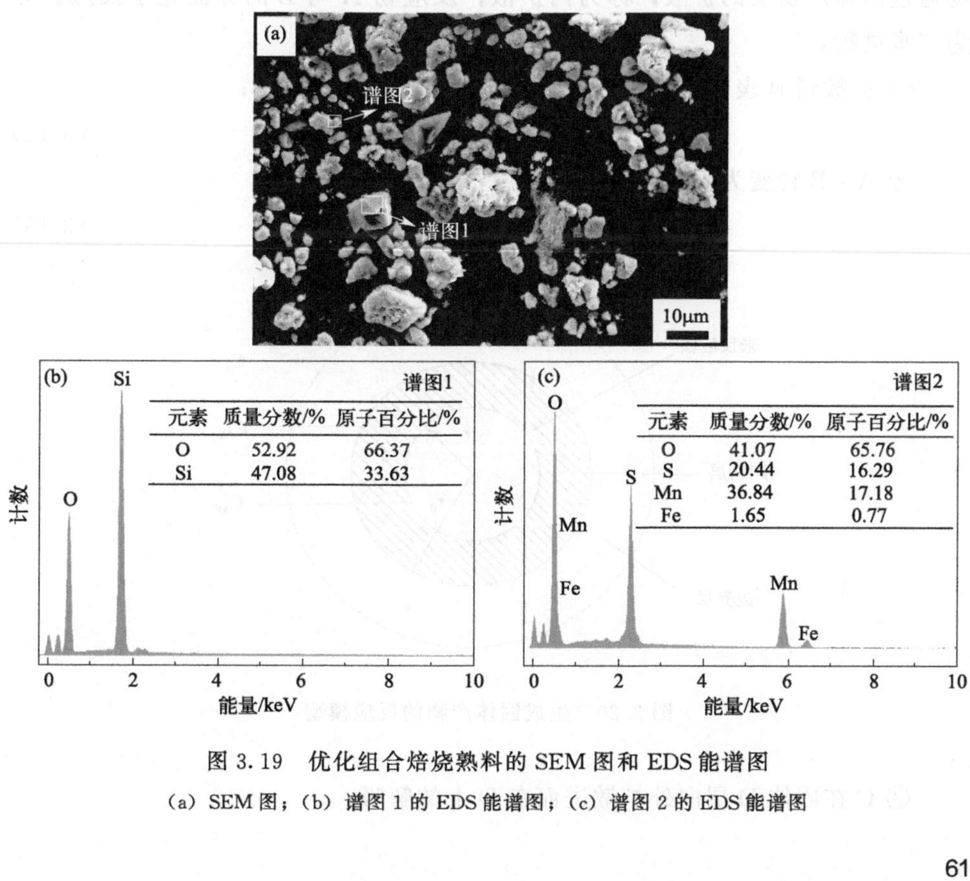

图 3.19　优化组合焙烧熟料的 SEM 图和 EDS 能谱图

(a) SEM 图；(b) 谱图 1 的 EDS 能谱图；(c) 谱图 2 的 EDS 能谱图

3.4.8 焙烧动力学实验

3.4.8.1 实验原理及动力学模型选择

根据 3.2.1 中反应方程式可知，硫酸焙烧低品位软锰矿提取锰属于有固体产物层的液-固反应，这类反应可表示为

$$aA(aq)+bB(s)=cC(aq)+dD(s) \tag{3-11}$$

假设固体反应物 B(s) 为粒度较均一的球形颗粒，反应的模型如图 3.20 所示。其中 C_A 为反应物 A 在溶液主体的物质的量浓度；C_{AS} 为反应物 A 在产物层表面的物质的量浓度；C'_{AS} 为反应物 A 在固体 B 表面的物质的量浓度。对于致密固体反应物，反应物 B(s) 和产物 D(s) 之间有明显的界面，随着化学反应由表面向内的逐渐进行，固体反应物 B(s) 核心逐渐减小，产物 D(s) 的厚度逐渐增加，这就是“收缩核模型”。该化学反应过程包括如下步骤：液态反应物或产物通过液体边界层向固体产物表面扩散，称为外扩散；液态反应物或产物通过固体产物层的扩散，称为内扩散；反应物 A 与 B 的界面化学反应。分为三步进行：

① 扩散到 B 表面的 A 被 B 吸附生成吸附络合物 A・B；

$$A+B=A\cdot B \tag{3-12}$$

② A・B 转变为固相 C・D；

$$A\cdot B=C\cdot D \tag{3-13}$$

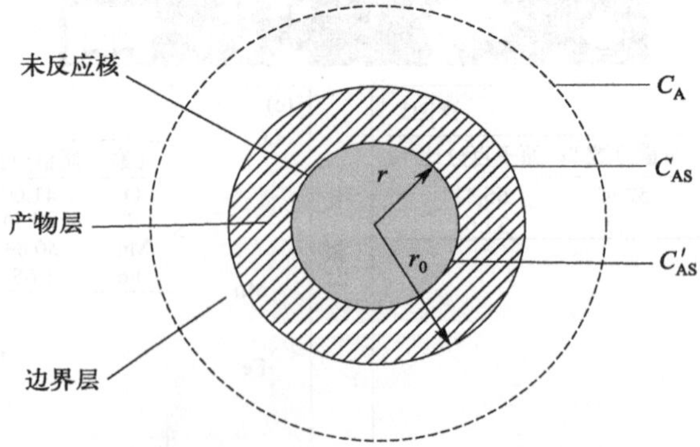

图 3.20 生成固体产物的反应模型

③ C 在固体 D 层向外扩散进而在 D 上的解吸；

$$C \cdot D = C + D \tag{3-14}$$

其中第①步和第③步称为吸附阶段，第②步称为结晶-化学反应阶段。液-固反应是由上述各步骤连续进行的，总反应速率取决于最慢的步骤，这一步骤称为控制步骤。

当反应速率受液体边界层的扩散控制时，动力学方程简化为：

$$x = k_f t \tag{3-15}$$

式中，x 为固体反应物的转化率；k_f 为外扩散反应速率常数，min^{-1}；t 为反应时间，min。

在外扩散控制条件下，由于液体边界层厚度与液体的流动状态有关。故搅拌强度对反应速率影响显著，温度对其影响较小，反应速率与反应物浓度成正比，反应的表观活化能一般为 8～10kJ・mol^{-1}。

当反应速率受固体产物层的扩散控制时，动力学方程简化为：

$$1 - \frac{2}{3}x - (1-x)^{\frac{2}{3}} = k_d t \tag{3-16}$$

式中，x 为固体反应物的转化率，%；k_d 为内扩散反应速率常数，min^{-1}；t 为反应时间，min。

在内扩散控制的条件下，搅拌强度与反应速率没有明显的关系，温度对反应速率影响较小，反应物浓度与其成正比关系，反应的表观活化能一般为 8～30kJ・mol^{-1}。

当反应速率受界面化学反应控制时，动力学方程简化为：

$$1 - (1-x)^{\frac{1}{3}} = k_r t \tag{3-17}$$

式中，x 为固体反应物的转化率；k_r 为界面化学反应速率常数，min^{-1}；t 为反应时间，min。

在界面化学反应控制的条件下，搅拌强度与反应速率无关，温度对反应速率的影响较大，反应的表观活化能一般为 40～300kJ・mol^{-1}。

3.4.8.2　动力学实验结果及分析

在原矿粒度为 200 目，酸矿质量比为 2∶1，水酸体积比为 0.2∶1 的条件下，研究焙烧温度分别在 350℃、400℃、500℃和 600℃时，不同反应时间 0min、10min、15min、20min、30min、60min、120min、180min 和 240min 对锰提取率的影响，以确定硫酸焙烧低品位软锰矿提锰过程的控制步骤和焙烧动力学方程，实验结果如图 3.21 所示。从图可知，在 350～600℃范围内，在同一时间条件下，温度越高，锰的提取率越高。这是因为温度的升高有利于硫酸向固体反应物内部的扩散，缩短了硫酸化反应的时间。在反应时间为 60min 时，锰的提取率由 350℃的 46.97%提高至 600℃的 76.38%。Mn 的提取率在 0～30min 和 60～240min 这两个时间段有明显差异，因此动力学数据分为两阶段进行讨论。在反应时间短于 60min 时，锰的提取率增加迅速，表明反应初始阶段，矿物中的 MnO_2 相易于与硫酸反应，尤其是 600℃，在 30min 时锰的提取率已达 70.47%。焙烧时间延长至 60min 以后，锰的提取率随反应时间增加相对缓慢。这是由于反应中后期，相界面合拢，硫酸化反应面积不断缩小，反应速率逐渐减慢，并接近完成。

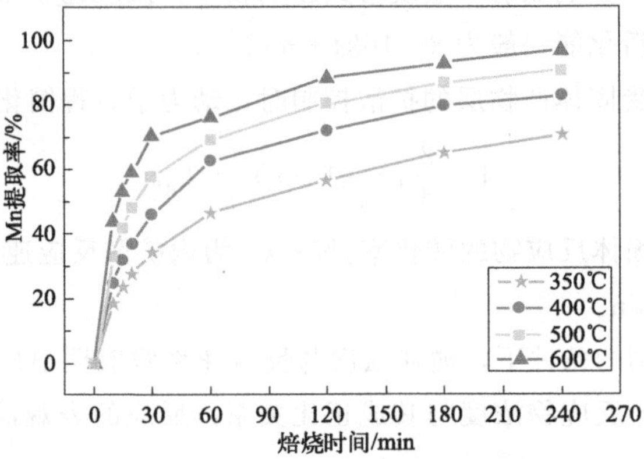

图 3.21　不同温度下 Mn 的提取率与焙烧时间的关系

将图 3.21 中数据用式(3-15)～式(3-17)进行处理，不同焙烧温度下的表观速率常数和相关系数列于表 3.7 中。由表可知，通过比较，采用内扩散控制方程 $1-2/3x-(1-x)^{2/3}=k_d t$ 处理数据得到的相关系数较好。不同温度下 $1-2/3x-(1-x)^{2/3}$ 与时间的关系如图 3.22 所示。由图 3.22 可知，$1-2/3x-(1-x)^{2/3}$ 与焙烧时间 t 在两个时间段内均具有明显的线性关系。说明低品位软锰矿硫酸化焙烧提锰过程遵循内扩散控制规律。

根据 Arrhenius 方程可知反应速率常数与温度的关系为：

$$\ln k=\ln A-\frac{E}{RT} \tag{3-18}$$

式中，k 为速率常数；A 为频率因子；E 为表观活化能，$J \cdot mol^{-1}$；R 为理想气体常数 $J \cdot mol^{-1} \cdot K^{-1}$；$T$ 为热力学温度，K。

表 3.7　不同焙烧温度下表观速率常数和相关系数

焙烧温度/℃	x		$1-2/3x-(1-x)^{2/3}$		$1-(1-x)^{1/3}$	
	$K_f\times10^{-3}/min^{-1}$	R^2	$K_d\times10^{-3}/min^{-1}$	R^2	$K_r\times10^{-3}/min^{-1}$	R^2
350(0～30min)	11.3	0.9002	0.5	0.9929	4.3	0.9289
400(0～30min)	15.1	0.9005	1.0	0.9892	6.1	0.9411
500(0～30min)	18.9	0.8712	1.8	0.9952	8.2	0.9314
600(0～30min)	22.7	0.8273	2.9	0.9986	10.9	0.9194
350(60～240min)	1.3	0.9727	0.3	0.9937	0.8	0.9878
400(60～240min)	1.2	0.9582	0.4	0.9836	0.9	0.9786
500(60～240min)	1.2	0.9503	0.6	0.9904	1.2	0.9872
600(60～240min)	1.1	0.9209	0.8	0.9870	1.7	0.9826

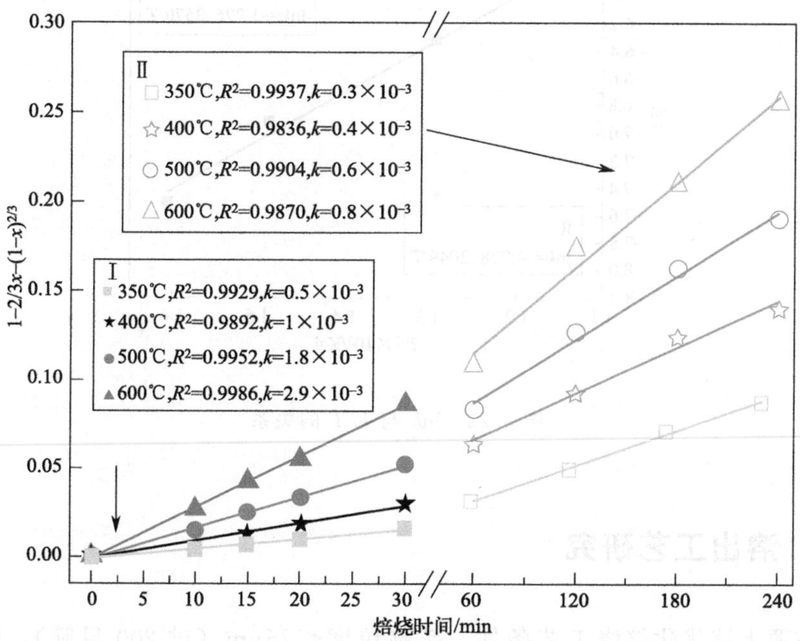

图 3.22　不同温度下 $1-2/3x-(1-x)^{2/3}$ 与焙烧时间的关系

从表 3.7 中的内扩散反应速率常数可得出两阶段的不同温度下的 ln$k$，将 ln$k$ 对 $1/T$ 作图，结果如图 3.23 所示，表观活化能和频率因子可由图中直线的斜率和截距确定。反应时间为 0～30min 时，表观活化能和频率因子分别为 $29.68kJ\cdot mol^{-1}$ 和 $16.92\times10^{-2}min^{-1}$；反应时间为 60～240min 时，对应的表观活化能和频率因子分别为 $17.04kJ\cdot mol^{-1}$ 和 $0.84\times10^{-2}min^{-1}$。从而可得硫酸焙烧软锰矿提锰的动力学方程为：

$$1-\frac{2}{3}x-(1-x)^{\frac{2}{3}}=16.92\times10^{-2}\exp\left(-\frac{29.68\times10^{3}}{RT}\right)t \tag{3-19}$$

$$1-\frac{2}{3}x-(1-x)^{\frac{2}{3}}=0.84\times10^{-2}\exp\left(-\frac{17.04\times10^{3}}{RT}\right)t \tag{3-20}$$

表观活化能的数值清楚地验证了软锰矿焙烧过程受内扩散控制。与 60～240min 相比，0～30min 的表观活化能更大。这主要是因为在内部扩散控制条件下，反应速率与反应物浓度成正比。反应在第一阶段时，反应物浓度较高，反应速度较快，但到 60min 后，反应物浓度较低，反应速率较慢。

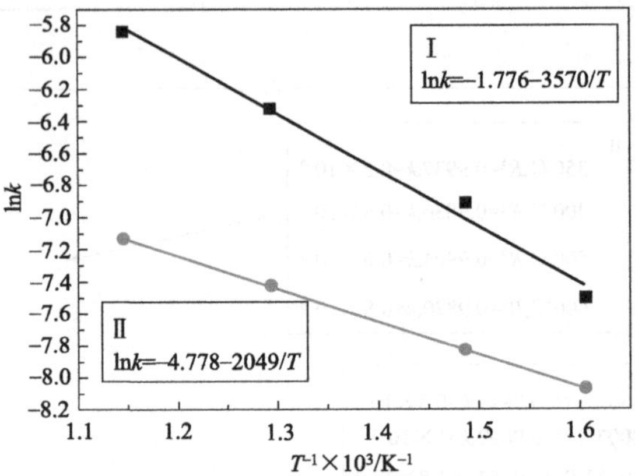

图 3.23 ln$k$ 与 1/T 的关系

3.5 溶出工艺研究

按照上述优化焙烧工艺条件：矿物粒度＜75μm（过 200 目筛），酸矿比 2∶1，焙烧温度 650℃，水酸比 0.2∶1，焙烧时间 4h，焙烧低品位软锰矿得到焙烧熟料，然后对焙烧熟料进行溶出实验研究。按照式(3-8) 和式(3-9) 计算锰和铁的提取率，以锰和铁的提取率为指标，分别考察搅拌速度、溶出温度、溶出时间和溶出液固比对锰和铁提取率的影响。

3.5.1 搅拌速度对锰和铁提取率的影响

固定实验条件：溶出温度为 90℃，溶出时间为 30min，溶出液固比为 5∶1，考察不同搅拌速度（100～500r·min^{-1}）对锰和铁提取率的影响，实验结果如图 3.24 所示。由图可知，随着搅拌速度的提高，Mn 的提取率迅速增加。这可能是因为增加搅拌速度使硫酸锰盐与水充分接触，溶出反应加快。然而，当搅拌速度超过 300r·min^{-1} 时，锰的提取率没有显著的变化。铁的提取率随搅拌速度的变化不大，从 100～300r·min^{-1}，稍有下降，考虑到实验要求高锰提取率和低铁提取率，最合适的搅拌速度为 300r·min^{-1}。

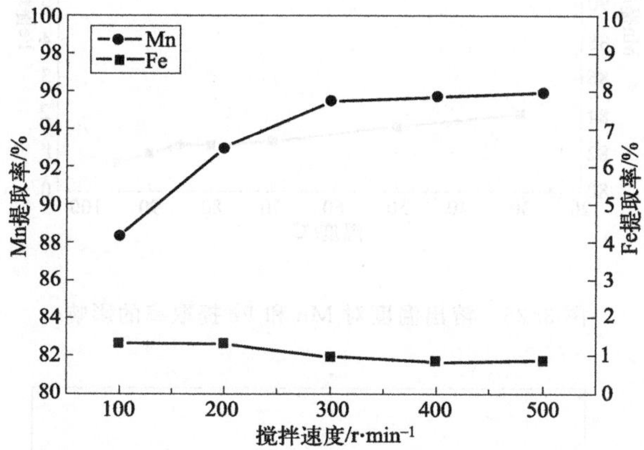

图 3.24　搅拌速度对 Mn 和 Fe 提取率的影响

3.5.2　溶出温度对锰和铁提取率的影响

固定实验条件：搅拌速度为 300r·min^{-1}，溶出时间为 30min，溶出液固比为 5∶1，考察不同溶出温度（30℃、50℃、70℃、80℃、85℃、90℃和 95℃）对锰和铁提取率的影响，实验结果如图 3.25 所示。从图可以看出，锰的提取率随浸出温度的升高而升高，90℃以上无明显变化。这是因为温度升高，溶出过程反应速率快。85℃以上，铁的提取率随溶出温度的升高呈下降趋势。主要原因是溶液中部分 Fe^{3+} 生成了水解产物经过滤进入滤渣中。为了确定水解产物组成，对滤渣进行了红外光谱测试，测试结果如图 3.26 所示。在 459cm^{-1} 和 694cm^{-1} 处的两个吸收峰为 Fe—O 键的振动吸收峰，说明在滤渣中 Fe_2O_3 的存在；在 797cm^{-1} 处的吸收峰为 Fe—O—H 的弯曲振动，说明滤渣中存在 Fe^{3+} 的水解产物（氢氧化铁或 FeOOH）；在 3421cm^{-1} 和 1630cm^{-1} 处出现的吸收峰对应水分子中 O—H 键的振动；在 1084cm^{-1} 处吸收峰对应 Si—O—Si 的伸缩振动，说明在滤渣中 SiO_2 的存在。因此考虑高锰提取率和低铁提取率以及成本，选取最合适的浸出温度为 90℃。

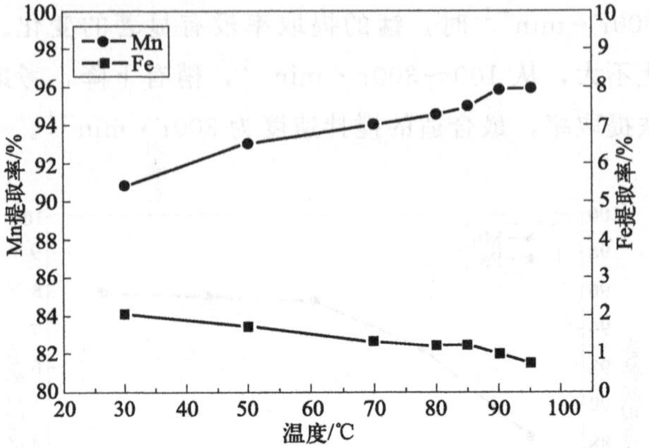

图 3.25　溶出温度对 Mn 和 Fe 提取率的影响

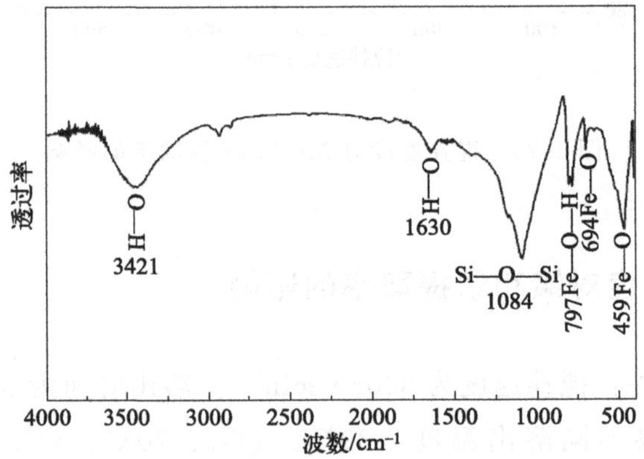

图 3.26　提锰渣的 FT-IR 光谱图

3.5.3　溶出时间对锰和铁提取率的影响

固定实验条件：搅拌速度为 $300r \cdot min^{-1}$，溶出温度为 90℃，溶出液固比为 5：1，考察不同溶出时间（10～60min）对锰和铁提取率的影响。由图 3.27 的实验结果可知，锰的提取率随溶出时间的延长略有增加，从 10min 的 90.62%提高到 50min 的 97.25%，再延长溶出时间，转化率无明显差异。这说明硫酸锰盐易溶于水，在浸出初期，大部分硫酸锰可溶盐已进入溶液。铁的提取率随溶出时间的延长略有下降，50min 以上无明显变化。这说明随溶出时间的延长草黄铁矾的量增加，故选择 50min 为最合适的浸出时间。

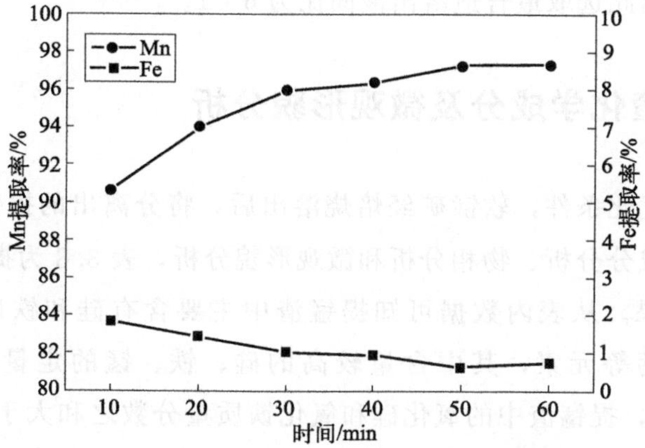

图 3.27　溶出时间对 Mn 和 Fe 提取率的影响

3.5.4　溶出液固比对锰和铁提取率的影响

固定实验条件：搅拌速度为 300r·min^{-1}，溶出温度为 90℃，溶出时间 50min，考察不同溶出液固比（3∶1～7∶1）对锰和铁提取率的影响，实验结果如图 3.28 所示。从图可看出，锰和铁的提取率均随液固比的增大而增加，

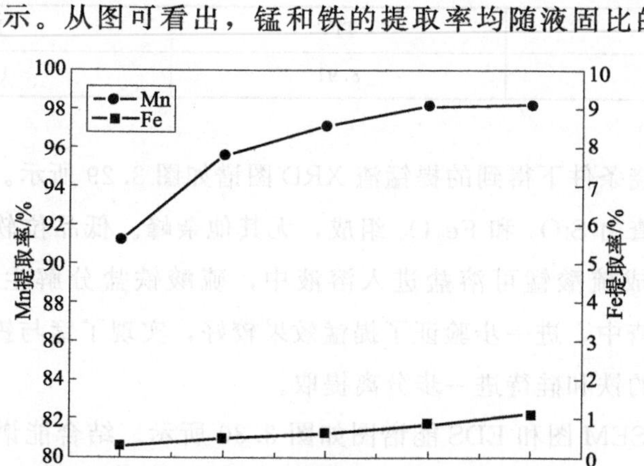

图 3.28　溶出液固比对 Mn 和 Fe 提取率的影响

到达6∶1时，硫酸锰盐已基本溶出，锰的提取率开始趋于稳定，此时锰的提取率已高达98.16%；铁的提取率变化不大，当液固比为6∶1时，铁的提取率为0.87%，浸出液中铁离子质量浓度低于0.05g·L^{-1}。在实验中主要考虑锰的转化率，因此选取最合适溶出液固比为6∶1。

3.6 提锰渣化学成分及微观形貌分析

按照上述优化条件，软锰矿经焙烧溶出后，将分离出的提锰渣洗涤烘干，对其进行化学成分分析、物相分析和微观形貌分析，表3.8为提锰渣的化学成分定性分析结果。从表内数据可知提锰渣中主要含有硅和铁以及少量的锰、铝、钡、锶和钙等元素，其中含量较高的硅、铁、锰的定量分析结果见表3.9。由表可知，提锰渣中的氧化硅和氧化铁质量分数之和大于90%，锰的质量分数仅为1.13%。这验证了大部分锰已被提取出来。

表3.8 提锰渣的化学组成 单位：%

SiO_2	Fe_2O_3	MnO	Al_2O_3	SrO	BaO	CaO
79.91	14.46	1.47	1.11	0.60	0.23	0.09

表3.9 提锰渣的主要化学组成 单位：%

SiO_2	TFe	Mn
81.33	8.91	1.13

在优化焙烧条件下得到的提锰渣XRD图谱如图3.29所示。从图中可以明显看出，提锰渣由SiO_2和Fe_2O_3组成，无其他杂峰。低品位软锰矿中氧化锰与硫酸反应生成硫酸锰可溶盐进入溶液中，硫酸铁盐分解生成不溶于水的Fe_2O_3而进入渣中，进一步验证了提锰效果较好，实现了锰与铁、硅的有效分离。提锰渣中的铁和硅待进一步分离提取。

提锰渣的SEM图和EDS能谱图如图3.30所示。结合能谱数据中的元素种类及质量分数可以得知，提锰渣中表面光滑的块状颗粒为SiO_2，且SiO_2为单一分散的较大颗粒，尺寸为1～10μm。呈细小碎末状团聚在一起的小颗粒为Fe_2O_3。

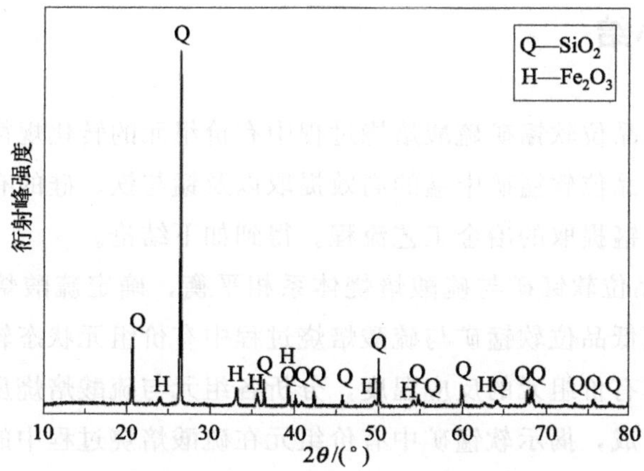

图 3.29　提锰渣的 XRD 图

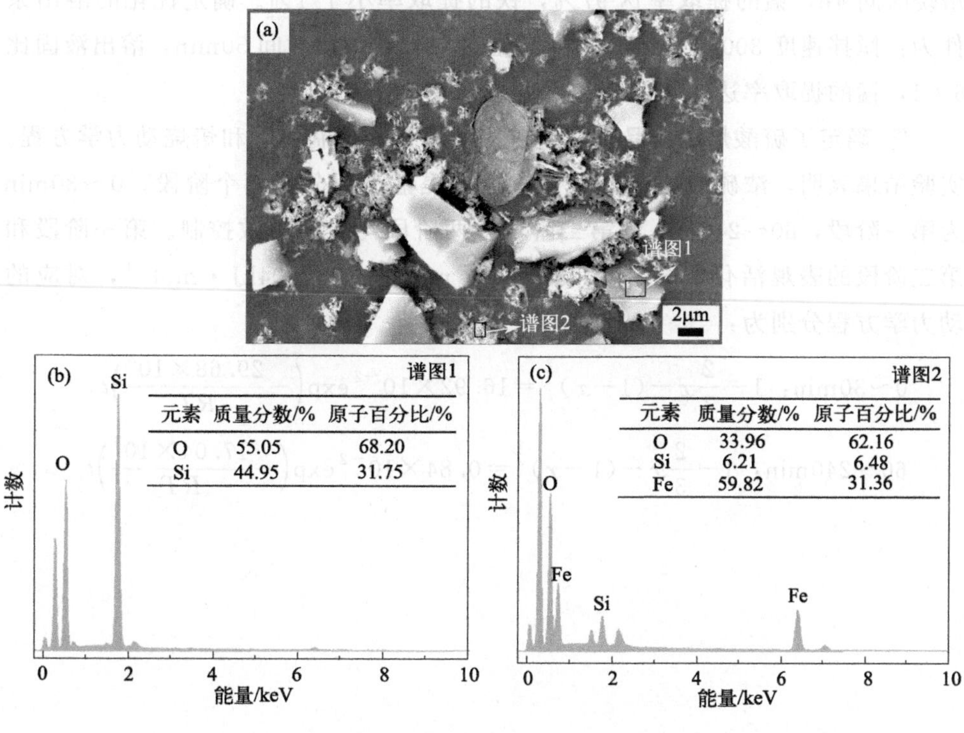

图 3.30　提锰渣的 SEM 图和 EDS 能谱图

（a）SEM 图；（b）谱图 1 的 EDS 能谱图；（c）谱图 2 的 EDS 能谱图

3.7 本章小结

通过研究低品位软锰矿硫酸焙烧过程中有价组元的转化规律，明确了反应机理，实现了低品位软锰矿中锰的高效提取以及锰与铁、硅的有效分离，建立起低品位软锰矿锰提取的冶金工艺流程。得到如下结论。

① 分析低品位软锰矿与硫酸焙烧体系相平衡，确定硫酸焙烧反应的热力学可行性。研究低品位软锰矿与硫酸焙烧过程中有价组元状态转化的热力学行为及特点，确定有价组元的反应温度，分析各组元与硫酸焙烧反应产物物相结构，确定产物组成，揭示软锰矿中有价组元在硫酸焙烧过程中的转化机制，明确反应机理。在软锰矿-硫酸焙烧体系下，确定了铁的物相转化临界温度，从而通过调控焙烧实验条件，实现高锰低铁的综合提取。确定优化的焙烧条件为：矿粉粒度＜75μm，酸矿质量比 2∶1，焙烧温度 650℃，水酸比 0.2∶1，焙烧时间 4h，锰的提取率达 97%，铁的提取率小于 1%。确定优化的溶出条件为：搅拌速度 300r·min^{-1}，溶出温度 90℃，溶出时间 50min，溶出液固比 6∶1，锰的提取率达 98%以上，铁的提取率小于 1%。

② 确定了硫酸焙烧低品位软锰矿提锰过程的控制步骤和焙烧动力学方程。实验结果表明，浓硫酸焙烧低品位软锰矿提锰过程分为两个阶段，0～30min 为第一阶段，60～240min 为第二阶段，两阶段均受内扩散控制。第一阶段和第二阶段的表观活化能分别为 29.68kJ·mol^{-1} 和 17.04kJ·mol^{-1}，对应的动力学方程分别为：

$$0\sim30\text{min}:\ 1-\frac{2}{3}x-(1-x)^{\frac{2}{3}}=16.92\times10^{-2}\exp\left(-\frac{29.68\times10^{3}}{RT}\right)t$$

$$60\sim240\text{min}:\ 1-\frac{2}{3}x-(1-x)^{\frac{2}{3}}=0.84\times10^{-2}\exp\left(-\frac{17.04\times10^{3}}{RT}\right)t$$

第4章

提锰液沉淀-氧化法制备高纯纳米 Mn_3O_4 及其电化学性能

Mn_3O_4 在催化、磁性材料、防腐材料、分子吸附、电化学以及空气净化等领域存在着广泛的应用价值。近年来，随着人们对 Mn_3O_4 研究的深入，高品质 Mn_3O_4 的制备及性质引起学术界和工业上的高度重视。Mn_3O_4 的制备方法有很多种，其中锰矿法使用的主要原料为锰矿、硫酸和氨水，来源广泛、容易获得、市场价格稳定。锰矿法生产成本低廉，具有一定的市场竞争优势。锰矿法可以制得高纯度的 Mn_3O_4，还可以制得物理性能优异的 Mn_3O_4 产品，被认为是一种极具发展前途的方法，受到国内外化工行业的高度重视。目前采用二价锰盐氧化法制备 Mn_3O_4 的研究报道较多，但以低品位软锰矿为原料的研究和报道还很少，值得我们进一步研究。

高纯度、高比表面积 Mn_3O_4 曾是国家鼓励优先发展的高新技术产品。Mn_3O_4 与铁、锌氧化物混合可制成软磁铁氧体材料。能够研究制备出高纯度、小粒径及高比表面积的 Mn_3O_4 产品具有极其重要的意义。本章采用简单易行、成本低廉的锰矿法，以低品位软锰矿硫酸焙烧熟料溶出液为原料，氨水为沉淀剂，通空气氧化制备高比表面积、具有介孔结构的高纯纳米 Mn_3O_4 产品。研究了制备工艺条件对产品性能的影响，并对产品性能进行了表征。

尖晶石 $LiMn_2O_4$ 材料因其环境友好、成本低廉、结构稳定、安全性好而备受关注。目前，软锰矿的制备尖晶石 $LiMn_2O_4$ 常用的锰源有二氧化锰、碳酸锰、四氧化三锰和硫酸锰等。其中四氧化三锰为尖晶石结构，在合成尖晶石

$LiMn_2O_4$ 的过程中不会发生剧烈的结构变化，可以有效缓解电池充放电比容量衰减。四氧化三锰一般由硫酸锰制得，以软锰矿为原料的主要优点是保证了大规模能量化实施的成本。软锰矿主要由锰和其他成分组成，如 SiO_2、Fe_2O_3 和 Al_2O_3。但值得注意的是，Al 等元素的存在对提高 $LiMn_2O_4$ 的电化学性能起着有益的作用。例如，这些元素的存在可以显著减缓 $LiMn_2O_4$ 的容量衰减。因此，开发利用低品位软锰矿中的锰资源，不仅可以缓解资源短缺的问题，还可以降低电极材料的生产成本。

4.1 硫酸锰溶出液化学成分分析

实验所用的硫酸锰溶液为优化焙烧条件下的软锰矿焙烧熟料溶出液，采用日本理学公司 ZSXPrimus 型 X 射线荧光光谱仪对溶出液的化学成分进行了半定量分析，结果如表 4.1 所示。从此表可看出 650℃的熟料溶出液中主要元素是锰和硫。

表 4.1　硫酸锰溶出液的化学组成（质量分数）　　单位：%

Mn	S	Fe	Ca	Ba	K	Cu	Sr	Co	other
75.20	18.20	3.61	0.92	0.71	0.47	0.28	0.12	0.11	0.38

采用美国 PE 公司 Optima 8300DV 型电感耦合等离子体发射光谱仪对上述溶出液中主要元素进行了定量分析，测试结果如表 4.2 所示。从表中数据可知，溶出液中主要成分为硫酸锰，锰离子质量浓度为 $28g \cdot L^{-1}$。

表 4.2　硫酸锰溶出液中主要元素的质量浓度　　单位：$g \cdot L^{-1}$

Mn	SO_4^{2-}	K	Ca	Na	Mg	Al	Fe	Sr	Ba
28.00	49.90	0.52	0.34	0.23	0.08	0.06	0.02	0.01	<0.01

4.2 硫酸锰溶液沉锰组分的反应热力学原理

图 4.1 为 Mn-H_2O 系的电位-pH 值图，其中(a) 和(b) 分别为 25℃和 60℃的电位-pH 值图。图中的 O_2/H_2O 线在 Mn_3O_4 区域上方，O_2 可将

Mn^{2+}或$Mn(OH)_2$氧化成Mn_3O_4。由于空气中含有大量的O_2，且方便易得，因此可以选择空气作为氧化剂。从图中可以看出，用空气氧化硫酸锰溶液制备Mn_3O_4可由以下两种方式实现。

① 硫酸锰溶液直接氧化法。将反应体系的 pH 值控制在 5.5～7.6 之间(25℃时) 直接将Mn^{2+}氧化成Mn_3O_4，以下简称一步法。反应原理为：

$$6Mn^{2+}+6H_2O+O_2 = 2Mn_3O_4\downarrow+12H^+ \tag{4-1}$$

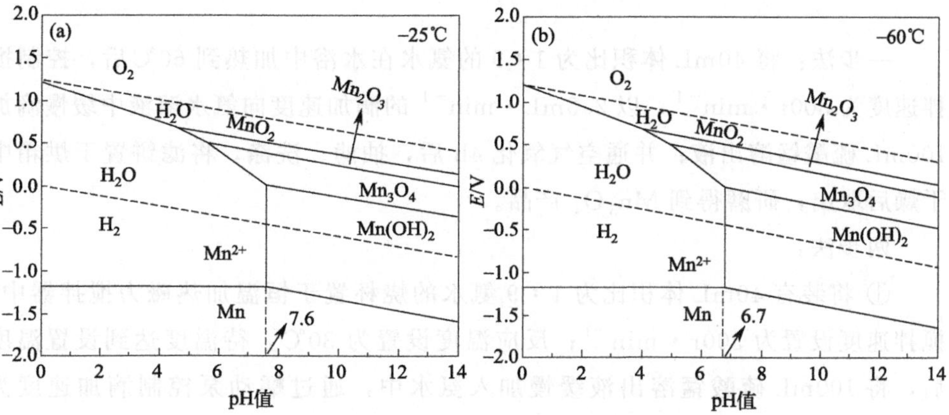

图 4.1　Mn-H_2O 系的电位-pH 值图

(a) 25℃；(b) 60℃

② 氢氧化锰氧化法。将Mn^{2+}转化为$Mn(OH)_2$沉淀，再过滤、调浆，然后通入空气，将其氧化成Mn_3O_4，以下简称两步法。涉及的主要化学反应有：

$$MnSO_4+2NH_3\cdot H_2O = Mn(OH)_2\downarrow+(NH_4)_2SO_4 \tag{4-2}$$

$$2MnSO_4+2NH_3\cdot H_2O = Mn_2(OH)_2SO_4\downarrow+(NH_4)_2SO_4 \tag{4-3}$$

$$Mn_2(OH)_2SO_4+2NH_3\cdot H_2O = 2Mn(OH)_2+(NH_4)_2SO_4 \tag{4-4}$$

$$6Mn(OH)_2+O_2 = 2Mn_3O_4+6H_2O \tag{4-5}$$

$$3Mn_2(OH)_2SO_4+O_2 = 2Mn_3O_4+6H^++3SO_4^{2-} \tag{4-6}$$

$$3Mn_2(OH)_2SO_4+O_2+6NH_3\cdot H_2O = 2Mn_3O_4+6H_2O+3(NH_4)_2SO_4 \tag{4-7}$$

在以上沉淀反应[式(4-2)和式(4-3)]中，式(4-2) 为主反应，式(4-3) 为副反应。$Mn_2(OH)_2SO_4$的生成会导致产物中硫酸根含量的升高，从而导致产品中的锰含量降低，因此需要抑制式(4-3) 的进行。$Mn_2(OH)_2SO_4$的含量可通过控制反应条件来降低，比如加料方式以及反应体系pH值的控制。

通过对比图4.1(a)和(b)可知，提高反应温度，可以在更低的pH值条件下将Mn^{2+}或$Mn(OH)_2$氧化成Mn_3O_4。

4.3 硫酸锰溶液沉锰的工艺设计

4.3.1 沉锰的实验过程

一步法：将40mL体积比为1∶9的氨水在水浴中加热到60℃后，控制搅拌速度为300r·min^{-1}，以2.5mL·min^{-1}的滴加速度向氨水溶液中缓慢滴加100mL硫酸锰溶出液；并通空气氧化4h后，抽滤、洗涤，将滤饼置于烘箱中干燥后取出，研磨得到Mn_3O_4产品。

两步法：

① 将装有40mL体积比为1∶9氨水的烧杯置于恒温加热磁力搅拌器中，搅拌速度设置为300r·min^{-1}；反应温度设置为30℃，待温度达到设置温度后，将100mL硫酸锰溶出液缓慢加入氨水中，通过蠕动泵控制滴加速度为2.5mL·min^{-1}；反应结束后将其抽滤，并使用去离子水淋洗滤饼三次，再置于烘箱中60℃干燥6h，得到中间产物。

② 将得到的中间产物移置于烧杯中，加入200mL去离子水，调浆；然后将烧杯置于恒温加热磁力搅拌器中，反应温度为60℃，搅拌速度为300r·min^{-1}；通空气氧化，反应结束后将其抽滤、洗涤，将滤饼置于烘箱中120℃干燥6h后取出，研磨得到Mn_3O_4产品。两步法制备Mn_3O_4过程示意图如图4.2所示。

表4.3为制备Mn_3O_4的几种不同实验条件，通过对比不同实验条件对Mn_3O_4产品的物相结构、微观形貌、全锰质量分数（TMMF）、锰转化率和比表面积（BET）的影响，从而确定最合适的制备条件。

实验中主要以产品中全锰质量分数和锰转化率作为考察指标来确定优选实验方案。锰转化率的计算公式为：

$$r(Mn)=\frac{m(MnSO_4)-m_1-m_2}{m(MnSO_4)}\times 100\% \tag{4-8}$$

式中，$r(Mn)$为锰的转化率，%；$m(MnSO_4)$为硫酸锰溶出液中锰的质量，g；m_1为沉淀过滤后过滤液中锰的质量，g；m_2为氧化过滤后过滤液中锰的质量，g。

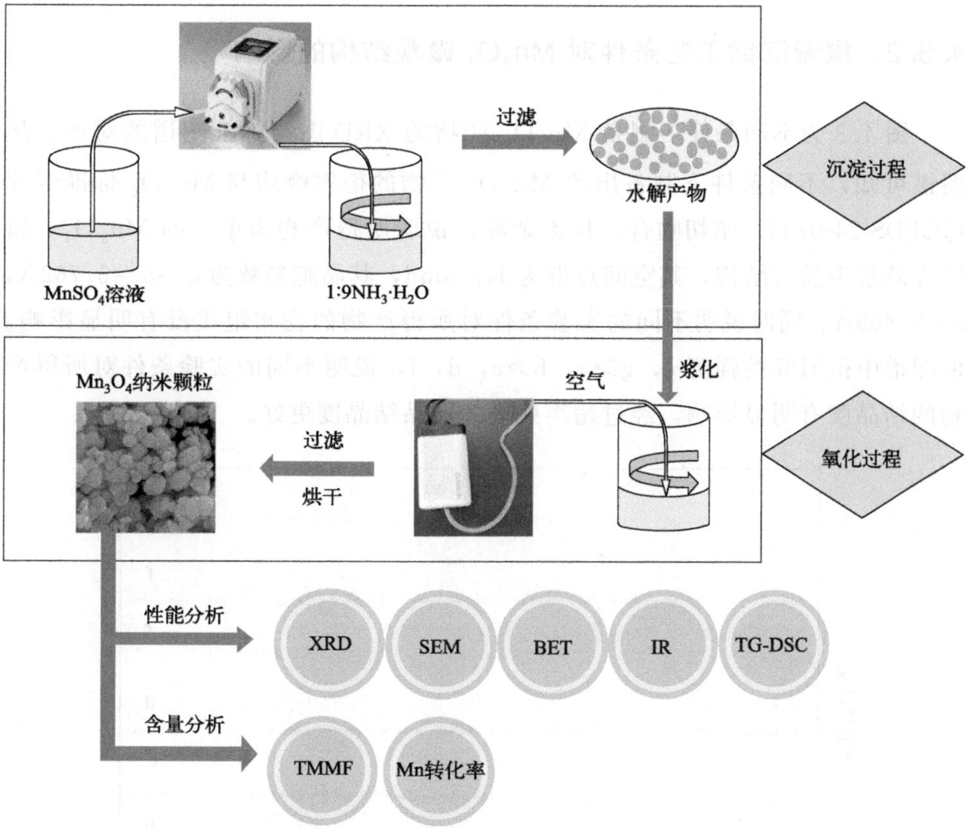

图 4.2　纳米 Mn_3O_4 制备过程示意图

表 4.3　制备 Mn_3O_4 的实验条件

样品编号	实验方法	实验条件
a	两步法，正加	$NH_3 \cdot H_2O$ 加到 $MnSO_4$ 中
b	两步法，反加	$MnSO_4$ 加到 $NH_3 \cdot H_2O$ 中
c	两步法，分散剂	$MnSO_4$ 加到 $NH_3 \cdot H_2O$ 中，氧化时加少许乙醇分散（10mL 乙醇+190mL 水）
d	两步法，稳定电位	$MnSO_4$ 加到 $NH_3 \cdot H_2O$ 中，氧化时加少量硫酸铵稳定溶液电位
e	两步法，超声	$MnSO_4$ 加到 $NH_3 \cdot H_2O$ 中，沉淀结束后超声 10min，氧化时加少量硫酸铵稳
f	两步法，表面活性	$MnSO_4$ 加到 $NH_3 \cdot H_2O$ 中，沉淀时加 10%表面活性剂（0.28g 聚乙二醇-1000）
g	一步法	$MnSO_4$ 加到 $NH_3 \cdot H_2O$ 中，一步法

4.3.2 探索沉锰工艺条件对 Mn_3O_4 微观结构的影响

图 4.3 为不同条件下制备 Mn_3O_4 产物的 XRD 图与标准图谱的对比。从图谱可知，不同条件下制备出的 Mn_3O_4 产物的衍射峰均与 Mn_3O_4 标准卡片（JCPDS 24-0734）密切吻合，且无杂峰。说明所得产物为单一的 Mn_3O_4，属四方晶系尖晶石结构，其空间点群为 $I4_1/amd$，其晶胞参数为 $a=b=5.762Å$，$c=9.469Å$。同时说明不同的实验条件对所得产物的物相组成没有明显影响。但图谱中衍射峰的强度 e，g＞a，b＞c，d，f，说明不同的实验条件对所得产物的结晶度有明显影响，经过超声处理的样品结晶度更好。

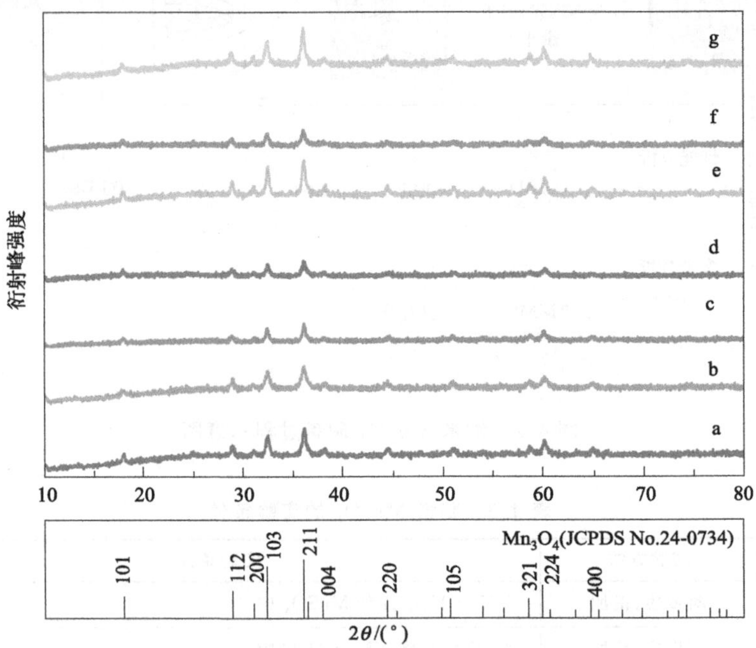

图 4.3　不同条件下制备 Mn_3O_4 产物的 XRD 图

图 4.4 是不同条件下制备 Mn_3O_4 颗粒的 SEM 图。从图可知，a 和 g 样品均为球状纳米级颗粒，粒径大小均匀，大多数颗粒尺寸为 50～100nm。b 样品除球状颗粒外，出现了细棒状形貌，球状颗粒较小，大部分粒径小于 50nm，细棒状颗粒无序杂乱地排列，与球状颗粒相互交织在一起，形成树枝状结构。这说明不同的滴加方式以及制备方法会影响产物的形貌。这是由于反应体系中硫酸锰和氨水的浓度不同或反应体系 pH 值不同的缘故。将氨水逐滴加入硫酸

锰溶液时，锰离子浓度较高，氨水浓度较低，且反应开始时由硫酸焙烧软锰矿得到的硫酸锰溶液的 pH 值约为 2。而将硫酸锰反加到氨水中时，反应体系中锰离子浓度较低，氨水浓度较高，反应开始时 1∶9 氨水溶液的 pH 值约为 12.5。相比样品 b，加入少许乙醇的样品 c 呈现葡萄状结构，纳米棒起支撑作用，说明加入的乙醇起到了一定的分散作用。样品 d 相比 c，细棒状结构在一定程度上出现破坏，变成较短的纳米棒；样品 f 相比 c，细棒状结构和纳米球均出现一定程度的破损，说明添加少量添加剂和表面活性剂均会改变产物的形貌。这是因为氧化过程中加入表面活性剂聚乙二醇-1000 作为软模板，有效降低纳米粒子的高表面能，防止纳米颗粒间的相互团聚，起到一定的分散作用。样品 e 相比 d 大小均匀，表面光滑，说明超声能增强样品结晶度，这与 XRD 分析结果一致。

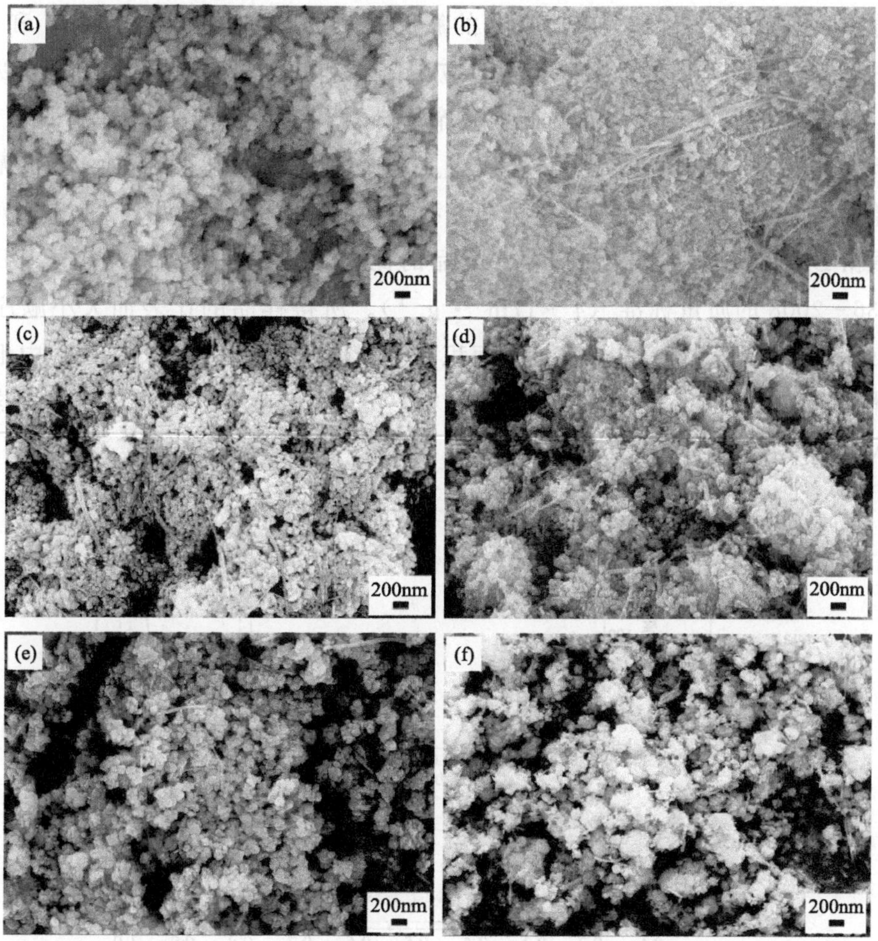

图 4.4

图 4.4　不同条件下制备 Mn_3O_4 产物的 SEM 图

(a) 样品 a；(b) 样品 b；(c) 样品 c；(d) 样品 d；(e) 样品 e；(f) 样品 f；(g) 样品 g

通过 BET 测试进一步研究了不同条件下制备 Mn_3O_4 产物的比表面积和孔径分布。图 4.5(a) 为 Mn_3O_4 样品的氮气吸附-脱附曲线，图 4.5(b) 和(c) 为图 4.5(a) 的局部放大图，分别对应Ⅰ区域和Ⅱ区域。从图 4.5 中可以看出，氮气吸附-脱附等温线存在陡峭狭窄回滞环，为典型的 H1 滞后回线，说明所制备的 Mn_3O_4 产物具有介孔结构。a～g 样品的吸附-脱附曲线形状无明显差异，说明制备条件的改变并未改变孔结构，只改变孔的数量。表 4.4 列举了根据 BET 方程计算得出的 a～g 样品的比表面积。表中数值均高于 GB/T 21836—2008 的质量标准（$4 \sim 17m^2 \cdot g^{-1}$）。所得样品的比表面大小顺序为 b>f>d>a>c>e>g。b 样品比表面积高于其他样品，这从图 4.5(a) 中也可以体现。这是由于 b 样品颗粒排列较紧密，缝隙较多，颗粒较小的缘故，这与 SEM 结果一致。

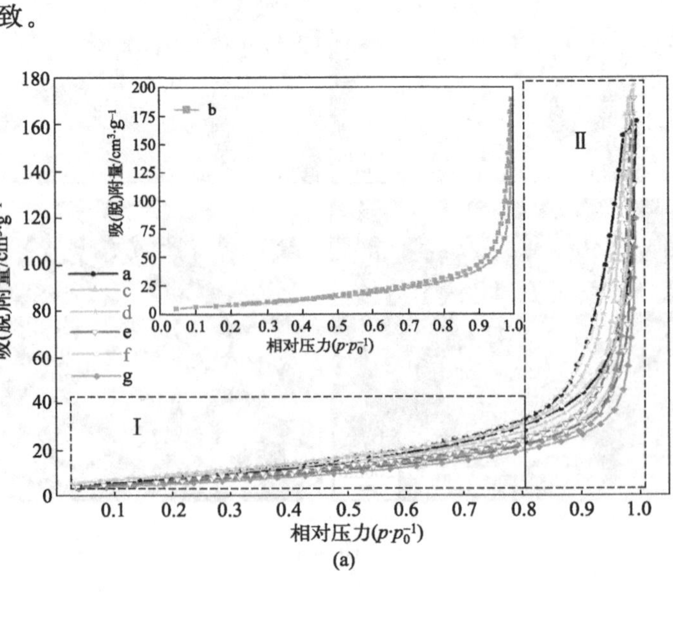

(a)

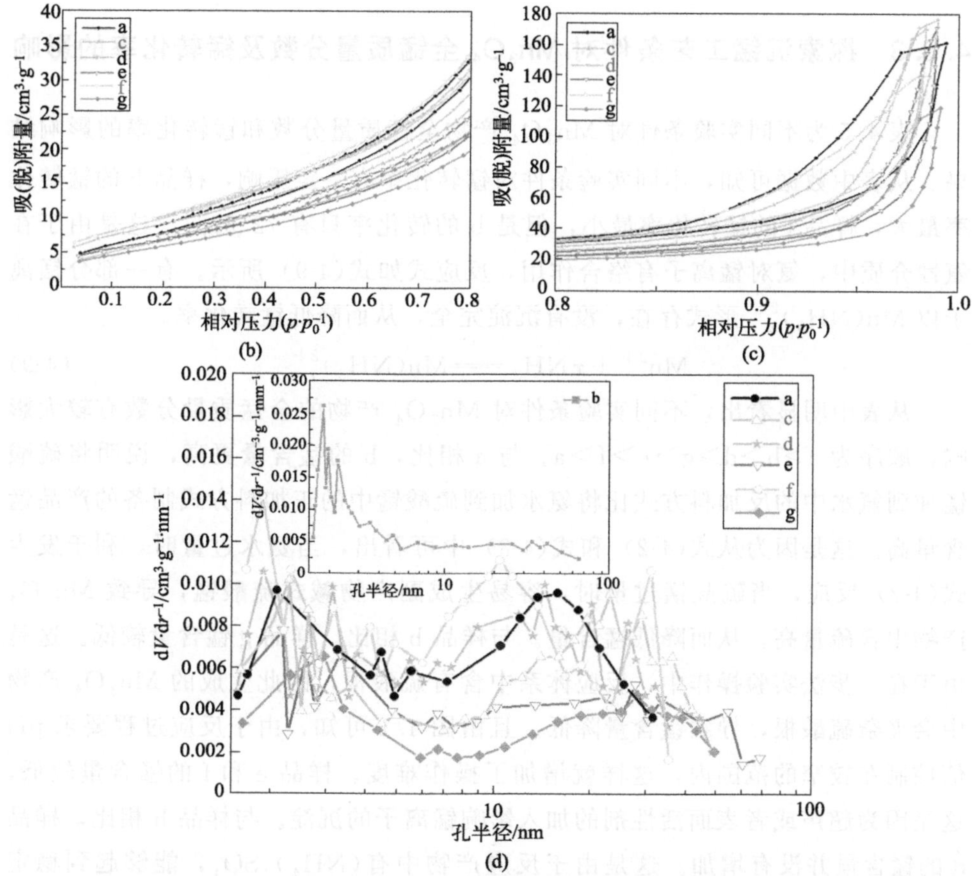

图 4.5　不同条件下制备 Mn_3O_4 产物的吸附-脱附等温线和孔径分布图

(a) 吸附-脱附等温线；(b) Ⅰ区域放大图；(c) Ⅱ区域放大图；(d) 孔径分布图

基于 BJH（Barrett-Joyner-Halenda）方法计算出的 Mn_3O_4 产物孔径分布图如图 4.5(d) 所示。图中数据表明所制备出的 Mn_3O_4 颗粒具有较宽的孔径分布，所制备样品的孔径分布相似，绝大部分孔径低于 50nm，且孔径集中在 2～3nm 和 10～30nm 之间，其中样品 b 孔径更小，主要分布在 5nm 以下，这显然是介孔材料的特点。这与比表面积和 SEM 分析结果一致。结果表明，不同的实验条件可以调节 Mn_3O_4 产物的孔体积和比表面积。

表 4.4　不同条件下制备 Mn_3O_4 的比表面积

样品编号	a	b	c	d	e	f	g
比表面积/$m^2 \cdot g^{-1}$	31.47	35.05	27.66	33.78	25.24	34.12	23.01

4.3.3 探索沉锰工艺条件对 Mn_3O_4 全锰质量分数及锰转化率的影响

表 4.5 为不同实验条件对 Mn_3O_4 产物全锰质量分数和锰转化率的影响结果。从表中数据可知，不同实验条件对锰转化率有一定影响，样品 b 的锰转化率最大，样品 f 的锰转化率最小，但是 b 的转化率只有 72.22%。这是由于在氨性介质中，氨对锰离子有络合作用，反应式如式(4-9)所示。有一部分锰离子以 $Mn(NH_3)_x^{2+}$ 形式存在，没有沉淀完全，从而降低锰转化率。

$$Mn^{2+}+xNH_3 = Mn(NH_3)_x^{2+} \tag{4-9}$$

从表中明显看出，不同实验条件对 Mn_3O_4 产物的全锰质量分数有较大影响，顺序为 c>b>d>g>e>f>a。与 a 相比，b 的锰含量更高，说明将硫酸锰加到氨水中的反加料方式比将氨水加到硫酸锰中的正加料方式制备的产品锰含量高。这是因为从式(4-2)和式(4-3)中可看出，当氨水过量时，利于发生式(4-2)反应，当硫酸锰过量时，容易生成副产物碱式硫酸锰，导致 Mn_3O_4 产物中含硫量高，从而降低锰含量。与样品 b 相比，样品 g 锰含量较低。这是由于在一步法实验操作中，反应体系中含有硫酸根，因此生成的 Mn_3O_4 产物中会夹杂硫酸根，导致锰含量降低。且由图 4.1 可知，由于反应过程要求 pH 值控制在较窄的范围内，这样就增加了操作难度。样品 e 和 f 的锰含量较低，这是因为超声或者表面活性剂的加入影响锰离子的沉淀。与样品 b 相比，样品 d 的锰含量并没有增加。这是由于反应产物中有 $(NH_4)_2SO_4$，能够起到稳定溶液电势的作用，无需额外加入 $(NH_4)_2SO_4$。样品 b、c、d 的锰含量相差不多，但是综合考虑产品的锰转化率、比表面积、形貌、物相等因素，确定样品 b 的制备条件最合适。

表 4.5 不同条件下制备 Mn_3O_4 的全锰质量分数（TMMF）和锰转化率

样品编号	TMMF/%	锰转化率/%
a	64.71	70.56
b	68.07	72.22
c	68.09	69.96
d	68.00	70.44
e	67.08	69.54
f	65.03	67.32
g	67.73	71.12

通过探索不同实验条件对 Mn_3O_4 微观结构、全锰质量分数和锰转化率的影响，结果表明，不同实验条件对产物的物相组成没有明显影响，但经过超声处理的样品结晶度更好；不同实验条件对产物形貌和比表面积有较大影响，可以改变产物的孔体积或比表面积，但并未改变孔结构，所得产物均为介孔结构的纳米级 Mn_3O_4；不同实验条件对 Mn_3O_4 全锰质量分数和锰转化率有较大影响。确定制备 Mn_3O_4 合适实验条件为：不经过超声，无添加剂和表面活性剂，硫酸锰反加到氨水中的沉淀-氧化两步法。在以下沉锰实验中，考虑到上述实验锰转化率较低，沉淀反应结束后将所得悬浊液陈化 30min 后再过滤。

4.4　Mn_3O_4 产物的热分析和相转变分析

为了进一步研究 Mn_3O_4 的热稳定性和相转变特性，对制备 Mn_3O_4 产物进行了 25～650℃的热分析测试，升温速率为 10℃ · min^{-1}，图 4.6 为对应的曲线结果。图 4.7 为 Mn_3O_4 在不同温度下煅烧产物的 XRD 图。从图 4.6 中可看出，反应分 5 个阶段，将其标记为 1～5。在 25～120℃和 120～170℃之间有两连在一起的较宽吸热峰，结合图 4.7 中 Mn_3O_4 在 180℃下煅烧产物中除 Mn_3O_4 外，还含有少量 MnOOH，这说明在此温度区间的吸热峰对应的是产物中结合水的挥发以及部分 Mn_3O_4 按照式(4-10) 和式(4-11) 向 MnOOH 转

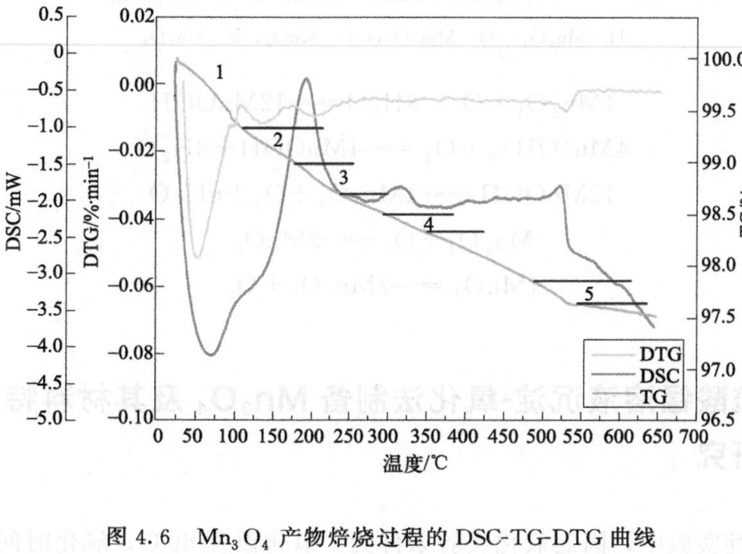

图 4.6　Mn_3O_4 产物焙烧过程的 DSC-TG-DTG 曲线

化；170～240℃之间检测到一放热峰，结合250℃的物相分析结果可知，此反应峰对应式(4-12)；在280～350℃之间检测到一较小放热峰，从图4.7中可知Mn_3O_4在350℃煅烧产物中除Mn_3O_4外，还存在MnO_2（JCPDS 24-0735）物相，故此放热峰对应的反应如式(4-13)所示；在490～545℃之间存在一个放热峰，Mn_3O_4在550℃煅烧的产物中检测到Mn_2O_3（JCPDS 78-0390），因此可知此反应峰对应的反应如式(4-14)所示。根据上述分析可知，Mn_3O_4产物在加热过程中不稳定，产物最高烘干温度为120℃。

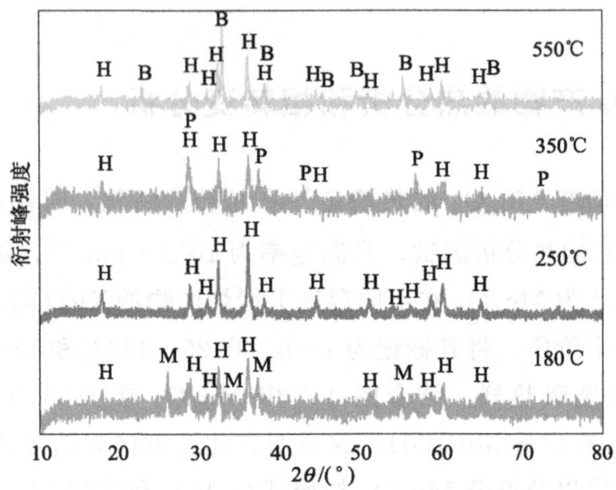

图4.7　Mn_3O_4在不同温度下煅烧产物的XRD图谱

H—Mn_3O_4；M—MnOOH；P—MnO_2；B—Mn_2O_3

$$4Mn_3O_4+O_2+6H_2O = 12MnOOH \tag{4-10}$$

$$4Mn(OH)_2+O_2 = 4MnOOH+2H_2O \tag{4-11}$$

$$12MnOOH = 4Mn_3O_4+O_2+6H_2O \tag{4-12}$$

$$Mn_3O_4+O_2 = 3MnO_2 \tag{4-13}$$

$$4MnO_2 = 2Mn_2O_3+O_2 \tag{4-14}$$

4.5　硫酸锰溶液沉淀-氧化法制备Mn_3O_4及其材料特性研究

在沉淀实验中，固定氧化实验条件为：氧化温度60℃，氧化时间4h，氧化物120℃烘干4h。C_{Mn}为硫酸锰溶液中锰离子质量浓度，g·L^{-1}。

4.5.1 沉淀反应时间的影响

固定实验条件：$C_{Mn}=10g \cdot L^{-1}$的硫酸锰溶液100mL，1∶9的氨水40mL，反加料方式，沉淀温度为30℃，中间产物60℃烘干6h，考察不同的沉淀时间（5～90min）对产品Mn_3O_4性能的影响。图4.8为不同沉淀时间制备Mn_3O_4的XRD谱图。扫描角度为10°～80°。由图可知，所有样品中的衍射峰均与Mn_3O_4标准卡片对应较好。衍射峰在18.00°，28.88°，31.02°，32.32°，36.09°，37.98°，44.44°，50.71°，58.51°，59.84°和64.65°处分别对应着Mn_3O_4的（101），（112），（200），（103），（211），（004），（220），（105），（321），（224）和（400）晶面，属四方晶系，且$a=b\neq c$，说明制备的Mn_3O_4样品为扭曲的尖晶石结构。未检测到其他明显的杂质衍射峰，表明所制备的Mn_3O_4具有较高的纯度。沉淀时间的改变并未改变产物的物相组成，但随着沉淀时间的延长，所制备产物的XRD图谱衍射峰的强度稍有增强，表明增加沉淀时间，样品的结晶度更好。此外，谱图中样品的衍射峰较宽，强度较低，说明所制备的粉末样品晶体尺寸较小。

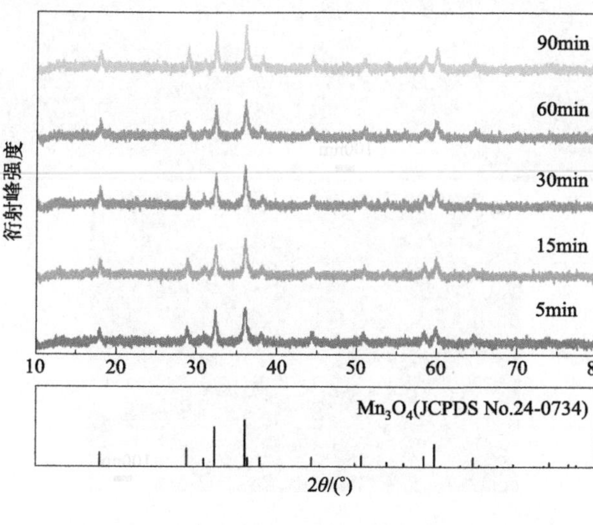

图4.8　不同沉淀时间制备Mn_3O_4的XRD图

图4.9为不同沉淀时间制备Mn_3O_4的SEM图。可以看到，产物的形貌均为纳米颗粒，但颗粒形状不同。沉淀时间为5min时，纳米颗粒呈球状，颗

粒较小，紧密堆积在一起，平均粒径约50nm；沉淀时间为15min时，球形颗粒长大，稍有分散，粒径约100nm；沉淀时间增加到30min时，除了球形颗粒外，还有很多细小的条形颗粒；沉淀时间60min时，通过进一步沉积和彼此靠近，条形颗粒继续长大，呈细棒状，长约200nm。这是由于同样量的反应物，延长反应时间相当于降低硫酸锰的滴加速度，从而影响产物形貌。继续延长反应时间到90min，纳米颗粒开始有团聚现象。

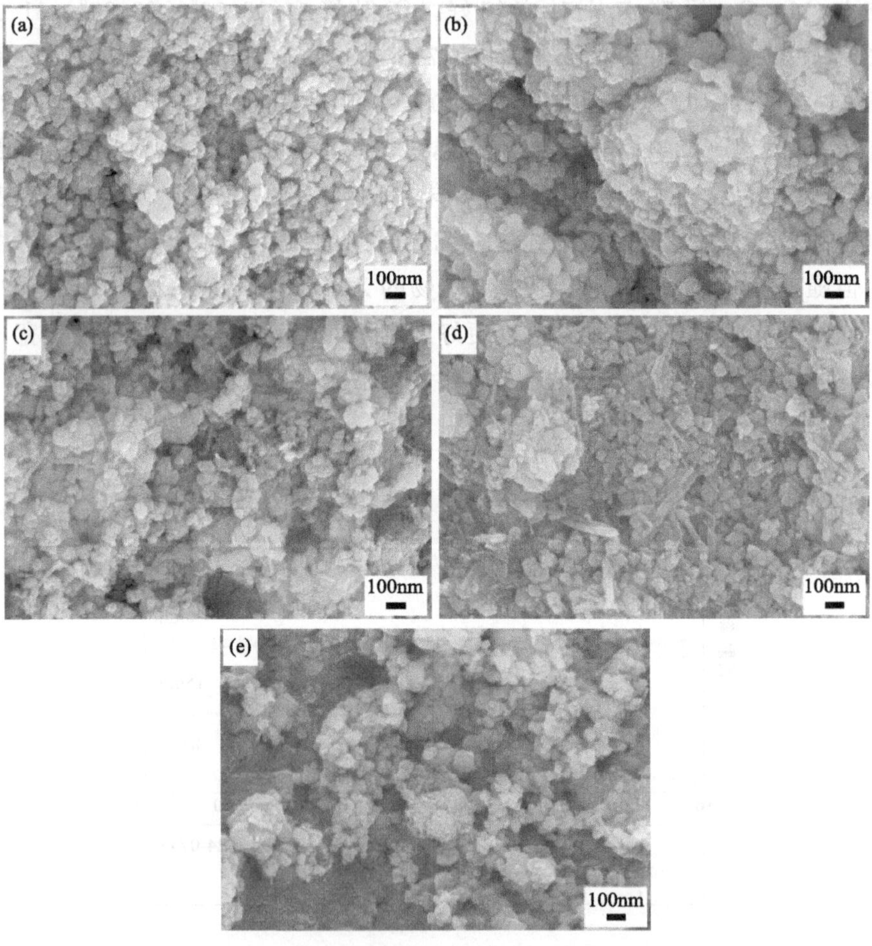

图 4.9 不同沉淀时间制备 Mn_3O_4 的 SEM 图

(a) 5min；(b) 15min；(c) 30min；(d) 60min；(e) 90min

图 4.10 为不同沉淀时间制备 Mn_3O_4 的 BET 图。图 4.10(a)～(e)中氮气吸附-脱附等温线均存在陡峭狭窄回滞环，对应 H1 滞后回线，表明介孔结构

的存在。图中插图为对应样品的 BJH 孔径分布图。从图中可明显看出，孔隙尺寸主要分布在 1～20nm 范围内。不同沉淀时间制备的 Mn_3O_4 样品 BET 比表面积数值列于表 4.6 中。其中沉淀 5min 的样品具有最大的比表面积，这是由于产物粒径较小，这从图 4.9(a) 中可明显看出。其次是沉淀 60min 的样品，这是由于该样品存在球形和棒状颗粒交错在一起的紧密结构；沉淀 90min 的样品具有最小的比表面积，这是样品颗粒团聚的缘故。

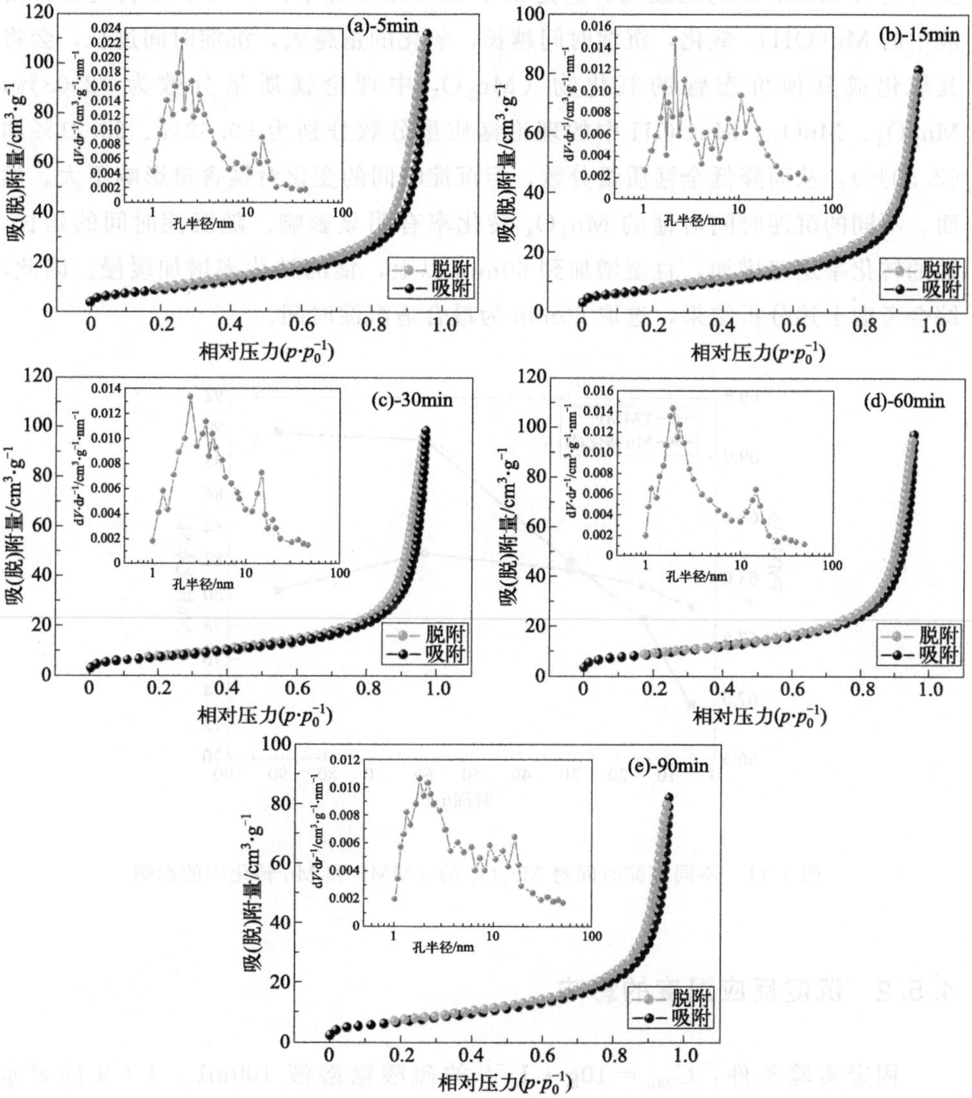

图 4.10　不同沉淀时间制备 Mn_3O_4 的吸附-脱附等温线和孔径分布

(a) 5min；(b) 15min；(c) 30min；(d) 60min；(e) 90min

表 4.6 不同沉淀时间制备 Mn_3O_4 的比表面积

时间/min	5	15	30	60	90
比表面积/$m^2 \cdot g^{-1}$	33.77	28.21	29.18	30.69	27.32

图 4.11 为不同沉淀时间制备 Mn_3O_4 的全锰质量分数和锰转化率的实验结果。从图中可知，随着沉淀时间的延长，产物中的锰含量先增加后下降，在沉淀时间为 60min 处达到最大。这是由于在沉淀过程中，空气中的氧气会将溶液中的 $Mn(OH)_2$ 氧化，沉淀时间越长，氧化的量越大，沉淀时间过长，会将其氧化成其他价态锰的氧化物（Mn_3O_4 中理论锰质量分数为 72.03%，Mn_2O_3、MnO_2、MnOOH 中的理论锰质量分数分别为 69.62%、63.21%和 62.50%），从而降低全锰质量分数，但沉淀时间的变化对锰含量影响不大。然而，不同的沉淀时间对锰的 Mn_3O_4 转化率有明显影响。随沉淀时间的延长，锰的转化率迅速增加，直至增加到 60min 以上，锰的转化率增加缓慢。因此，综合考虑上述分析结果，选取 60min 为最合适沉淀时间。

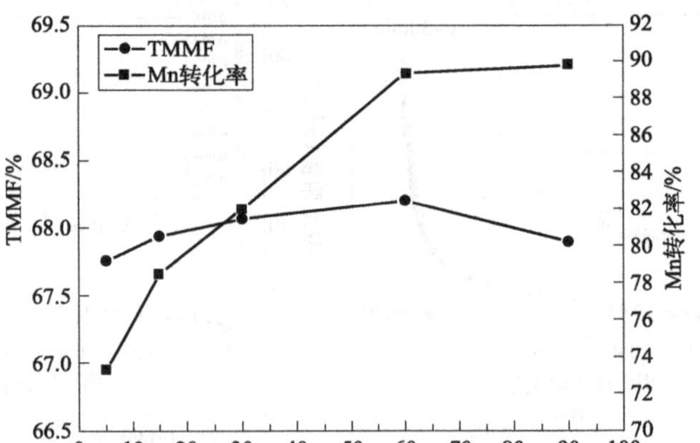

图 4.11 不同沉淀时间对 Mn_3O_4 的 TMMF 和 Mn 转化率的影响

4.5.2 沉淀反应温度的影响

固定实验条件：$C_{Mn}=10g \cdot L^{-1}$ 的硫酸锰溶液 100mL，1∶9 的氨水 40mL，反加料方式，沉淀时间为 60min，中间产物 60℃烘干 6h。考察不同的沉淀温度（25～60℃）对产品 Mn_3O_4 性能的影响，不同沉淀反应温度制备

Mn_3O_4 的 XRD 表征结果如图 4.12 所示。与标准卡片对比结果显示，衍射峰位置均与 JCPDS 24-0734 相对应，表明不同的沉淀反应温度制备的产物均为四方相 Mn_3O_4。从 25～50℃，产物的衍射峰强度没有明显变化；当沉淀温度为 60℃时，产物的衍射峰强度明显增强，说明升高沉淀温度到 60℃，有利于提高产物的结晶度。

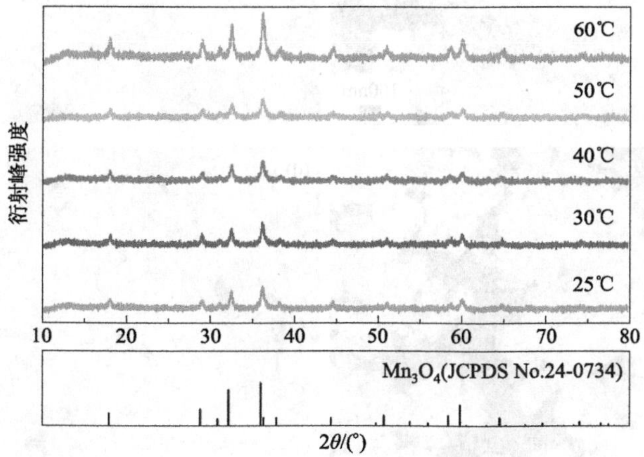

图 4.12　不同沉淀反应温度制备 Mn_3O_4 的 XRD 图

通过扫描电镜测定了不同沉淀反应温度制备 Mn_3O_4 产物的形貌特征，如图 4.13 所示。可以看出 25℃所得产物粒径小且均匀，主要由球状和棒状小颗粒组成，相互堆叠，团聚在一起；反应温度上升到 30℃和 40℃时，所得产物分散性较好，棒状颗粒增大但数量减少，不规则地分布在纳米球颗粒中，形成疏松孔洞结构；当反应温度继续上升，产物颗粒主要呈纳米球状形态，并略有团聚；反应温度达到 60℃时，纳米棒消失，纳米球颗粒同样很细小，但是团聚较为严重。这种现象表明不同的反应温度会对 Mn_3O_4 产物形貌有一定影响，低温有利于制备出棒状颗粒产物。

通过 BET 测试进一步研究了不同沉淀反应温度制备 Mn_3O_4 产物的比表面积和孔径分布，如图 4.14 所示。不同反应温度的 N_2 吸附-脱附等温线类型同上，均为Ⅳ (a) 型，该类等温线的特点是在毛细管凝聚后伴随回滞环。从图中明显看出回滞环类型为 H1 型，回滞环的陡峭狭窄，这是吸附分支延迟凝聚的结果，说明存在圆柱形介孔结构。从 25～60℃，Mn_3O_4 产物的平均孔径分别为 7.43nm，8.39nm，8.90nm，12.87nm 和 10.50nm。对应的 BET 表面积

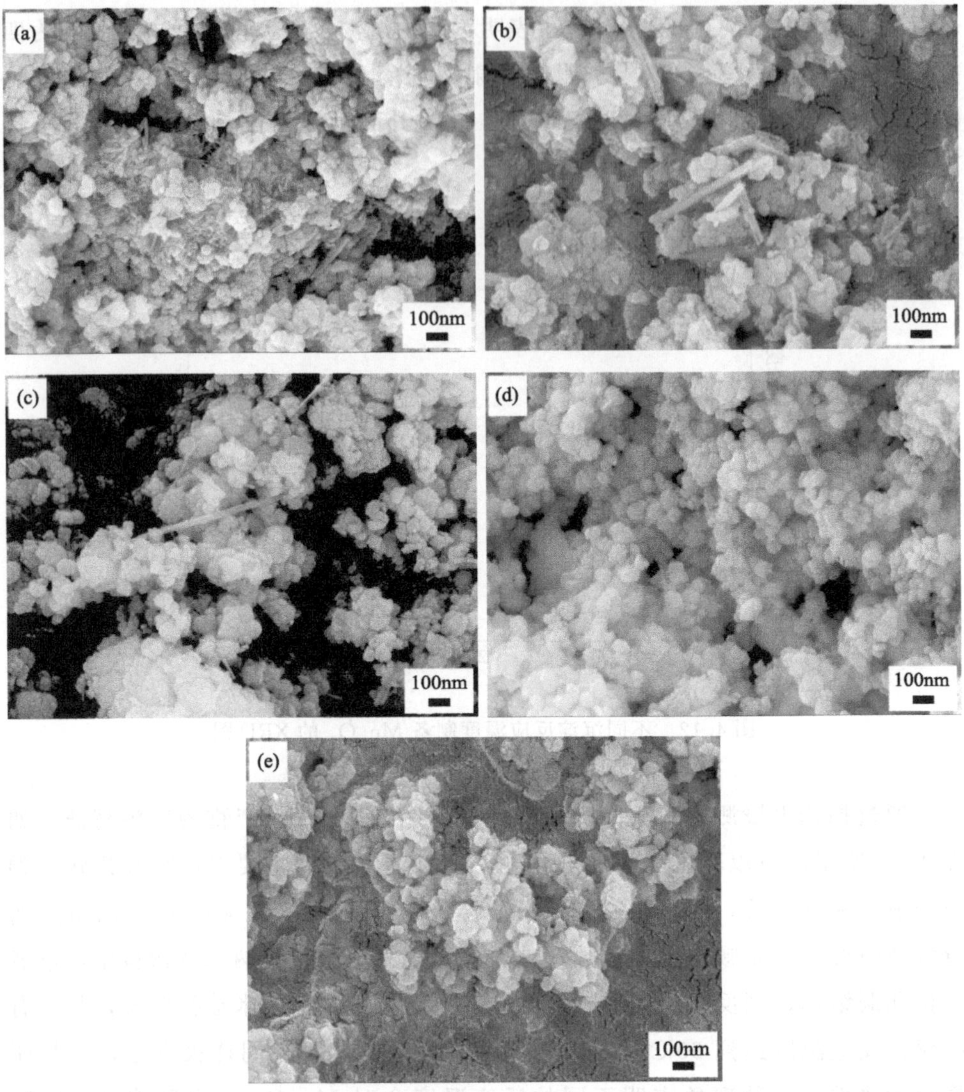

图 4.13 不同沉淀反应温度制备 Mn_3O_4 的 SEM 图

(a) 25℃；(b) 30℃；(c) 40℃；(d) 50℃；(e) 60℃

数值列于表 4.7 中。可见，随着反应温度的升高，产物比表面积逐渐减小。这与产物微观形貌有关，低温产物具有条形和球形交织在一起的紧密结构，增加孔隙率，从而比表面积增加。

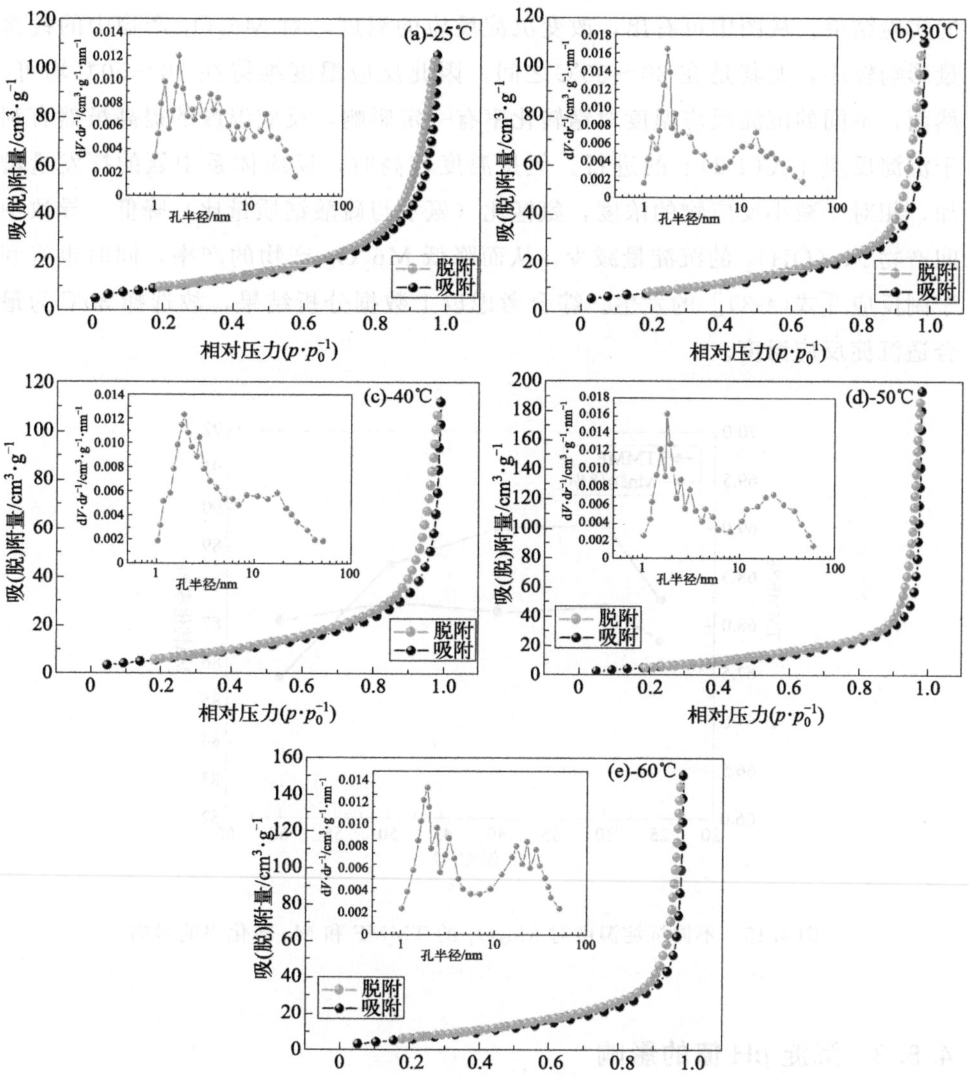

图 4.14　不同沉淀反应温度制备 Mn_3O_4 的吸附-脱附等温线和孔径分布

(a) 25℃；(b) 30℃；(c) 40℃；(d) 50℃；(e) 60℃

表 4.7　不同沉淀反应温度制备 Mn_3O_4 的比表面积

温度/℃	25	30	40	50	60
比表面积/$m^2\cdot g^{-1}$	35.69	30.40	27.45	26.24	25.00

图 4.15 展示了不同沉淀反应温度制备 Mn_3O_4 的全锰质量分数和锰转化率的实验结果。从图中可看出，改变沉淀反应的温度，对 Mn_3O_4 产物中的锰含量影响较小，尤其是在 30～50℃之间，因此反应温度维持在 30～50℃均可。然而，不同的沉淀反应温度对锰转化率有一定影响，反应温度的提高虽然有利于沉淀反应［式(4-2)］的进行。但是温度较高时，反应体系中氨的挥发量增加，相对于减小反应物的浓度，氨锰比（氨水与硫酸锰质量比）降低，导致中间产物 $Mn(OH)_2$ 的沉淀量减少，从而降低 Mn_3O_4 产物的产率，同时也有利于副反应［式(4-3)］的发生。综合考虑以上数据分析结果，故选择 30℃为最合适沉淀反应温度。

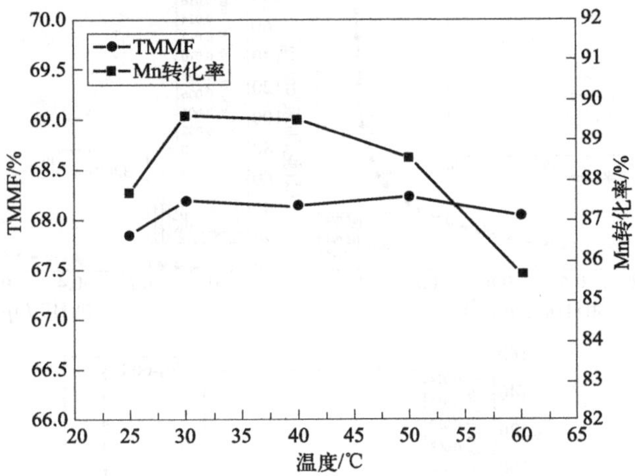

图 4.15　不同沉淀温度对 Mn_3O_4 的 TMMF 和 Mn 转化率的影响

4.5.3　沉淀 pH 值的影响

固定实验条件：$C_{Mn}=10g\cdot L^{-1}$ 的硫酸锰溶液 100mL，1∶9 的氨水 40mL，反加料方式，沉淀时间为 60min，沉淀温度为 30℃，中间产物 60℃烘干 6h，考察不同的沉淀 pH 值（通过加氨水调节 pH 值）对产品 Mn_3O_4 性能的影响。不同沉淀 pH 值制备 Mn_3O_4 的 XRD 结果如图 4.16 所示，通过对比不同沉淀 pH 值制备的产物 XRD 图谱与 Mn_3O_4 标准卡片发现，所有样品出峰的位置完全相同，说明所得产物均为四方晶型 Mn_3O_4。从图 4.16 中可以明显看出，沉淀 pH 值从 8 增加到 10.5 时，随着 pH 值的增加，产物衍射峰的强度逐渐增强；但继续增加 pH 值到 11，衍射峰强度降低，说明 pH＝10.5 时，产物的结晶度最高。这是由于提高反应体系的 pH 值对 Mn_3O_4 的结晶存在一定的促进作用。但是沉淀 pH 值过大，产物的结晶性能会遭到破坏，因此，可通过调节沉淀反应的 pH 值来调控 Mn_3O_4 晶粒的结晶度。

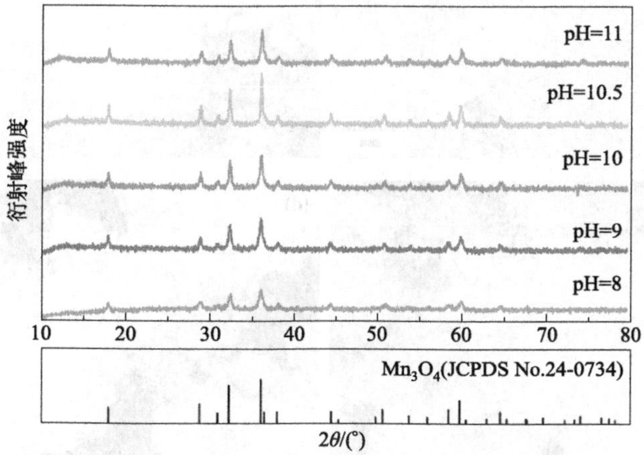

图 4.16　不同 pH 值制备 Mn_3O_4 的 XRD 图

不同沉淀 pH 值所制备 Mn_3O_4 的微观形貌如图 4.17 所示。由图看出，pH＝8 时制备的产物颗粒最为细小，分布较均匀，颗粒呈球状。但表面较松散且结构不规则，晶界不清楚，说明结晶性较差。这与上述 XRD 分析结果一致。从 8～10.5，随 pH 值增加，颗粒尺寸明显变大。其中 pH＝9 和 10 时，维持了棒状和球状交织在一起的结构；pH＝10.5 时，棒状结构几乎消失，得到了颗粒较大、球形度较好的产物，微观表面较光滑，仍存在一定团聚现象，主要是由于范德瓦尔斯力作用，使沉淀物颗粒在生成时容易团聚在一起；当 pH＝11 时，所得产物晶粒变得细小、大小均匀，这是由于过大的 pH 值，沉淀颗粒表面的锰转化为 $Mn(NH_3)_x^{2+}$ 络合物溶解掉所致。

不同沉淀 pH 值所得产物的吸附等温线和孔径分布图如图 4.18 所示，图中 (a)～(e) 5 种材料均与Ⅳ (a) 型等温线对应。在相对较低的氮气压力下，孔壁上发生的吸附是单层吸附，然后是多层吸附，在足以发生毛细管凝聚的较高相对压力下，孔道中发生了凝聚，等温线上出现了明显的回滞环。从插图中的孔径分布曲线中可以看出，pH＝8 的产物以小孔径为主；pH＝9 的产物具有相对宽泛的孔径分布；pH＝10 和 10.5 产物的孔径分布较均匀；pH＝11 的

图 4.17　不同 pH 值制备 Mn_3O_4 的 SEM 图

(a) pH=8；(b) pH=9；(c) pH=10；(d) pH=10.5；(e) pH=11

孔径向小尺寸偏移。pH=8～11 所得产物的最可几孔径分别为 1.28nm，1.27nm，1.86nm，1.95nm 和 1.79nm。表 4.8 列举了不同沉淀 pH 值制备 Mn_3O_4 的比表面积值。可见，pH=8 的比表面积最大，pH=10.5 的比表面积最小，这与其微观形貌分析结果一致。

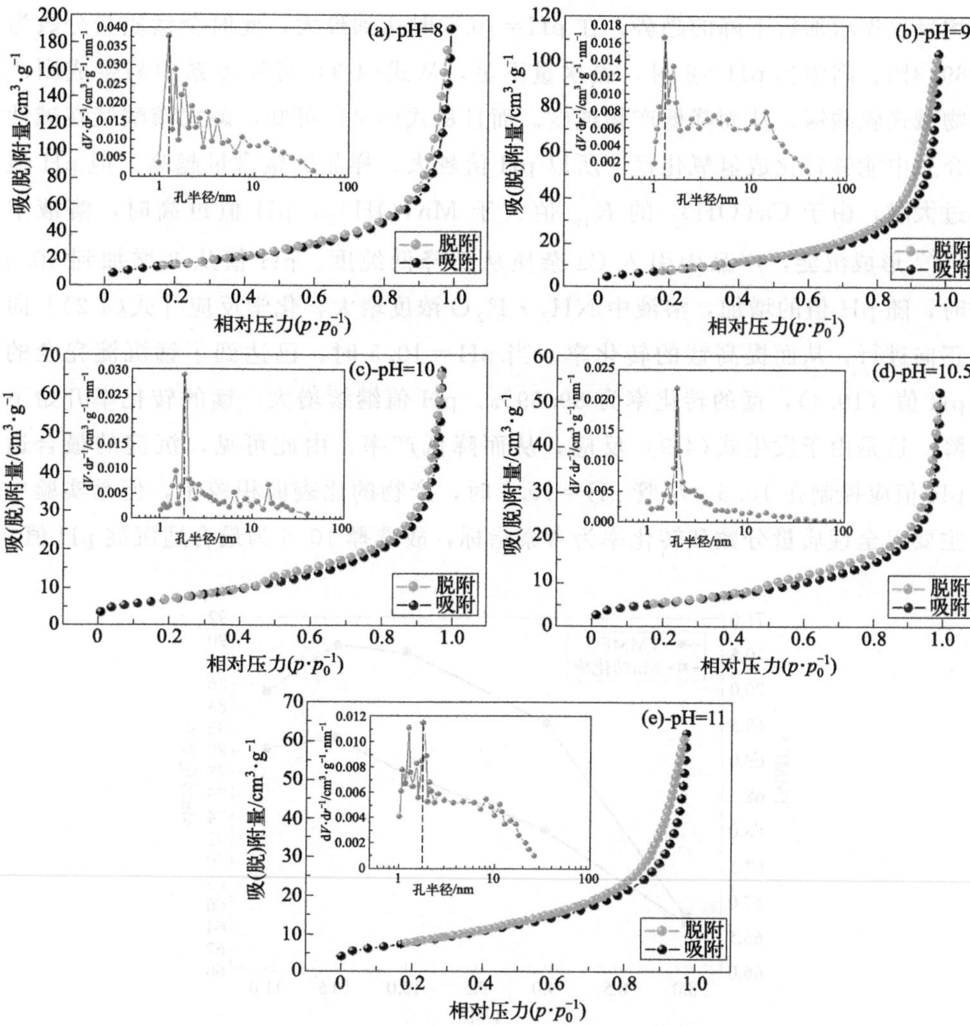

图 4.18　不同 pH 值制备 Mn_3O_4 的吸附-脱附等温线和孔径分布

(a) pH=8；(b) pH=9；(c) pH=10；(d) pH=10.5；(e) pH=11

表 4.8　不同沉淀 pH 值制备 Mn_3O_4 的比表面积

pH 值	8	9	10	10.5	11
比表面积/$m^2 \cdot g^{-1}$	54.98	30.00	24.86	18.50	27.76

不同沉淀 pH 值对 Mn_3O_4 的全锰质量分数和锰转化率的影响如图 4.19 所

示。从图中明显看出随着 pH 值的增大，Mn_3O_4 的全锰质量分数和锰转化率均呈现先增加后下降的趋势，在 pH=10.5 时达到最大，此时全锰质量分数为 69.3%。因为当 pH=8 时，氨水量不足，从式(4-3) 可知体系中易生成副产物碱式硫酸锰，从而降低产物纯度。而且从式(4-4) 可知，碱式硫酸锰在碱性介质中能够转化成氢氧化锰，所以 pH 值越大，样品的锰含量越高。但 pH 值过大时，由于 $Ca(OH)_2$ 的 K_{sp} 值大于 $Mn(OH)_2$，pH 值过高时，溶液中 Ca^{2+} 形成沉淀，产品中引入 Ca 杂质从而降低纯度。pH 值从 8 增加到 10.5 时，随 pH 值的增加，溶液中 $NH_3 \cdot H_2O$ 浓度增大，化学反应［式(4-2)］向正向进行，从而提高锰的转化率。当 pH=10.5 时，已达到了锰沉淀完全的 pH 值 (10.4)，锰的转化率为 89.59%。pH 值继续增大，锰的转化率开始下降。这是由于发生式(4-9) 反应，从而降低产率，由此可见，沉淀的最合适 pH 值应控制在 10.5。尽管 pH=10.5 时，产物的比表面积较小，但是实验中主要以全锰质量分数和转化率为考察指标，故选择 10.5 为最合适沉淀 pH 值。

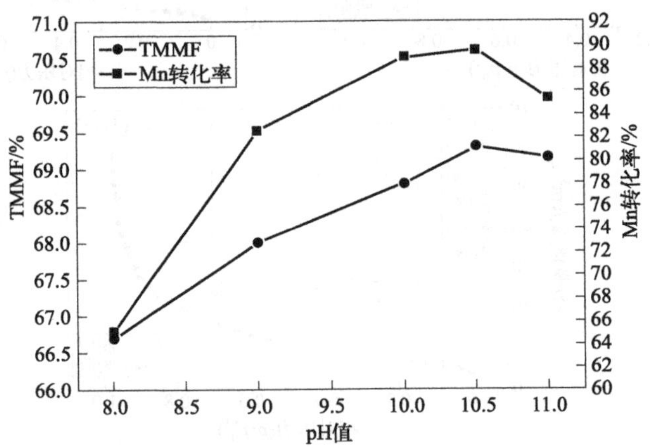

图 4.19　不同沉淀 pH 值对 Mn_3O_4 的 TMMF 和 Mn 转化率的影响

4.5.4　沉淀产物烘干方式的影响

固定实验条件：$C_{Mn}=10g \cdot L^{-1}$ 的硫酸锰溶液 100mL，1∶9 的氨水 40mL，反加料方式，沉淀时间为 60min，沉淀温度为 30℃，中间产物 60℃真空烘干，考察真空烘干中间产物对产品 Mn_3O_4 性能的影响。图 4.20 为沉淀产物真空烘干后得到中间产物的 XRD 图和沉淀产物真空烘干后再氧化后得到的

Mn_3O_4 产物的 XRD 图。从图中可以看出，真空烘干后的中间产物晶型较差，一部分 $Mn(OH)_2$ 已被氧化成 Mn_3O_4，除此之外还存在未知峰。但 XRD 不能确定未知峰的物相，需要其他的检测方法进一步分析。图 4.21 为上述样品在 400～4000cm^{-1} 波数范围内的红外光谱。在 400～650cm^{-1} 范围内三个吸收峰为 Mn—O 键的振动吸收峰；631cm^{-1}、633cm^{-1}、517cm^{-1} 和 521cm^{-1} 处的吸收峰分别与 Mn—O 键在四面体和八面体位点上的伸缩振动有关；413cm^{-1} 和 415cm^{-1} 处的吸收峰归因于八面体的拉伸模式；1121cm^{-1} 和 1072cm^{-1} 处分别为 $Mn_2(OH)_2SO_4$ 的 S—O 键和 H—O 键的振动峰；1180cm^{-1} 对应的是 $Mn(OH)_2$ 中 O—H 键的振动频率。这说明中间产物中可能存在 $Mn_2(OH)_2SO_4$ 和 $Mn(OH)_2$，而且从峰的强度上看，中间产物中含有的 $Mn_2(OH)_2SO_4$ 含量较多，经氧化后，氧化产物中此波长范围峰内的峰虽明显减弱，但仍有残余，这可从 1049cm^{-1} 和 1095cm^{-1} 处的小吸收峰看出。在 3441cm^{-1}、3421cm^{-1} 处宽的吸收峰和 1630cm^{-1}、1637cm^{-1} 处出现的小吸收峰归因于水分子中 O—H 的振动，表明样品中还含有少量结合水，这也是造成样品中锰含量低的原因。经测试，中间产物和氧化后产物中全锰质量分数分别为 57.48%和 64.37%。故采取真空方式烘干中间产物不利于提高产物中锰含量。

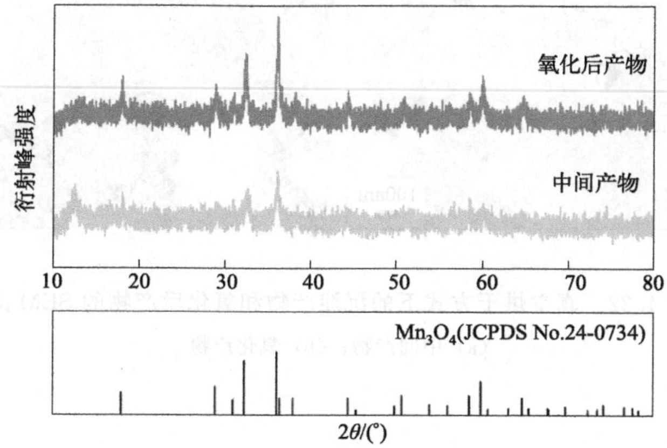

图 4.20　真空烘干方式下的沉淀产物和氧化后产物的 XRD 图

图 4.22 为中间产物和氧化后产物的 SEM 图。如图可见，中间产物主要呈厚片状，有部分球状颗粒，尺寸较大，达几百纳米。氧化后产物为颗粒较大的

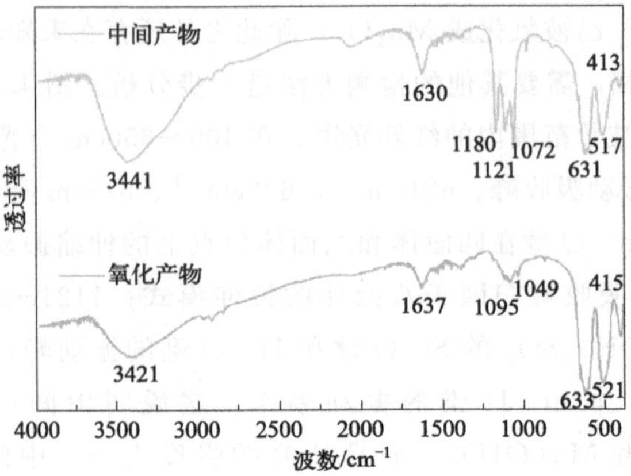

图 4.21 真空烘干方式下的沉淀产物和氧化后产物的 FT-IR 光谱图

球状物，大小不均，为几十到几百纳米。通过上述分析可知，中间产物不适合采取真空烘干方式烘干。

图 4.22 真空烘干方式下的沉淀产物和氧化后产物的 SEM 图

(a) 中间产物；(b) 氧化产物

4.5.5 沉淀产物烘干时间的影响

固定实验条件：$C_{Mn}=10g \cdot L^{-1}$ 的硫酸锰溶液 100mL，1∶9 的氨水 40mL，反加料方式，沉淀时间为 60min，沉淀温度为 30℃，沉淀 pH=10.5，中间产物在恒温干燥箱中 60℃烘干，考察不同的烘干时间对产品 Mn_3O_4 性能的影响。图 4.23 展示了沉淀中间产物烘干不同时间后再经氧化制备 Mn_3O_4 的 XRD 谱图。通过对比这些数据可知，除了相对强度略有差异外，所有峰均与标准图谱相吻合。谱图中未显示其他杂质相，说明生成了纯度较高的 Mn_3O_4。沉淀中间产物烘干时间的延长，产物的 XRD 图谱衍射峰稍有增强，结果表明，延长沉淀中间产物的烘干时间可增强产物 Mn_3O_4 的结晶度。

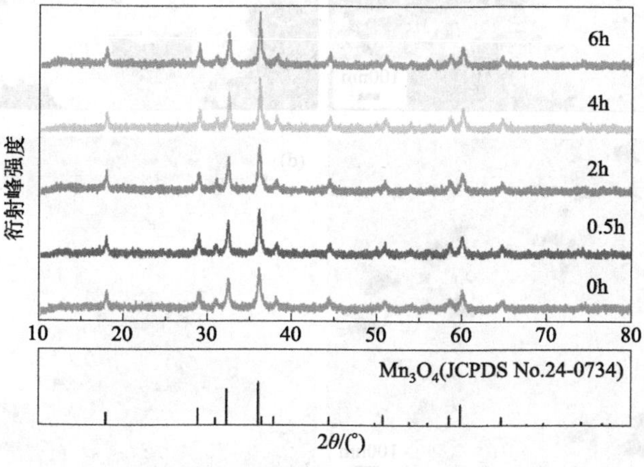

图 4.23　沉淀产物不同烘干时间制备 Mn_3O_4 的 XRD 图

图 4.24 为沉淀产物不同烘干时间制备 Mn_3O_4 产物的形貌。从图中可看出，不同烘干时间所制备的 Mn_3O_4 产物形貌相似，由形状和尺寸相对均匀的球形颗粒和部分棒状颗粒组成，一次颗粒均为很小的纳米颗粒。烘干 2h 时，颗粒分散性较好，但当烘干时间延长到 4h 时，颗粒间存在明显的团聚现象，形成了更大的二次颗粒。这是样品中存在的氢氧化锰直接在空气中干燥时，大量的羟基之间脱水所产生的硬团聚现象所致。

通过氮气吸附-脱附测试得到了不同烘干时间制备 Mn_3O_4 的比表面积曲线和孔径分布曲线，结果显示如图 4.25。由插图中 BJH 计算方法确定的孔径分布数据可知，不同烘干时间制备产物的孔径均集中在 2nm 左右。表 4.9 的 BET 分析结果表明当沉淀产物烘干 2h 时，所制备的 Mn_3O_4 具有最大的比表面积。

沉淀产物不同烘干时间与 Mn_3O_4 产物的全锰质量分数和锰转化率的关系如图 4.26 所示。由图可见，改变烘干时间对产物锰的转化率影响不大，对产物的全锰质量分数有一定影响。烘干时间为 2h 时，Mn_3O_4 产物锰含量

图 4.24　沉淀产物不同烘干时间制备 Mn_3O_4 的 SEM 图

(a) 0h；(b) 0.5h；(c) 2h；(d) 4h；(e) 6h

最高。这是由于沉淀中间产物在烘干过程中发生式(4-5) 和式(4-6) 反应，剩余的未被氧化的 $Mn(OH)_2$ 或 $Mn_2(OH)_2SO_4$ 被进一步氧化。但烘干时间过长，产物易结块。由于 $Mn(OH)_2$ 较 $Mn_2(OH)_2SO_4$ 优先氧化，所以少量的 $Mn_2(OH)_2SO_4$ 还未氧化就被包裹在颗粒内部，影响进一步的氧化，从而降低锰含量，所以选择 2h 为最合适烘干时间。

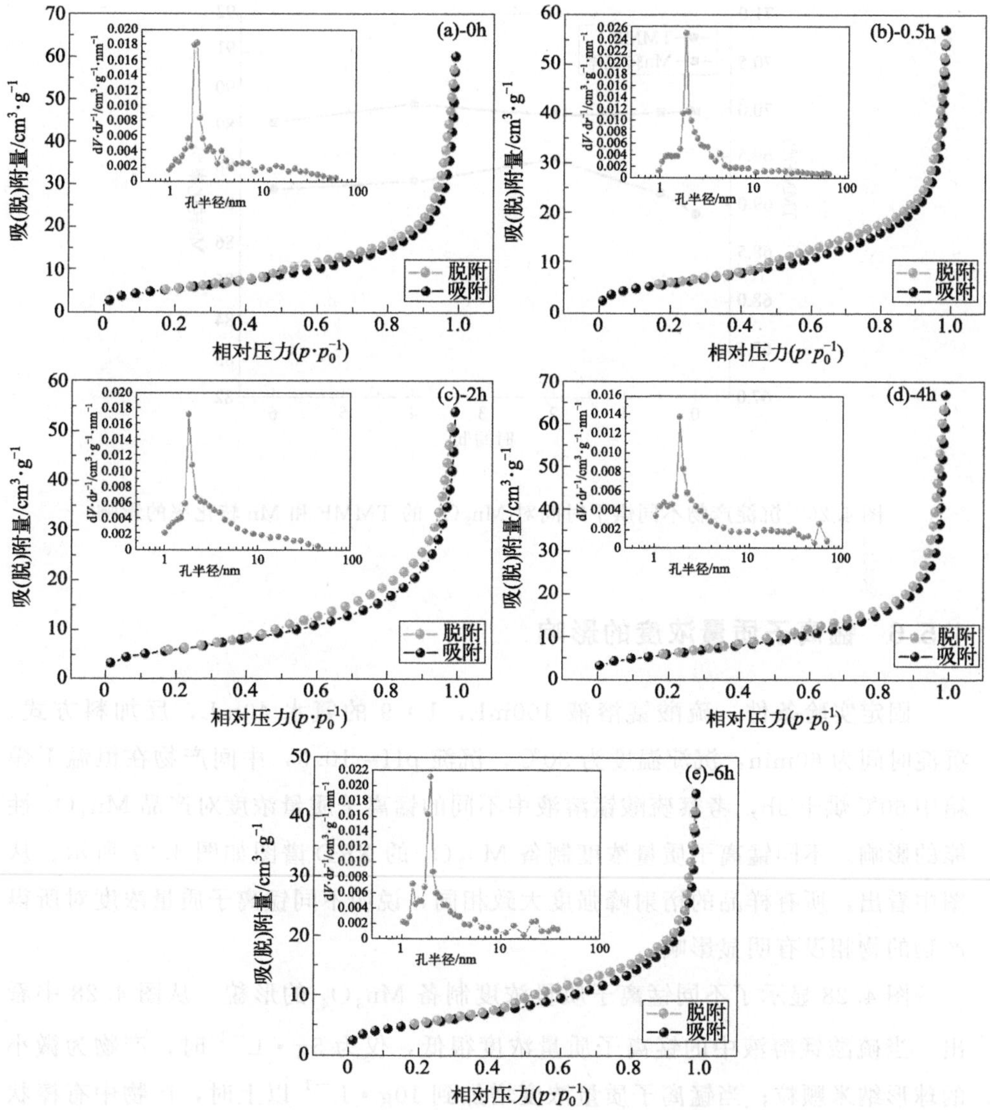

图 4.25　沉淀产物不同烘干时间制备 Mn_3O_4 的吸附-脱附等温线和孔径分布

(a) 0h；(b) 0.5h；(c) 2h；(d) 4h；(e) 6h

表 4.9　沉淀产物不同烘干时间制备 Mn_3O_4 的比表面积

时间/h	0	0.5	2	4	6
比表面积/$m^2 \cdot g^{-1}$	20.30	21.42	21.92	21.34	18.70

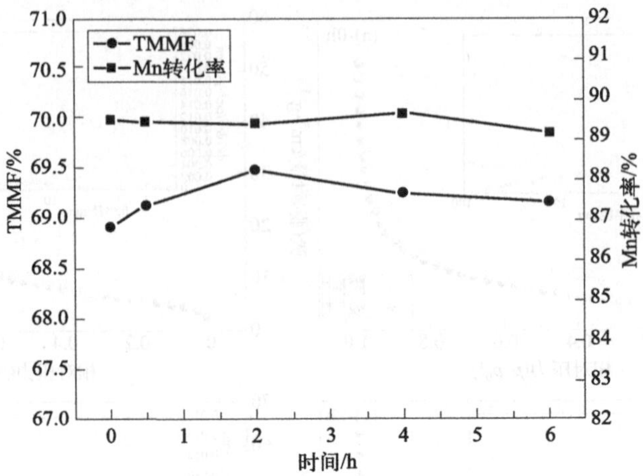

图 4.26　沉淀产物不同烘干时间对 Mn_3O_4 的 TMMF 和 Mn 转化率的影响

4.5.6　锰离子质量浓度的影响

固定实验条件：硫酸锰溶液 100mL，1∶9 的氨水 40mL，反加料方式，沉淀时间为 60min，沉淀温度为 30℃，沉淀 pH=10.5，中间产物在恒温干燥箱中 60℃烘干 2h，考察硫酸锰溶液中不同的锰离子质量浓度对产品 Mn_3O_4 性能的影响。不同锰离子质量浓度制备 Mn_3O_4 的 XRD 谱图如图 4.27 所示。从图中看出，所有样品的衍射峰强度大致相同，说明不同锰离子质量浓度对所得产物的物相没有明显影响。

图 4.28 显示了不同锰离子质量浓度制备 Mn_3O_4 的形貌。从图 4.28 中看出，当硫酸锰溶液中的锰离子质量浓度很低，仅为 $5g \cdot L^{-1}$ 时，产物为微小的球形纳米颗粒；当锰离子质量浓度增加到 $10g \cdot L^{-1}$ 以上时，产物中有棒状形貌的颗粒出现；随锰离子质量浓度的增加，产物颗粒尺寸增大，在 $20g \cdot L^{-1}$ 时达到最大；继续增加锰离子质量浓度，产物颗粒尺寸开始变小，$25g \cdot L^{-1}$ 时产物颗粒大小较均匀；$30g \cdot L^{-1}$ 时产物颗粒最为细小。以上结果说明锰离子质量浓度的变化对产物尺寸有一定影响。

不同锰离子质量浓度制备 Mn_3O_4 的吸附-脱附等温线和对应的孔径分布测试结果如图 4.29 所示。从图可知，锰离子质量浓度的改变未改变孔的结构，图中曲线类型与上述实验分析结果一致，孔径分布曲线展示出孔径主要分布在

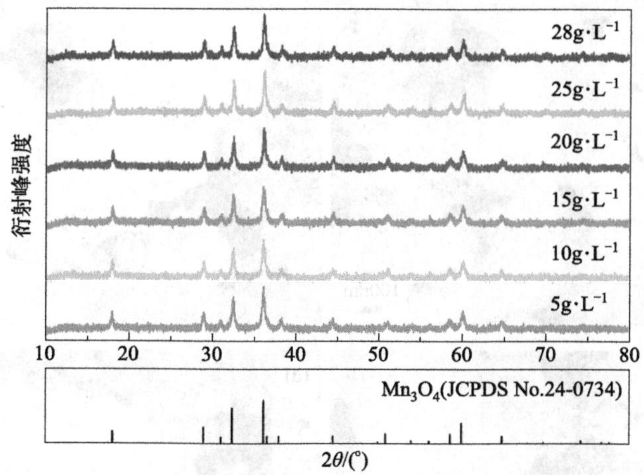

图 4.27　不同 Mn 离子质量浓度制备 Mn_3O_4 的 XRD 图

2nm 处。表 4.10 列出了对应样品的多点 BET 比表面积值。从表中数据可知，锰离子质量浓度的变化对产物比表面积有一定影响，但影响不大，结合 SEM 分析结果可知，颗粒粒径小且有棒状颗粒存在的形貌有利于提高样品的比表面积。

表 4.10　不同 Mn 离子质量浓度制备 Mn_3O_4 的比表面积

$C_{Mn}/g \cdot L^{-1}$	5	10	15	20	25	28
比表面积/$m^2 \cdot g^{-1}$	17.22	19.27	22.10	18.22	20.70	22.80

硫酸锰溶液中锰离子质量浓度对产物全锰质量分数和锰转化率的影响如图 4.30 所示。随着锰离子质量浓度从 $5g \cdot L^{-1}$ 增加到 $25g \cdot L^{-1}$，产物全锰质量分数不断增加，$25g \cdot L^{-1}$ 时全锰质量分数最高为 70.07%。锰离子质量浓度继续增加时，锰含量下降。这是因为锰离子浓度过高，利于碱式硫酸锰的生成，产物中硫酸根含量增大。锰的转化率也是随着锰离子质量浓度的增加呈先上升后下降趋势。但在 $10 \sim 25g \cdot L^{-1}$ 之间变化不大，在 $25g \cdot L^{-1}$ 时，转化率为 91%。锰离子质量浓度增加到 $28g \cdot L^{-1}$ 时，锰的转化率明显下降。这是由于过高的锰离子质量浓度，不利于 Mn^{2+} 和 OH^- 充分结合，从而影响 Mn^{2+} 的沉淀效果。就锰的回收率而言，锰离子的质量浓度应控制在 $10 \sim 25g \cdot L^{-1}$ 之间，但是太低的锰离子质量浓度会降低产量，增加生产成本。所

图 4.28 不同 Mn 质量离子浓度制备 Mn_3O_4 的 SEM 图

(a) 5g·L^{-1}；(b) 10g·L^{-1}；(c) 15g·L^{-1}；(d) 20g·L^{-1}；(e) 25g·L^{-1}；(f) 30g·L^{-1}

以综合考虑以上因素，选取最合适的锰离子质量浓度为 25g·L^{-1}。

通过考察以上沉淀条件对 Mn_3O_4 材料特性的影响，确定了优化的沉淀条件。在氧化实验中，固定沉淀实验条件为：$C_{Mn}=25g\cdot L^{-1}$ 的硫酸锰溶液 100mL，1∶9 的氨水 40mL，反加料方式，沉淀时间为 60min，沉淀温度为 30℃，沉淀 pH=10.5，中间产物在恒温干燥箱中 60℃烘干 2h。

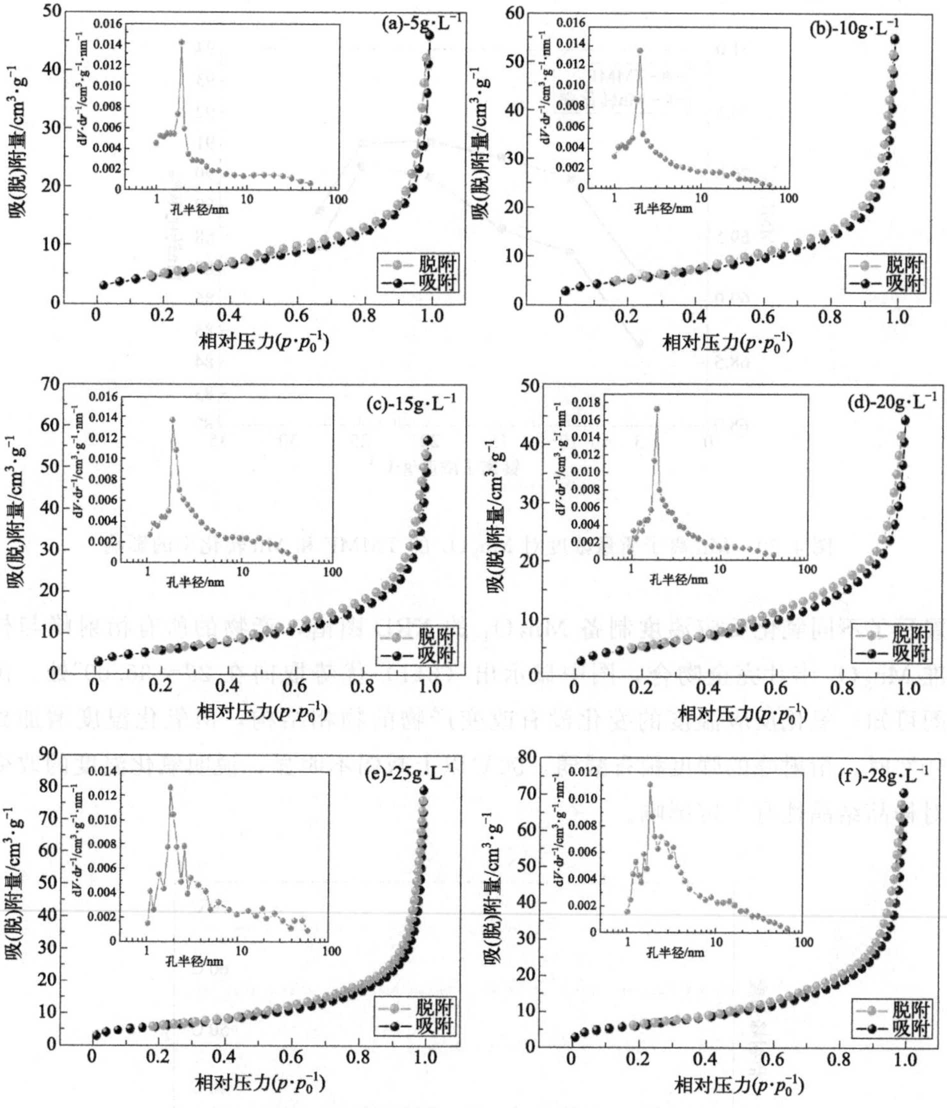

图 4.29 不同 Mn 离子质量浓度制备 Mn_3O_4 的吸附-脱附等温线和孔径分布

(a) $5g \cdot L^{-1}$; (b) $10g \cdot L^{-1}$; (c) $15g \cdot L^{-1}$; (d) $20g \cdot L^{-1}$; (e) $25g \cdot L^{-1}$; (f) $28g \cdot L^{-1}$

4.5.7 氧化温度的影响

固定实验条件：陈化时间为 30min，氧化时间为 4h，氧化产物 120℃烘干 4h，考察从 30～70℃之间不同的氧化温度对产物 Mn_3O_4 性能的影响。图 4.31

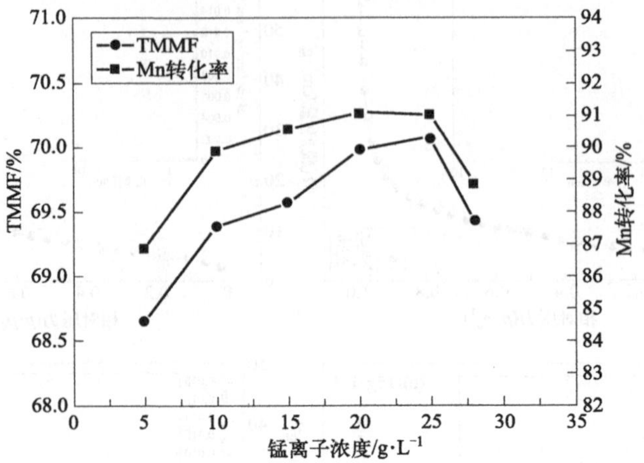

图 4.30　Mn 离子质量浓度对 Mn_3O_4 的 TMMF 和 Mn 转化率的影响

展示了不同氧化反应温度制备 Mn_3O_4 的 XRD 图谱，产物的所有衍射峰与标准 Mn_3O_4 卡片完全吻合，图中显示出（211）优势取向在 $2\theta=36.09°$处。由图可知，氧化反应温度的变化没有改变产物的物相结构，但氧化温度增加到 50℃时，衍射峰的强度稍有减弱，50℃以上减弱不明显，说明氧化温度的改变对样品结晶性有一定影响。

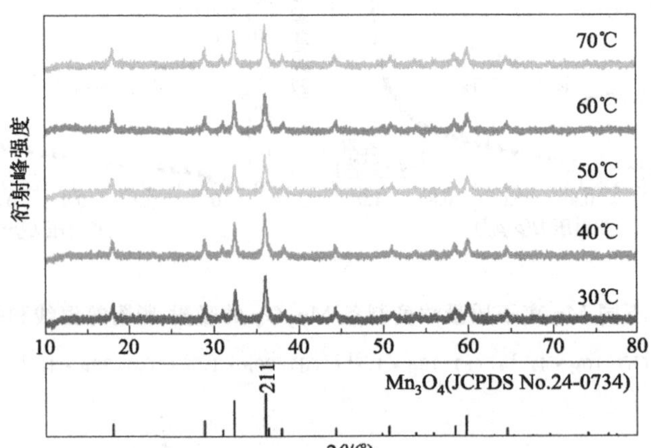

图 4.31　不同氧化温度制备 Mn_3O_4 的 XRD 图

对不同氧化温度制备 Mn_3O_4 产物的形貌进行了 SEM 表征，结果如图

4.32 所示。从电镜图上可以看出，反应温度为 30℃时，纳米颗粒呈高密度、大小不均的类球形。随温度升高，产物中逐渐出现条形形貌，且温度越高条状颗粒尺寸越大。在 30～50℃，随温度升高，球形颗粒大小逐渐均匀，50℃样品球形颗粒最为均匀，且与细棒状颗粒交织在一起。60℃和 70℃样品颗粒稍有团聚，表明不同的氧化温度对产物形貌有一定的影响。

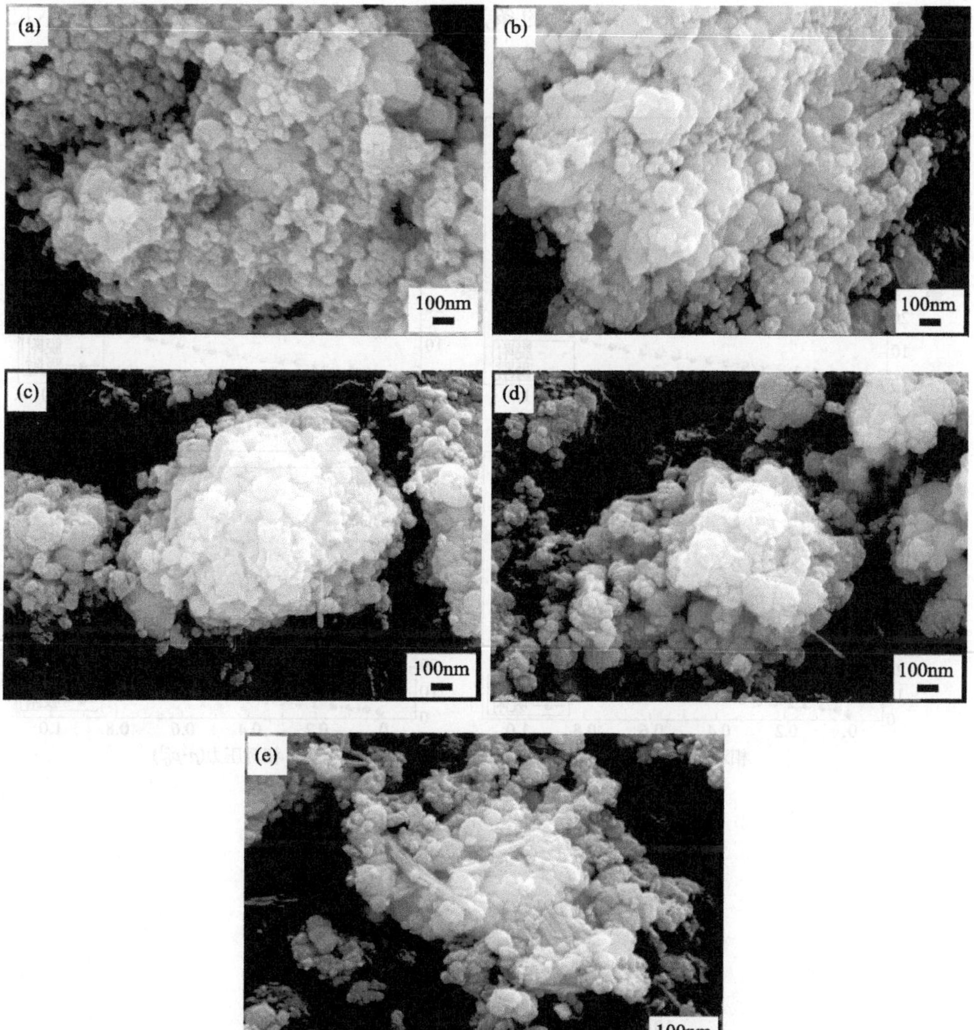

图 4.32　不同氧化反应温度制备 Mn_3O_4 的 SEM 图

(a) 30℃；(b) 40℃；(c) 50℃；(d) 60℃；(e) 70℃

图4.33为不同氧化温度制备 Mn_3O_4 的氮气吸附-脱附曲线和孔径分布曲线。由图可见，不同氧化温度所制备样品的等温线形状无明显差异，说明氧化温度的变化，并未改变样品的孔结构，只是改变样品的吸附量。样品均具有典型的中孔结构，孔径主要集中分布在2nm附近。只有在70℃的样品中，还存在部分10～20nm的中孔，这可能是由于较大的条形结构颗粒的存在。表4.11列出了不同氧化温度制备 Mn_3O_4 的比表面积值。从表中数据可知，50℃的样品比表面积最大，这是球形和细小的条形颗粒紧密地交错在一起形成更多小尺寸孔洞的缘故。

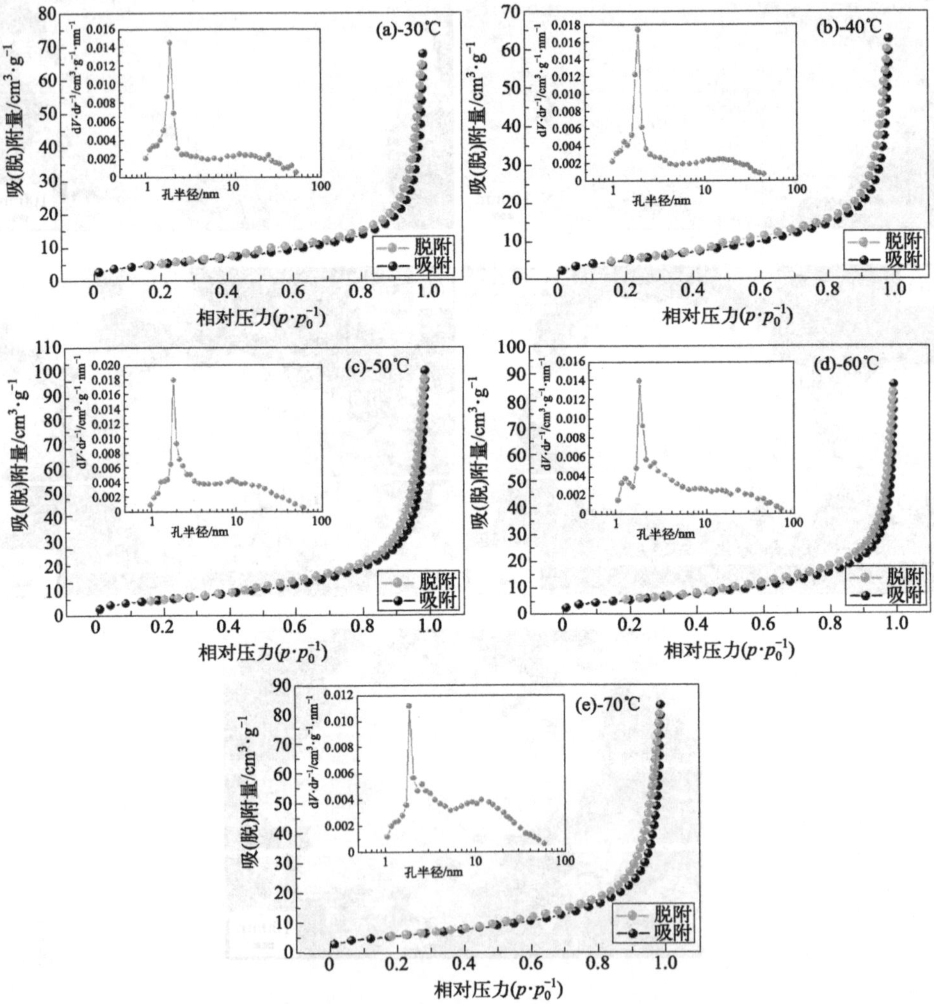

图4.33　不同氧化反应温度制备 Mn_3O_4 的吸附-脱附等温线和孔径分布

(a) 30℃；(b) 40℃；(c) 50℃；(d) 60℃；(e) 70℃

表 4.11　不同氧化温度制备 Mn_3O_4 的比表面积

温度/℃	30	40	50	60	70
比表面积/$m^2 \cdot g^{-1}$	19.10	20.56	26.52	21.66	21.51

氧化反应温度对产物全锰质量分数和锰转化率的影响见图 4.34。从图 4.34 可以看出，在 30～70℃之间，锰的转化率随温度变化不大。全锰质量分数随温度的升高先增大后减小。由此确定氧化温度 60℃较合适。主要是因为升高温度可以使分子运动加剧，氧化反应加速进行，有利于 $Mn(OH)_2$ 和 $Mn_2(OH)_2SO_4$ 被氧化成 Mn_3O_4。但氧化反应为放热反应，在较高温度下，不利于氧化反应的正向进行，而且温度升高，氧气在溶液中的溶解度下降，不利于中间产物的氧化。

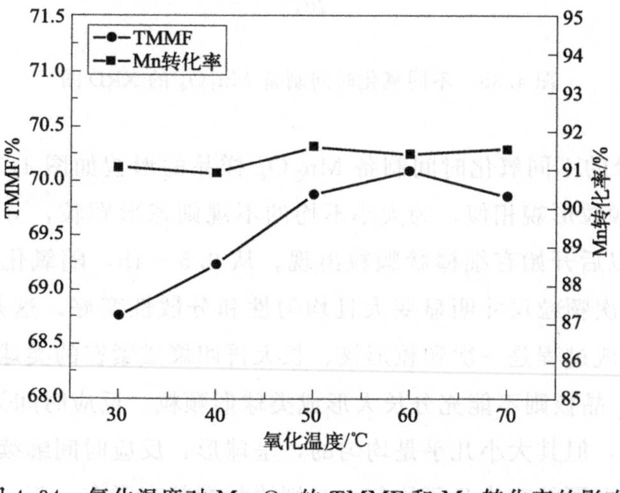

图 4.34　氧化温度对 Mn_3O_4 的 TMMF 和 Mn 转化率的影响

4.5.8　氧化时间的影响

固定实验条件：陈化时间 30min，氧化温度 60℃，氧化产物 120℃烘干 4h，考察氧化时间分别为 0.5h、1h、2h、3h、4h 和 5h 对产物 Mn_3O_4 性能的影响。图 4.35 为制备过程中氧化不同时间所得产物 Mn_3O_4 的物相，可以观察到所有样品均为单相四方 Mn_3O_4，标准卡片上的标志性衍射峰在所有样品中均清晰地显示出来，没有检测到其他相的衍射峰，这表明在上述条件下制备的 Mn_3O_4 产物具有较高纯度。改变氧化反应时间，样品衍射峰的位置及强度均无明显不同，当延长反应时间至5h时，产物仍然是单相四方Mn_3O_4，表明在上述固定实验条件下，改变氧化时间对其物相没有明显影响。

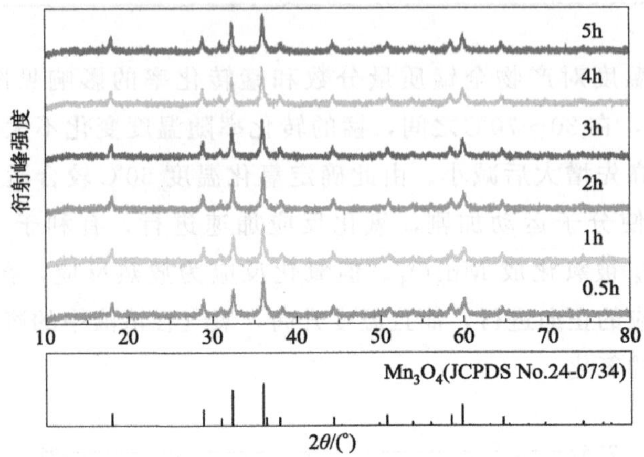

图4.35　不同氧化时间制备Mn_3O_4的XRD图

SEM记录的不同氧化时间制备Mn_3O_4样品的形貌如图4.36所示。0.5h和1h的样品颗粒形貌相似，为大小不均的不规则球形颗粒，分散性较差；时间延长到2h以后开始有细棒状颗粒出现。从0.5～4h，随氧化反应时间的延长，类球形一次颗粒尺寸明显变大且均匀性和分散性变好。这是因为Mn_3O_4球形颗粒的形成过程是一次颗粒形核、长大再团聚成紧密的类球形。若反应时间短，Mn_3O_4晶核则不能充分长大形成类球形颗粒。反应时间为4h时的样品颗粒虽有团聚，但其大小几乎是均匀的，呈球形；反应时间继续延长到5h时，可以看到类球形颗粒变小且不均匀，与细棒状颗粒交联在一起。说明氧化反应时间对Mn_3O_4产物的颗粒大小、微观形貌及分散性都有一定影响。

氮气物理吸附-脱附等温线如图4.37所示。插图为采用BJH方法确定的孔径分布曲线。采用多点BET法确定的Mn_3O_4的比表面积值列于表4.12。从图可知，Mn_3O_4仍为IV类型吸附等温线，产物仍为介孔材料。从插图中明显看出氧化时间的变化对孔径分布有一定影响。在0.5h、2h、3h和5h样品中，由于颗粒大小不均或条状颗粒交织结构的存在，样品孔径除集中分布在2nm处外，在10～20nm处也有集中分布。对比不同氧化时间的样品比表面积值可知，氧化时间对其影响不是很大。但可以看出，颗粒越细小且存在条形和球状颗粒交织的结构其比表面积越大。

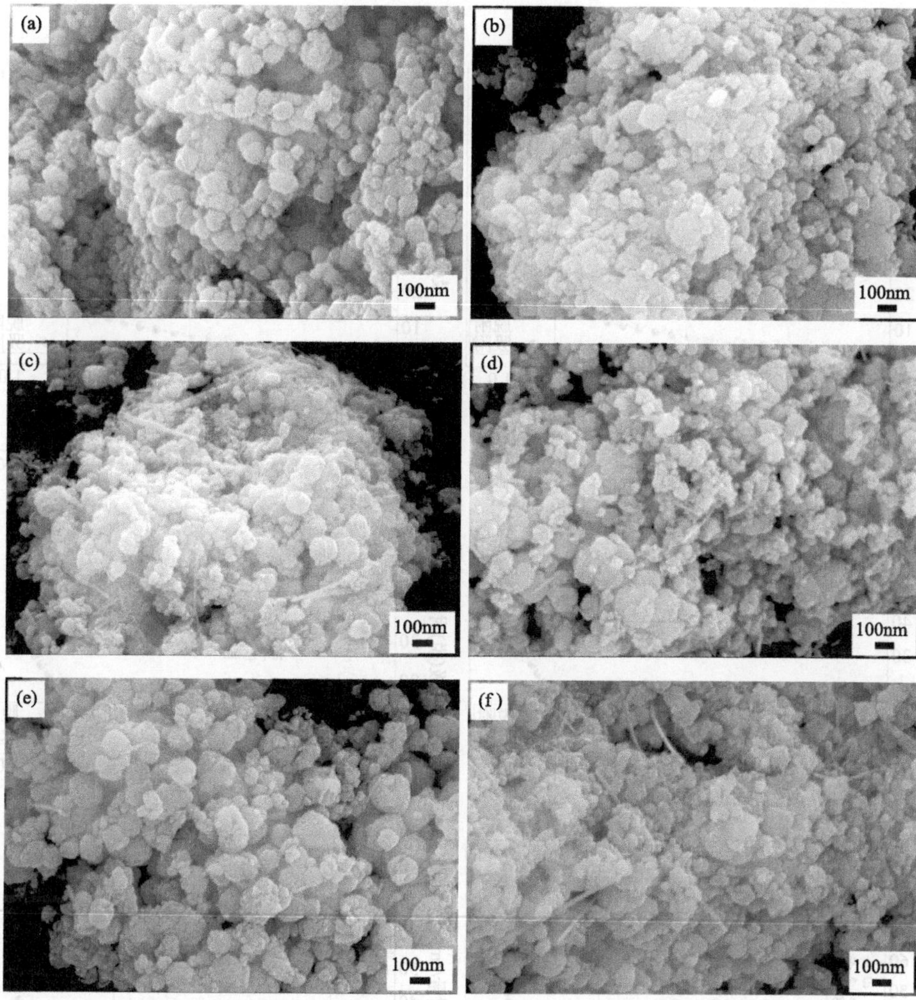

图 4.36　不同氧化时间制备 Mn_3O_4 的 SEM 图

(a) 0.5h；(b) 1h；(c) 2h；(d) 3h；(e) 4h；(f) 5h

表 4.12　不同氧化时间制备 Mn_3O_4 的比表面积及 pH 值

时间/h	比表面积/$m^2 \cdot g^{-1}$	pH 值
0		7.15
0.5	20.02	7.10
1	19.65	6.72
2	21.05	6.39
3	20.69	6.25
4	20.86	6.16
5	21.28	6.14

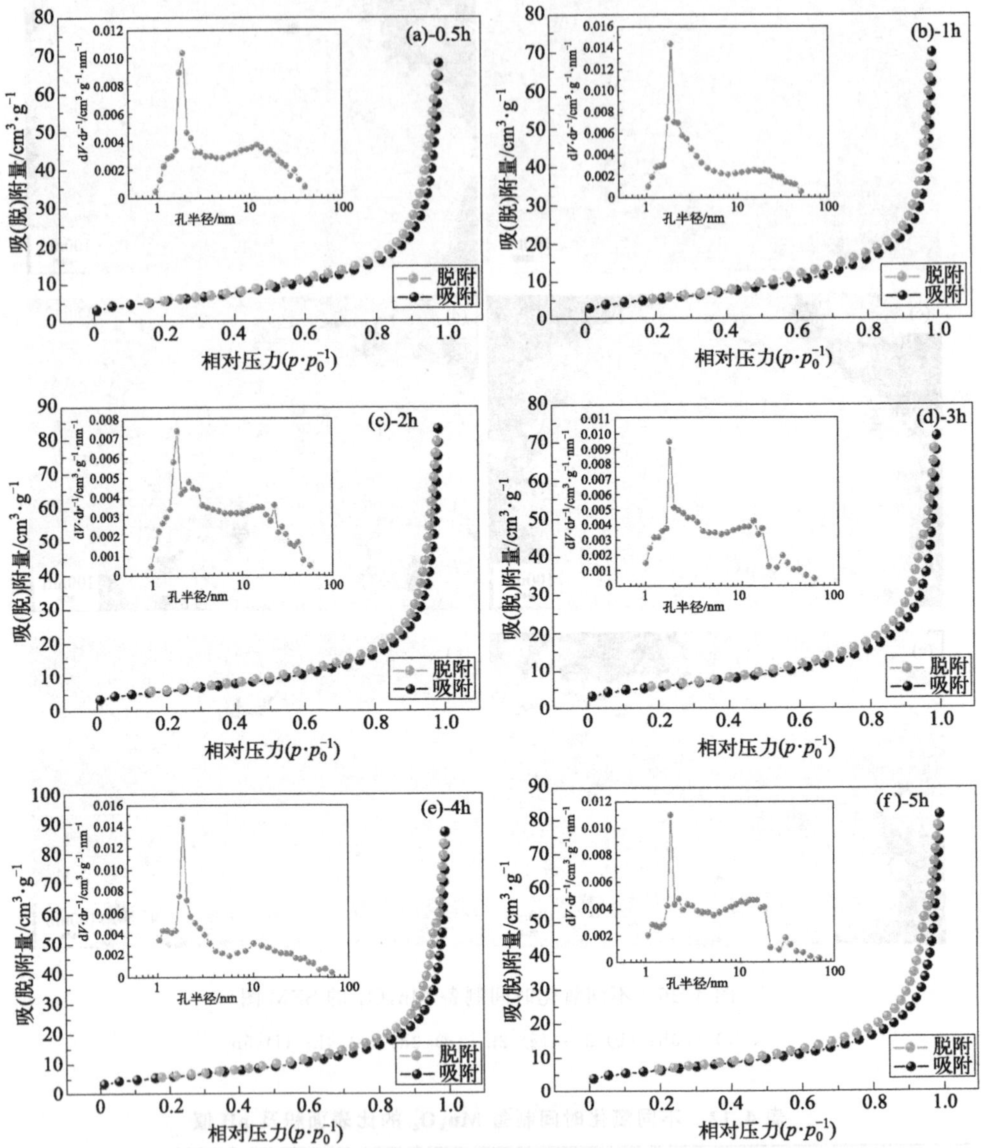

图 4.37 不同氧化时间制备 Mn_3O_4 的吸附-脱附等温线和孔径分布

(a) 0.5h；(b) 1h；(c) 2h；(d) 3h；(e) 4h；(f) 5h

溶液随氧化时间变化的 pH 值列于表 4.12 中。从表中数据可知，随氧化时间的延长，溶液 pH 值下降，开始时下降较慢，然后快速下降，在 4h 以后变化不大。这是由于发生了式(4-5) 和式(4-6) 的氧化反应，这也进一步证实了上述的分析结果，其中式(4-6) 的反应有 H^+ 释放。说明在氧化前半小时内，$Mn(OH)_2$ 优先被氧化，此时对 pH 值影响不大。之后包含在水解物中的 $Mn_2(OH)_2SO_4$ 被氧化，溶液的 pH 值开始明显下降。直到反应结束，pH 值不再变化。

氧化时间对 Mn_3O_4 的全锰质量分数和锰转化率的影响如图 4.38 所示。从图中可以明显看出，从 0.5～4h，随氧化时间的延长，Mn_3O_4 产物中的锰含量显著提高；在 4h 以后，样品中的锰含量没有明显变化。这是由于延长反应时间，$Mn(OH)_2$ 或 $Mn_2(OH)_2SO_4$ 被氧化得更彻底。锰的转化率随时间的延长稍有提高。因此控制在 4h 的氧化时间是较合适的。

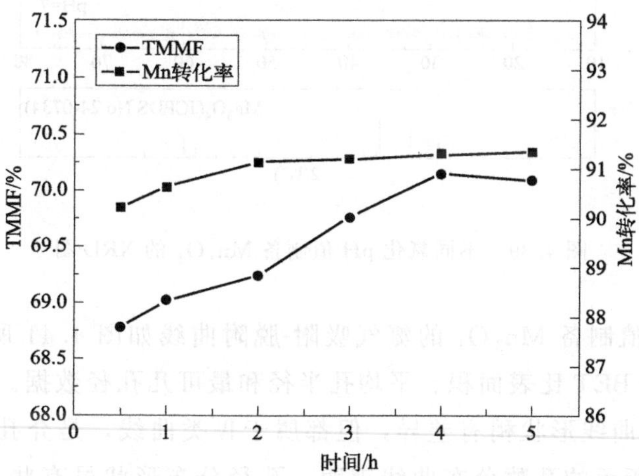

图 4.38　氧化时间对 Mn_3O_4 的 TMMF 和 Mn 转化率的影响

4.5.9　氧化 pH 值的影响

固定实验条件：陈化时间 30min，氧化温度 60℃，氧化时间 4h，氧化产物 120℃烘干 4h，考察氧化过程中控制溶液不同 pH 值对产物 Mn_3O_4 的影响。图 4.39 为氧化过程中控制不同 pH 值所制备产物的 XRD 谱图。从图中可以观察到所得 Mn_3O_4 产物的 XRD 图谱没有明显区别，表明氧化反应 pH 值对 Mn_3O_4 物相结构没有明显影响。

用扫描电子显微镜检查了不同 pH 值制备 Mn_3O_4 产物的微观结构，如图

4.40 所示。由该图可以看到，pH＝7 时，还保留原有的类球状和棒状颗粒组合的形貌；pH＝8 以后，条形形貌消失。随氧化 pH 值的增大，产物颗粒粒度减小，表面光滑度降低，边界变得不清晰，团聚现象变得严重，说明改变氧化 pH 值对产物形貌有较大影响。

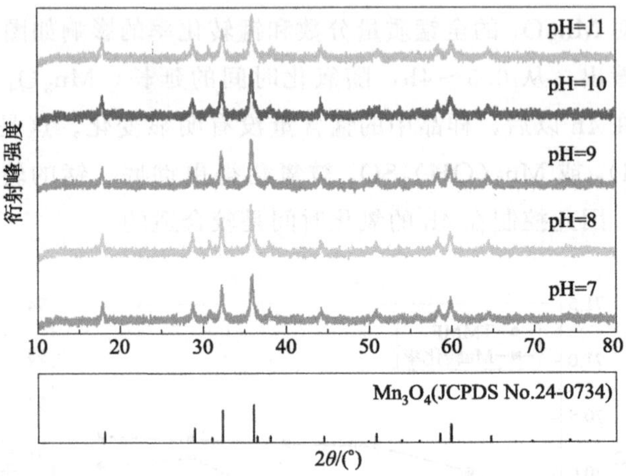

图 4.39　不同氧化 pH 值制备 Mn_3O_4 的 XRD 图

不同 pH 值制备 Mn_3O_4 的氮气吸附-脱附曲线如图 4.41 所示。表 4.13 列出了对应的 BET 比表面积、平均孔半径和最可几孔径数据。虽然不同 pH 值的吸附脱附曲线形状稍有差异，但都属于Ⅳ类曲线，是介孔材料的吸附。图 4.41 插图所示的孔隙分布曲线表明，孔径分布形状虽有些不同，但总体趋势是随 pH 值的增大，孔径变小，这从表 4.13 中的数据也可看出。通过对比表 4.13 的 BET 测试结果发现，随 pH 值增大，样品的比表面积增大。这是因为平均孔尺寸和最可几孔径总体呈降低趋势，这与 SEM 分析结果一致。

氧化 pH 值与产物全锰质量分数和锰转化率的关系如图 4.42。由图可以看出，pH 值的变化对锰转化率影响不大，在较高 pH 值时稍有下降。这是由于强碱溶液使 $Mn(OH)_2$ 过度氧化的缘故。由于水解产物中 $Mn(OH)_2$ 含量较少，所以下降不明显。pH 值从 7 到 8，随 pH 值的增大，产物中锰含量升高。这是因为在氧化过程中，由式(4-4)、式(4-6) 和式(4-7) 可知，含碱式硫酸锰的水解物中的硫以硫酸铵或硫酸的形式溶于水中而脱除，pH 值越大越有利于上述反应。pH 值从 8 到 9，变化不大。再继续增加 pH 值，锰含量开始下降，

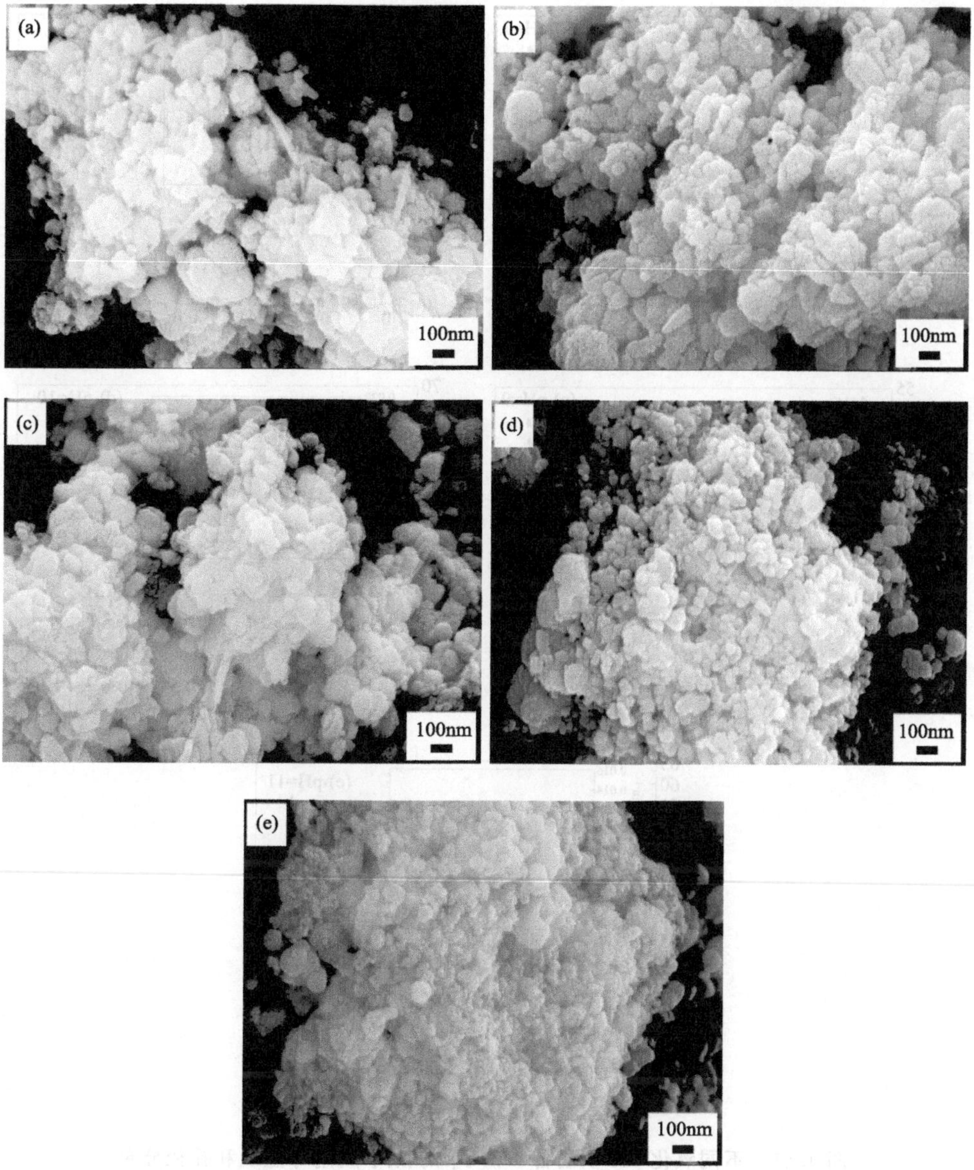

图 4.40　不同氧化 pH 值制备 Mn_3O_4 的 SEM 图

(a) pH=7；(b) pH=8；(c) pH=9；(d) pH=10；(e) pH=11

这是由于 $Mn(NH_3)_x^{2+}$ 的生成。综合以上分析结果及考虑到成本，选择氧化 pH=8 为宜。

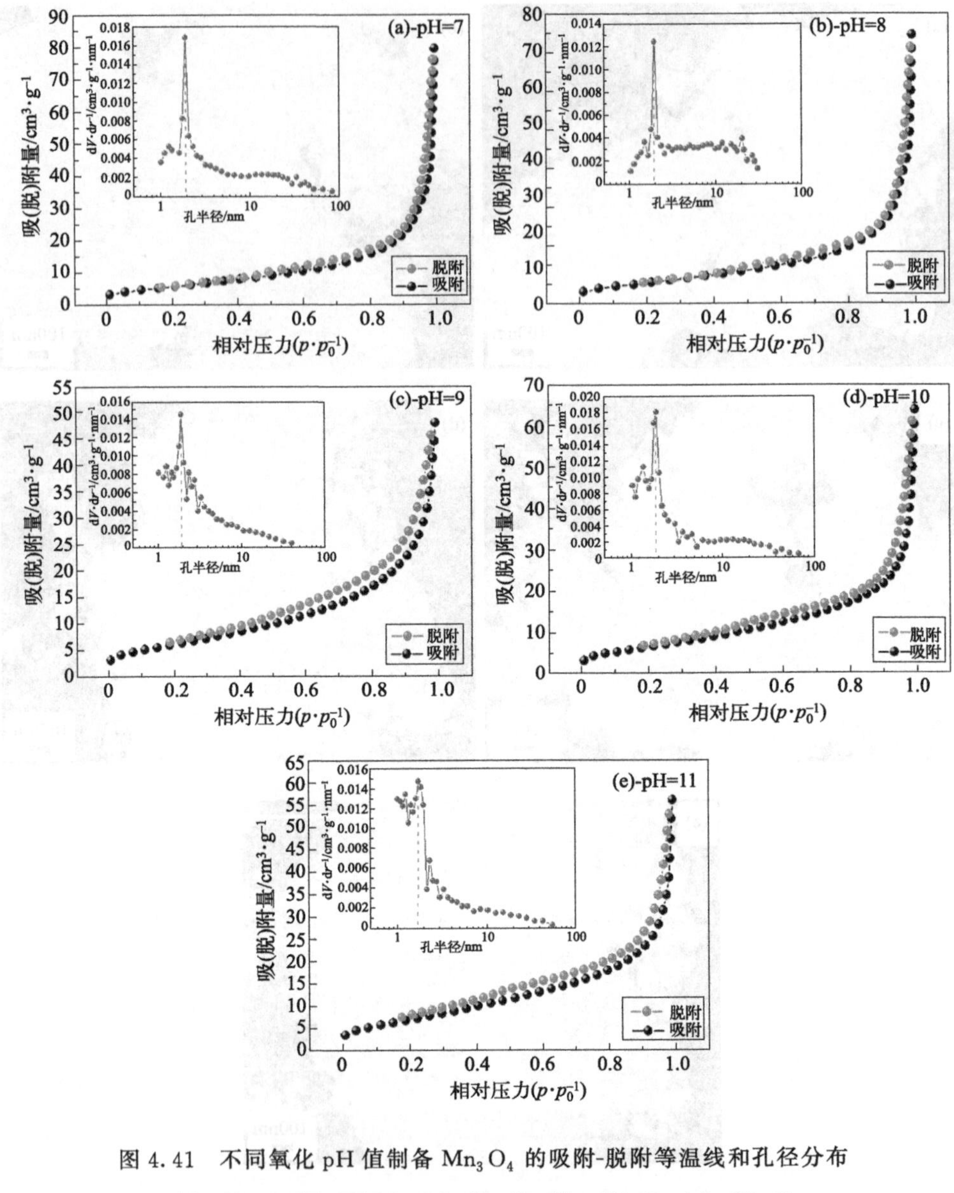

图 4.41 不同氧化 pH 值制备 Mn_3O_4 的吸附-脱附等温线和孔径分布

(a) pH=7；(b) pH=8；(c) pH=9；(d) pH=10；(e) pH=11

表 4.13 不同 pH 值制备 Mn_3O_4 的比表面积及相关数据

pH 值	比表面积/$m^2 \cdot g^{-1}$	平均孔半径/nm	最可几孔径/nm
7	21.11	9.21	1.90
8	22.09	8.21	1.90

续表

pH 值	比表面积/$m^2 \cdot g^{-1}$	平均孔半径/nm	最可几孔径/nm
9	22.91	5.10	1.93
10	24.57	6.50	1.89
11	27.66	5.30	1.75

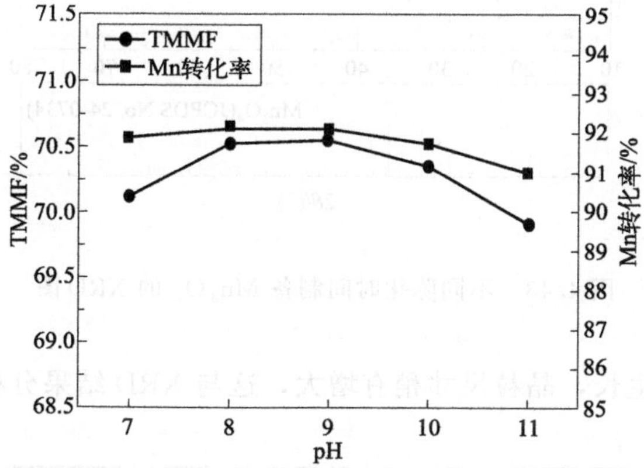

图 4.42　氧化 pH 值对 Mn_3O_4 的 TMMF 和 Mn 转化率的影响

4.5.10　陈化时间的影响

在上述优化实验中，由于锰离子的转化率最高能达到 92%左右，说明仍有部分锰离子以络合物的形式存在滤液中，没有得到充分利用。为了提高锰的转化率，在固定实验条件：$C_{Mn}=25g \cdot L^{-1}$ 的硫酸锰溶液 100mL，1∶9 的氨水 40mL，反加料方式，沉淀时间为 60min，沉淀温度为 30℃，沉淀 pH=10.5，中间产物在恒温干燥箱中 60℃烘干 2h，氧化温度 60℃，氧化时间 4h，氧化 pH=8，氧化产物 120℃烘干 4h 下，考察沉淀实验后不同陈化时间对产物 Mn_3O_4 的影响。图 4.43 为不同陈化时间所得产物的物相结构分析结果。从图中可以观察到陈化时间从 0～15h 四个样品的物相无明显差异，只是随着陈化时间的延长，谱峰强度稍有增大，表明延长陈化时间，可以提高产物结晶度。

图 4.44 是不同陈化时间制备 Mn_3O_4 纳米粒子的 SEM 图。从显微照片上可以观察到，不同陈化时间的样品颗粒形貌没有明显差异，但随着陈化时间的

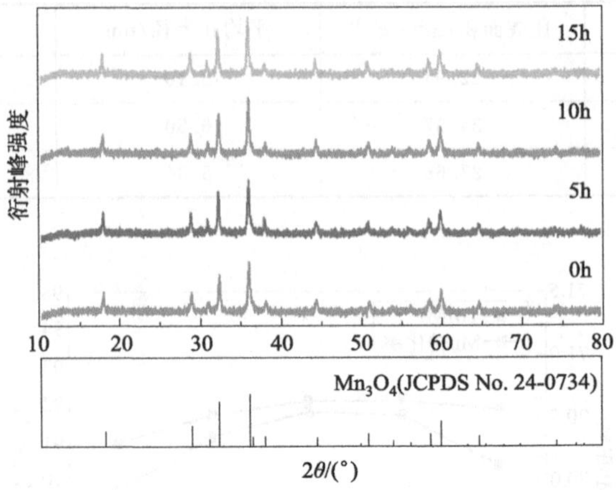

图 4.43 不同陈化时间制备 Mn_3O_4 的 XRD 图

延长，沉淀晶体生长，晶粒尺寸稍有增大，这与 XRD 结果分析一致。

图 4.44 不同陈化时间制备 Mn_3O_4 的 SEM 图

(a) 0h；(b) 5h；(c) 10h；(d) 15h

不同陈化时间对产物全锰质量分数和锰转化率的影响如图 4.45。陈化时间从 0h 增加到 10h，锰的转化率从 91.51%增加到 97.76%，继续延长陈化时间，转化率增加缓慢。这是由于细小氧化锰颗粒的沉降以及反应[式(4-15)]的发生。陈化时间从 0h 增加到 10h，产物中锰含量变化不大，继续延长陈化时间，锰含量下降。这是由于陈化时间过长，其他价态锰氧化物的少许生成，综合上述分析结果，选择 10h 为合适陈化时间。

$$Mn(NH_3)_2^{2+} + 2H_2O \xlongequal{} Mn(OH)_2 \downarrow + 2NH_4^+ \tag{4-15}$$

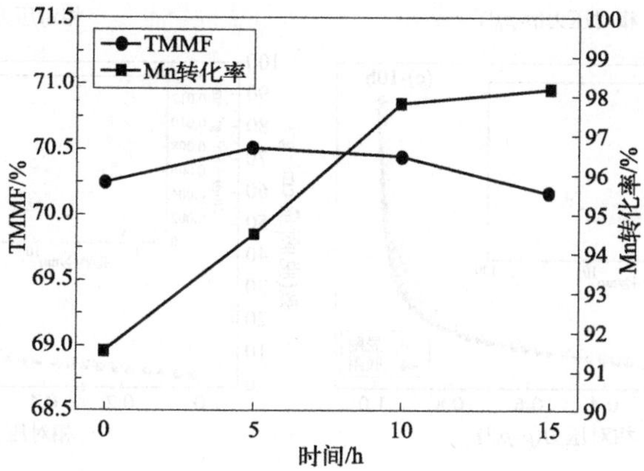

图 4.45　陈化时间对 Mn_3O_4 的 TMMF 和 Mn 转化率的影响

图 4.46 为不同陈化时间制备 Mn_3O_4 的吸附-脱附等温线和孔径分布图。四个样品的曲线类型与之前分析的一致，但从曲线形状上看，随着陈化时间的延长，大孔数量增加，这一点从孔径分布图上也能看出。表 4.14 为对应的比表面积值，很明显，随着陈化时间的延长，比表面积减小，平均孔径增大。这与 XRD 和 SEM 分析结果一致。

表 4.14　不同陈化时间制备 Mn_3O_4 的比表面积和平均孔径

时间/h	比表面积/$m^2 \cdot g^{-1}$	平均孔半径/nm
0	23.71	7.79
5	21.81	8.55
10	21.27	8.86
15	20.56	9.18

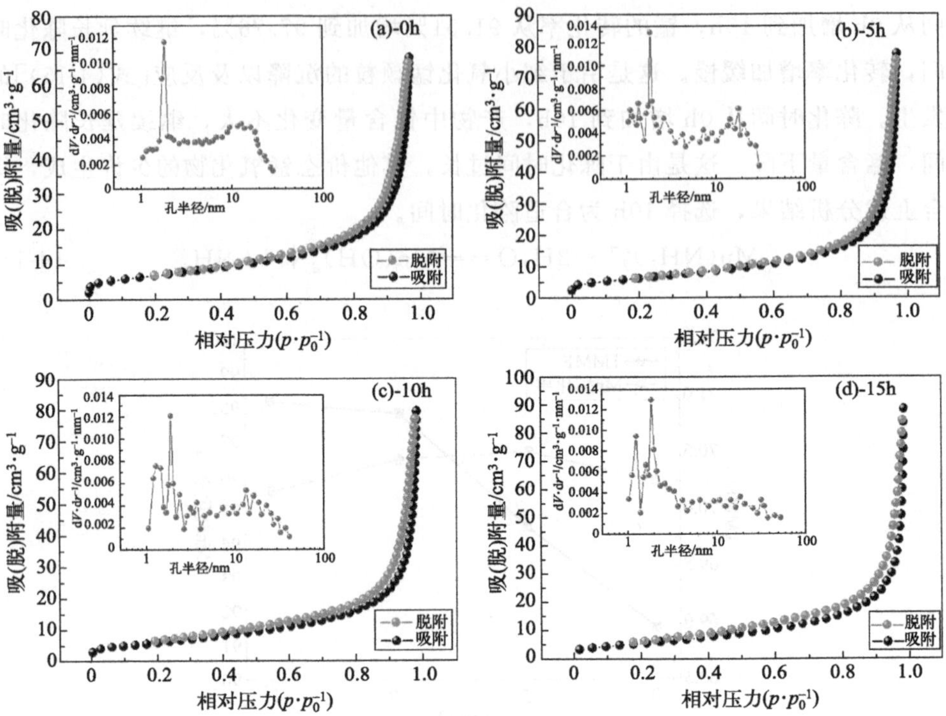

图 4.46 不同陈化时间制备 Mn_3O_4 的吸附-脱附等温线和孔径分布

(a) 0h；(b) 5h；(c) 10h；(d) 15h

4.6 Mn_3O_4 纳米粉体特性表征与产品应用

图 4.47 为优化条件下制备 Mn_3O_4 产物的红外光谱。根据图 4.21 分析可知，在 $420cm^{-1}$、$528cm^{-1}$ 和 $629cm^{-1}$ 处的三个吸收峰为 Mn—O 键的振动吸收峰；在 $3448cm^{-1}$ 和 $1637cm^{-1}$ 处出现的吸收峰对应水分子中 O—H 键的振动；在 $1441cm^{-1}$ 处吸收峰可归因于与 Mn 原子结合的 O—H 键弯曲振动，说明在 Mn_3O_4 产物中存在一些结合水。相比图 4.21，在 $1121cm^{-1}$ 和 $1072cm^{-1}$ 处未出现强振动吸收峰，说明 Mn_3O_4 中硫含量极少。

图 4.48(a) 和 (b) 显示了上述优化条件下制备 Mn_3O_4 产物的不同放大倍数 SEM 图像。样品尺寸较均匀，为几十纳米的类球形颗粒。图 4.48(c) 为对应的 X 射线能谱分析结果。图中谱峰显示样品中含有锰和氧元素，没有检测到其他元素的峰。结合质量百分数和原子百分比数据，表明合成的产品为纯

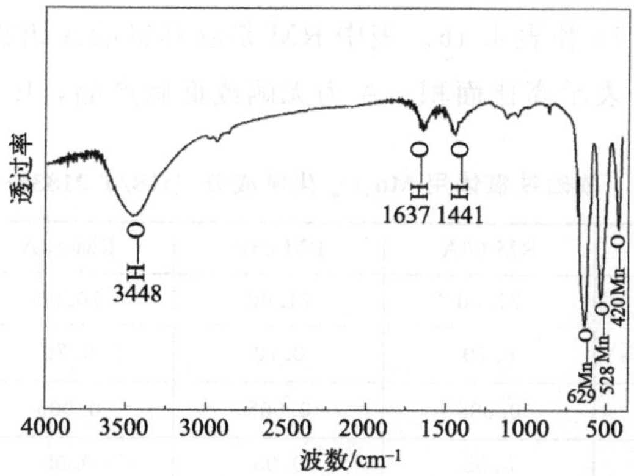

图 4.47　优化条件下制备 Mn_3O_4 的 FT-IR 光谱图

的 Mn_3O_4，与上述分析结果一致。

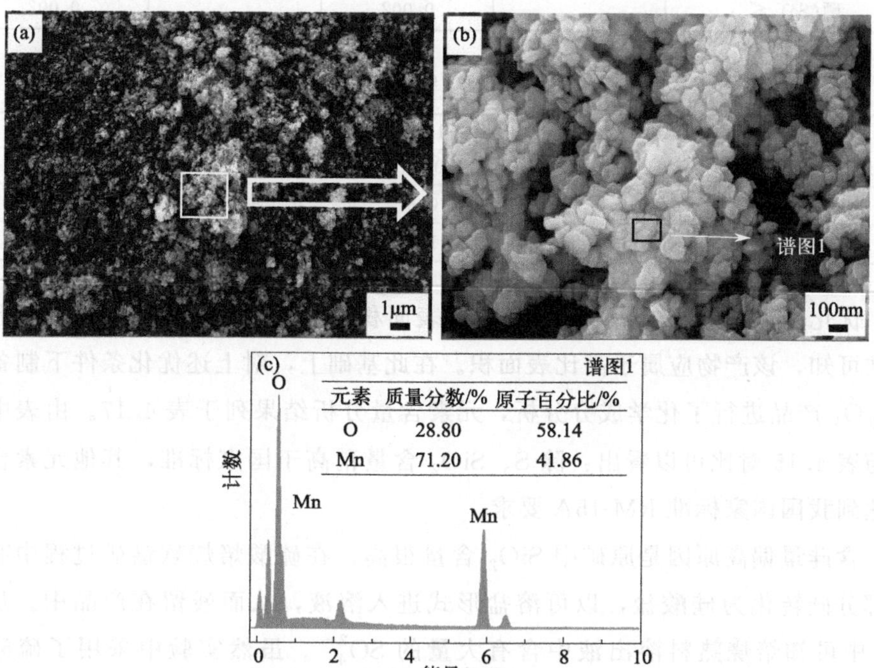

图 4.48　优化条件下制备 Mn_3O_4 的 SEM 图和 EDS 能谱图

(a) 和 (b) 不同倍数 SEM 图；(c) 谱图 1 的 EDS 能谱图

目前软磁铁氧体用 Mn_3O_4 的国家标准（GB/T 21836—2008）被广泛使用，其要求见表 4.15 和表 4.16。表中 RM 是软和锰的汉语拼音首字母；06 表示低比表面积、15 表示高比面积；A 为无硒或低硒产品，B 为含硒产品。

表 4.15　软磁铁氧体用 Mn_3O_4 化学成分（GB/T 21836—2008）

化学成分/%	RM-06A	RM-06B	RM-15A	RM-15B
锰(Mn),≥	71.00	71.00	70.00	70.00
三氧化二铁(Fe_2O_3),≤	0.70	0.70	0.70	0.70
氧化钠(Na_2O),≤	0.005	0.005	0.005	0.005
硫(S),≤	0.05	0.05	0.05	0.05
氧化钾(K_2O),≤	0.005	0.005	0.005	0.01
二氧化硅(SiO_2),≤	0.01	0.01	0.01	0.01
氧化钙(CaO),≤	0.01	0.01	0.01	0.01
氧化镁(MgO),≤	0.01	0.01	0.01	0.01
硒(Se),≤		0.002		0.002

表 4.16　软磁铁氧体用 Mn_3O_4 物理性能（GB/T 21836—2008）

项目	RM-15A	RM-15B	RM-06A	RM-06B
水(质量分数)/%	1.0	1.0	0.5	0.5
松装密度/$g\cdot cm^{-3}$	0.6～0.8	0.6～0.8	0.6～0.8	0.6～0.8
比表面积/$m^2\cdot g^{-1}$	12～17	12～17	4～7	4～7

优化条件下制备的 Mn_3O_4 产物比表面积值为 21.27$m^2\cdot g^{-1}$，根据上述标准可知，该产物应属于高比表面积。在此基础上，对上述优化条件下制备的 Mn_3O_4 产品进行了化学成分分析，元素含量分析结果列于表 4.17。由表中数据与表 4.15 对比可以看出：除 S、SiO_2 含量稍高于国家标准，其他元素含量均达到我国国家标准 RM-15A 要求。

含硅量偏高原因是原矿中 SiO_2 含量很高，在硫酸焙烧软锰矿过程中有一小部分硅转化为硅酸盐，以可溶盐形式进入溶液，从而残留在产品中。从表 4.2 中可知焙烧熟料溶出液中含有大量的 SO_4^{2-}。虽然实验中采用了硫酸锰加到氨水中的反加料方式，但还可能有少量碱式硫酸锰生成。碱式硫酸锰相比氢氧化锰难氧化，会被其周围大量的锰氧化物包裹起来，使之更难氧化，导致了部分硫残留在产品中，从而含硫量稍微偏高，待后续研究中进一步降低其含量。

表 4.17 Mn_3O_4 产物化学组成　　单位：%

Mn	SiO_2	CaO	MgO	Na_2O	K_2O	Fe_2O_3	S	Se
70.40	0.03	0.002	0.01	0.005	0.002	0.12	0.07	<0.001

4.7 基于四氧化三锰原料制备锰酸锂及其电化学性能研究

4.7.1 锰酸锂的制备工艺设计

按一定的 Li、Mn 物质的量比称取一定量的 Li_2CO_3、Mn_3O_4，行星球磨机中以 $150r \cdot min^{-1}$ 的转速球磨 1h 后得到混合均匀的物料，将混合物置于通入氩气的管式炉中煅烧。

图 4.49 为球磨 1h 后的锰酸锂前驱体混合物差热（DTA）-热重（TG）曲线。由图可以看出，在室温至 250℃温度区间，曲线上反映出来的失重现象不明显，失重率仅为 1.1%，这段温度反映的失重主要是混合物中吸附水、结晶水的脱除和微量杂质发生物理化学变化过程。在 250～400℃温度范围内，失重率迅速上升至约 7%，对应的是碳酸锂分解为氧化锂和二氧化碳的过程。当温度升高到 675℃时，氧化锂与四氧化三锰反应生成锰酸锂，增重率约为 1.5%。当温度过高（>850℃）时，发生脱氧反应，表现在曲线上为失重率的急速增加。

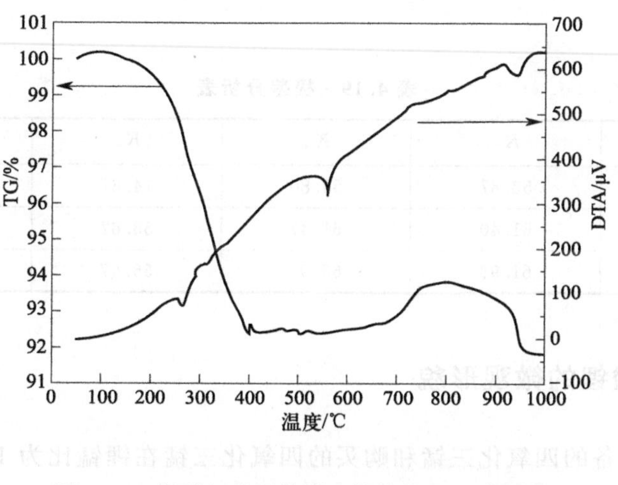

图 4.49 锰酸锂前驱体混合物的热重-差热曲线

在上述热分析原理基础上，选取 Li、Mn 含量比、焙烧温度、焙烧时间三个因素，设计了三因素三水平的正交实验，不考虑各因素的相互作用，选择标准的 $L_9(3^3)$ 正交表，研究上述三种因素同时作用时，锰酸锂电化学性能的变化规律以及各个因素的影响主次顺序，从而确定制备锰酸锂的优化条件组合。以1～50次循环下的平均放电比容量作为主要考察量，实验方案和结果见表4.18。

表4.18 正交实验结果

序号	Li∶Mn(A)	温度/℃(B)	时间/h(C)	平均放电比容量/(mAh·g^{-1})
1	1.02∶2	750	8	66.60
2	1.02∶2	800	10	44.40
3	1.02∶2	850	12	47.60
4	1.05∶2	750	10	57.60
5	1.05∶2	800	12	59.20
6	1.05∶2	850	8	44.60
7	1.08∶2	750	12	60.20
8	1.08∶2	800	8	80.60
9	1.08∶2	850	10	83.80

根据平均放电容量计算得出的各因素的平均值 K 和极差 R 值列于表4.19中，由极差可知各因素对平均放电容量影响的主次顺序为：锂锰比＞焙烧时间＞焙烧温度；优化组合为 $A_3B_2C_2$，即锂锰比：1.08∶2，焙烧温度：800℃，焙烧时间：10h。

表4.19 极差分析表

因素	K_1	K_2	K_3	R
A	52.87	53.80	74.87	22.00
B	61.40	61.47	58.67	2.80
C	61.93	63.93	55.67	8.26

4.7.2 锰酸锂的微观形貌

将自己制备的四氧化三锰和购买的四氧化三锰在锂锰比为1.08∶2，焙烧温度为800℃，焙烧时间为10h的条件下合成锰酸锂，将产物分别标记为P-$LiMn_2O_4$ 和N-$LiMn_2O_4$。对合成的材料进行了物相分析，实验结果如图4.50所示。从图中明显看出，P-$LiMn_2O_4$ 和N-$LiMn_2O_4$ 的XRD谱图与标准卡片

(JCPDS No. 89-0117) 衍射峰的峰位和强度一致，且无杂质峰，表明自制的四氧化三锰和购买的四氧化三锰均可合成尖晶石结构的 $LiMn_2O_4$ 材料。

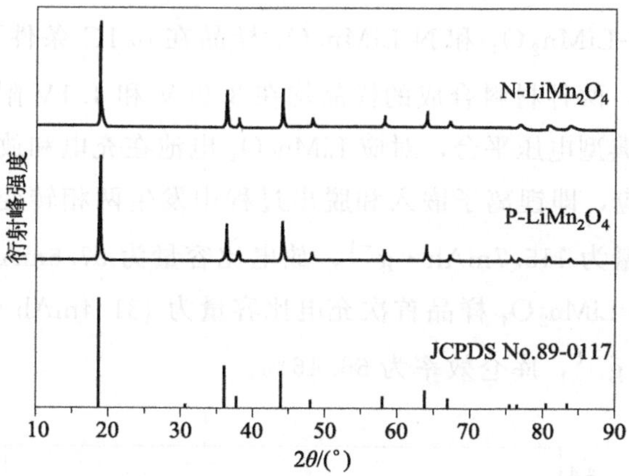

图 4.50　不同材料制备的 $LiMn_2O_4$ XRD 谱图

图 4.51 为上述两样品的扫描电镜图，从图可以看出，N-$LiMn_2O_4$ 样品的形貌以棒状为主，棒上附着了许多凝聚的小颗粒，形成了不同粒径的锰酸锂材料，棒状长度约 3μm。P-$LiMn_2O_4$ 样品是由片状组成的花朵状结构，颗粒轮廓清晰、颗粒之间界面明显、晶粒尺寸分布均匀，厚度约 100nm，长度约 200nm。

图 4.51　固相合成 $LiMn_2O_4$ 的 SEM 图像

(a)、(b) N-$LiMn_2O_4$；(c)、(d) P-$LiMn_2O_4$

4.7.3 锰酸锂的电化学性能

图 4.52 为 P-$LiMn_2O_4$ 和 N-$LiMn_2O_4$ 样品在 0.1*C* 条件下的首次充放电曲线，由图可知，两种材料合成的样品均在 3.95V 和 4.1V 附近存在尖晶石型 $LiMn_2O_4$ 的两个典型电压平台，对应 $LiMn_2O_4$ 电池在充电和放电过程中发生的两次氧化还原反应，即锂离子嵌入和脱出过程中发生两相转变。P-$LiMn_2O_4$ 样品首次充电比容量为 115.7mAh·g^{-1}，放电比容量为 97.6mAh·g^{-1}，库仑效率为 84.36%。N-$LiMn_2O_4$ 样品首次充电比容量为 131.4mAh·g^{-1}，放电比容量为 87.3mAh·g^{-1}，库仑效率为 66.46%。

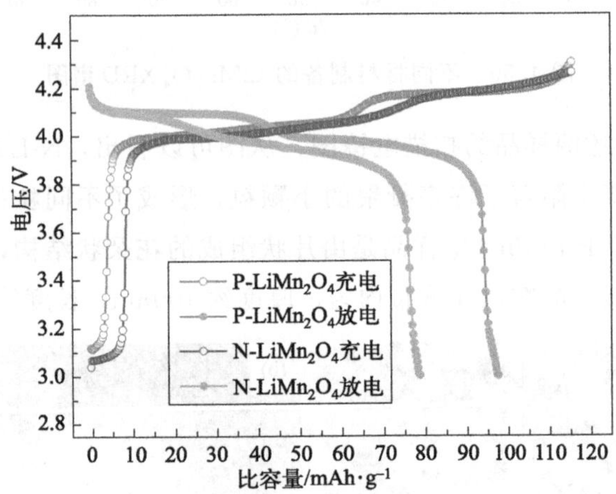

图 4.52　0.1*C* 条件下 $LiMn_2O_4$ 的首次充放电曲线

为了进一步探究两样品的电化学性能，将两种材料组装电池，经过搁置、活化（0.1*C* 条件下循环 3 次）后，在 1*C* 的放电倍率下循环 50 次，图 4.53 给出了两样品的循环性能和库仑效率曲线图。虽然 P-$LiMn_2O_4$ 样品的比容量开始有所下降，但是经过 50 次循环后，该样品的放电比容量仍保持在 78.4mAh·g^{-1} 以上。然而，N-$LiMn_2O_4$ 的比容量在第 4 次循环后迅速下降，其放电比容量一直维持在较低的水平（约 40～50mAh·g^{-1}），这可能是由于尖晶石结构的破坏，这也表明 P-$LiMn_2O_4$ 的结构相对稳定，循环可逆性好。值得注意的是，在 1*C* 速率下随着循环次数的增加，两种材料的比容量在开始时均有所衰减，这是所有 $LiMn_2O_4$ 材料在循环过程中普遍存在的问题，这主要是由 Mn^{3+} 的溶解、电解液的分解和 Jahn-Teller 效应等因素导致的。P-$LiMn_2O_4$ 和 N-$LiMn_2O_4$ 在 50 次循环中的平均放电比容量分别为 87.07mAh·g^{-1} 和 48.76mAh·g^{-1}。以上电化学性能测试结果均表明，P-$LiMn_2O_4$ 的电化学性能优于 N-$LiMn_2O_4$。

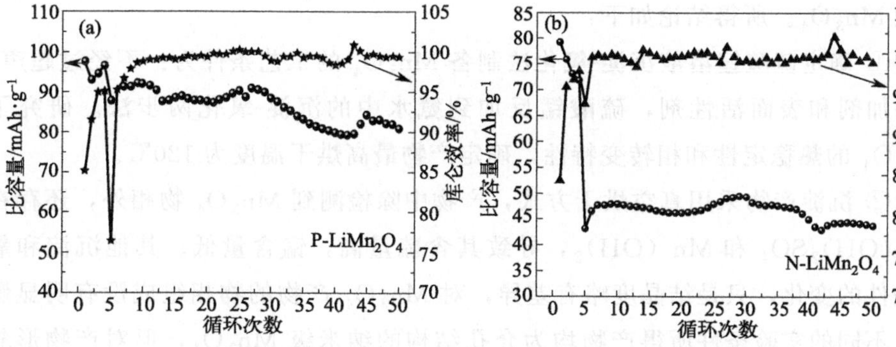

图 4.53　S-$LiMn_2O_4$（a）和 N-$LiMn_2O_4$（b）的放电比容量和库仑效率

图 4.54 为 S-$LiMn_2O_4$ 的循环伏安曲线（CV），CV 曲线上有两对对称的氧化还原峰，说明锂离子的嵌入和脱出是分两步完成的，这与充放电结果一致。第一次循环曲线的氧化还原峰不对称，这是由 SEI 薄膜和一些不可逆反应使第二次循环面积减小所致。第二次循环曲线的氧化还原峰对称性好，峰尖，峰强度高，表明锂离子在 $LiMn_2O_4$ 晶格中的插脱具有良好的可逆性。

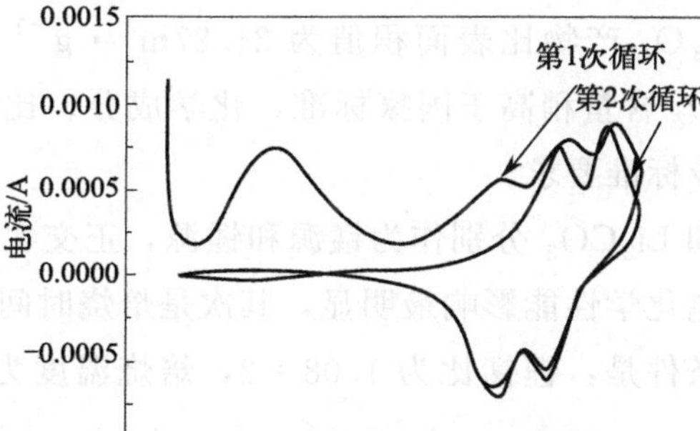

图 4.54　S-$LiMn_2O_4$ 循环伏安曲线

4.8 本章小结

以软锰矿硫酸化焙烧熟料溶出液为原料，氨水为沉淀剂，采用碱化沉淀-空气氧化法得到四方尖晶石结构、单一物相、高比表面积、具有介孔结构的纳米级 Mn_3O_4。所得结论如下：

① 确定硫酸锰溶液沉淀-氧化法制备 Mn_3O_4 的工艺条件为：不经过超声，无添加剂和表面活性剂，硫酸锰反加到氨水中的沉淀-氧化两步法。研究了 Mn_3O_4 的热稳定性和相转变特性，确定产物最高烘干温度为120℃。

② 沉淀产物采用真空烘干方式，产物中除检测到 Mn_3O_4 物相外，还存在 $Mn_2(OH)_2SO_4$ 和 $Mn(OH)_2$，导致其含硫量高，锰含量低。其他沉淀和氧化条件的变化，只是结晶度略有差异，对 Mn_3O_4 产物的物相组成没有明显影响；不同的实验条件所得产物均为介孔结构的纳米级 Mn_3O_4，但对产物形貌和比表面积有一定影响；不同的实验条件可以改变 Mn_3O_4 产物的孔体积或比表面积，但并未改变孔结构；不同的实验条件对 Mn_3O_4 产物的全锰质量分数和锰转化率有较大影响。综合考虑不同的实验条件对以上特性的影响，确定优化的沉淀条件为：沉淀时间60min，沉淀温度30℃，沉淀 pH＝10.5，沉淀产物恒温干燥箱中60℃烘干2h，锰离子质量浓度 $25g \cdot L^{-1}$。优化的氧化条件为：氧化温度60℃，氧化时间4h，氧化 pH＝8，陈化时间10h，锰的转化率达97%以上。

③ 在上述优化的条件下制备的 Mn_3O_4 产物尺寸较均匀，为几十纳米的介孔类球形颗粒；Mn_3O_4 产物比表面积值为 $21.27m^2 \cdot g^{-1}$，全锰质量分数为70.40%；除 S、SiO_2 含量稍高于国家标准，化学成分、比表面积等各项指标达到软磁铁氧体行业标准要求。

④ 以 Mn_3O_4 和 Li_2CO_3 分别作为锰源和锂源，正交实验结果表明，锂锰比和对锰酸锂样品电化学性能影响最明显，其次是焙烧时间，焙烧温度影响最弱。得出优化制备条件是：锂锰比为1.08：2，焙烧温度为800℃，焙烧时间为10h。

⑤ 在上述优化条件下，采用固相合成法制备了 P-$LiMn_2O_4$。相同的条件下与购置的四氧化三锰合成的 N-$LiMn_2O_4$ 作对比。XRD 和 SEM 分析表明，两样品均为尖晶石结构的 $LiMn_2O_4$。P-$LiMn_2O_4$ 样品首次充电比容量为 $115.7mAh \cdot g^{-1}$，放电比容量为 $97.6mAh \cdot g^{-1}$，库仑效率为84.36%。N-

$LiMn_2O_4$ 样品首次充电比容量为 131.4mAh·g^{-1}，放电比容量为 87.3mAh·g^{-1}，库仑效率为 66.46%。经过 50 次循环后，P-$LiMn_2O_4$ 样品的放电比容量仍保持在 78.4mAh·g^{-1} 以上。N-$LiMn_2O_4$ 的比容量在第 4 次循环后迅速下降，其放电比容量一直维持在较低的水平（40～50mAh·g^{-1}）。P-$LiMn_2O_4$ 和 N-$LiMn_2O_4$ 在 50 次循环中的平均放电比容量分别为 87.07mAh·g^{-1} 和 48.76mAh·g^{-1}。以上电化学性能测试结果均表明，P-$LiMn_2O_4$ 的电化学性能优于 N-$LiMn_2O_4$。

第5章 软锰矿提锰溶液水热法制备铁掺杂 MnO_2 及其超电容性能

超级电容器作为一种绿色储能设备，在电动玩具、电子产品和电动汽车等工业领域具有巨大的发展潜力。过渡金属氧化物作为一类重要的超级电容器电极材料已被广泛研究。MnO_2 具有环境相容性、易于制造、低成本、高安全性、高理论比电容和优良的化学稳定性等优点，是一种很有前途的超级电容器电极材料。在现阶段常用的改性方法中，在 MnO_2 中掺杂其他过渡金属阳离子可以产生缺陷和电荷载流子，是提高材料导电性和电荷存储能力的有效途径。近年来，研究人员成功制备了锌、银、钴、铜、钼、钌和铅等离子掺杂复合的 MnO_2，证实了通过掺杂金属阳离子可提升 MnO_2 电极材料电化学性能。从国内外研究现状来看，MnO_2 电极材料的制备均采用分析纯的化学试剂，且通过额外掺杂金属离子制备工艺较复杂，成本较高。

如前几章所述，软锰矿中有价元素回收与利用的研究重点是有价元素的高效分离和单一元素的提取，对元素复合利用关注不多。利用低品位软锰矿中的锰和铁有价元素，可控制备高性能铁掺杂 MnO_2 电极材料，可以省去除杂步骤，提高 MnO_2 电极材料的成本竞争力，拓展 MnO_2 用途；这种将冶金材料一体化的原位连续性应用处理工艺是实现低品位软锰矿中有价组元高附加值应用的新思路。

本章以低品位软锰矿中提取的硫酸锰、硫酸铁共存的硫酸盐溶液为原料，过硫酸铵溶液为氧化剂，采用水热法制备铁掺杂 MnO_2 超级电容器电极材料。研究 MnO_2 电极材料的微观结构与超电容性能之间的关系，探究超电容性能的影响因素和调控途径，获得 MnO_2 超级电容器电极材料的优化合成工艺，实现物相调控及微观形貌的构筑，提升预期材料的容量、工作电压及结构稳定性。

5.1 Mn-Fe-S-O 体系组分热力学研究

硫酸焙烧低品位软锰矿制备硫酸锰溶液的实验原理已在第 3 章中介绍，制备铁掺杂 MnO_2 电极材料的前提是从低品位软锰矿中可控提取锰、铁有价元素。图 5.1 为 Mn-S-O 和 Fe-S-O 系在 500℃、650℃和 800℃下的相稳定区域图。在该图中，各相在优势区域内都是稳定的，这说明在不同的焙烧温度、较低的二氧化硫分压下，锰和铁的氧化物均可转化为其金属硫酸盐；图中阴影线区域表示 $MnSO_4$ 和 Fe_2O_3 共存的稳定区域，这表明 MnO_2 可以被选择性地硫

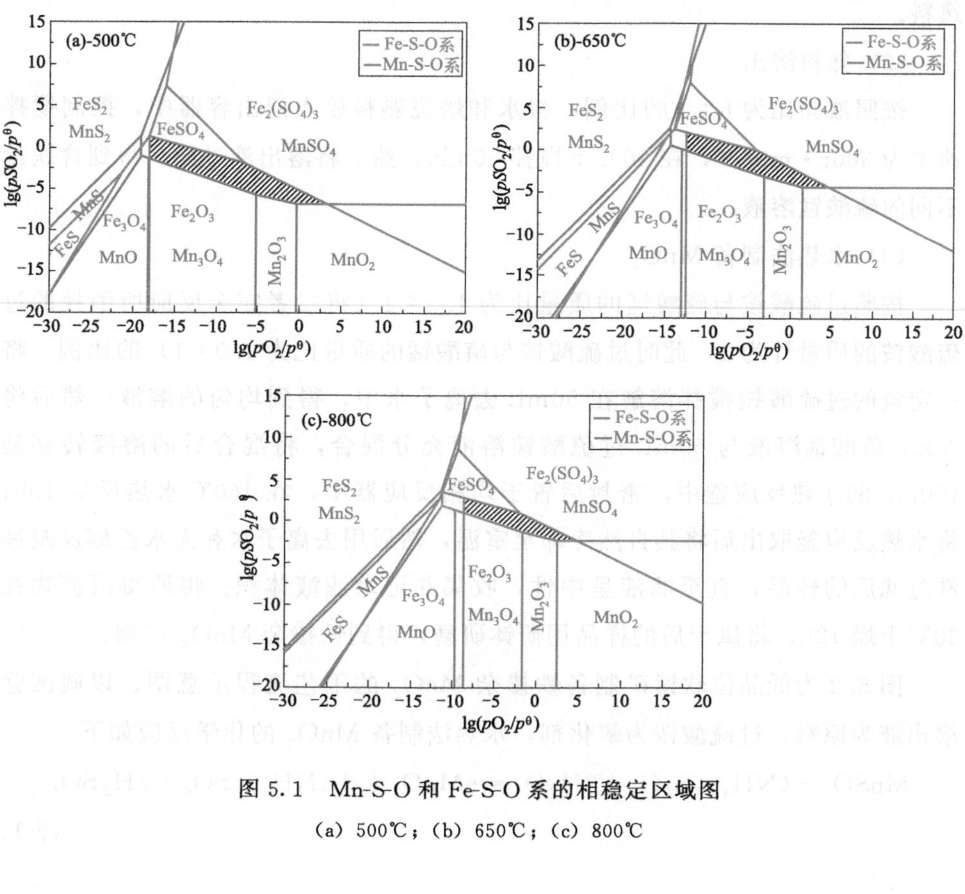

图 5.1　Mn-S-O 和 Fe-S-O 系的相稳定区域图

(a) 500℃；(b) 650℃；(c) 800℃

酸化成可溶盐 $MnSO_4$，而 Fe_2O_3 保持稳定[21]；同时从三个图对比中可知，随温度升高，阴影面积减小，因此，通过调节焙烧温度，可实现锰、铁元素的可控提取，得到不同含铁量的硫酸锰溶液。由图 3.12 中锰、铁提取率数据可以看出，为实现较高锰提取率、较低铁提取率，制备含铁硫酸锰溶液的焙烧温度应控制在 500～800℃。

5.2 铁掺杂 MnO_2 的制备工艺

(1) 混料焙烧

按照水酸比为 0.2∶1，酸矿质量比为 2∶1 的比例，将水、硫酸和软锰矿样品混合均匀，放置于电阻炉中进行焙烧，焙烧时间为 4h，焙烧温度分别为 500℃、550℃、600℃、650℃、700℃、750℃和 800℃，得到不同温度的焙烧熟料。

(2) 熟料溶出

按照液固比为 6∶1 的比例，将水和焙烧熟料放入浸出容器中，控制搅拌速度为 $300r \cdot min^{-1}$，在 90℃下搅拌 50min；然后将溶出液过滤，得到含铁量不同的硫酸锰溶液。

(3) 水热法制备 MnO_2

按照过硫酸铵与硫酸锰的质量比为 1.5∶1（将二者完全反应所消耗的过硫酸铵的质量计为 1，此时过硫酸铵与硫酸锰的质量比为 1.0∶1）的比例，将一定量的过硫酸铵搅拌溶解在 50mL 去离子水中，得到均匀的溶液；然后将 25mL 硫酸锰溶液与 50mL 过硫酸铵溶液充分混合，将混合后的溶液转移到 100mL 的水热反应釜中，密封后置于均相反应器中，在 160℃水热反应 10h；将水热反应釜取出后将其自然冷却至室温，然后用去离子水和无水乙醇反复冲洗过滤后的样品，直至滤液呈中性，收集并记录滤液体积；将所得沉淀物在 60℃干燥 12h，将烘干后的样品用研钵研磨，得到铁掺杂 MnO_2 产物。

图 5.2 为低品位软锰矿制备铁掺杂 MnO_2 的工艺流程示意图。以硫酸锰溶出液为原料，过硫酸铵为氧化剂，水热法制备 MnO_2 的化学反应如下：

$$MnSO_4 + (NH_4)_2S_2O_8 + 2H_2O = MnO_2 \downarrow + (NH_4)_2SO_4 + 2H_2SO_4 \tag{5-1}$$

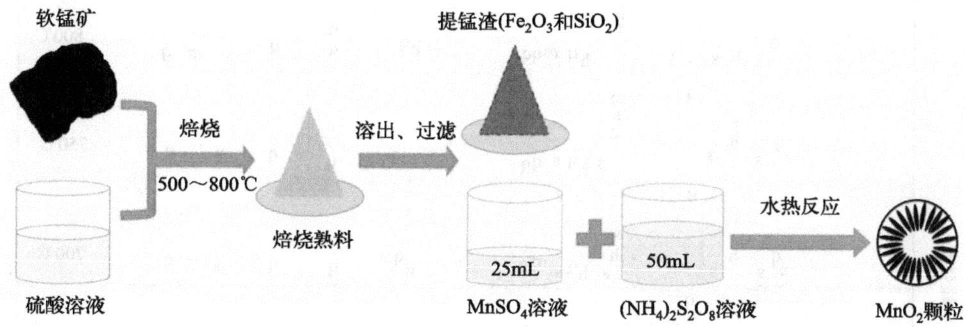

图 5.2　由低品位软锰矿制备 MnO_2 流程示意图

5.3　焙烧温度对熟料微结构的影响分析

图 5.3 为不同温度下焙烧熟料的 XRD 图谱。随着焙烧温度从 500℃升高到 650℃，硫酸铁的衍射强度逐渐减弱，在 650℃以上消失；随着焙烧温度的升高，赤铁矿相 Fe_2O_3 峰的强度逐渐增大，这是由于硫酸铁分解生成 Fe_2O_3；随着焙烧温度的升高，焙烧熟料中硫酸锰衍射峰的强度逐渐增大，但在从 650～800℃时逐渐减小，这是由硫酸锰分解形成 Mn_2O_3 造成的；不同焙烧温度下石英相 SiO_2 峰的衍射位置和衍射强度基本没有变化，说明在此焙烧温度范围内，SiO_2 不参与反应。

图 5.4 和图 5.5 分别展示了在 500～800℃下焙烧熟料的外观和 SEM 图像。从图 5.4 中可以看出，500℃的焙烧熟料由于硫酸铁的存在而呈浅黄色；从 500～650℃，随着焙烧温度的升高，硫酸铁分解量增多，由于 Fe_2O_3 的形成，焙烧产物的颜色逐渐由浅黄变为红褐色；温度继续升高，从 700～800℃，硫酸锰分解产生 Mn_2O_3，焙烧产物逐渐变成黑色粉末，上述分析结果与图 5.3 中 XRD 数据一致。

如图 5.5 所示，结合 500℃焙烧产物形貌图和对应的 EDS 分析数据可知，硫酸锰颗粒（p-a 的 EDS）呈疏松多孔状。SiO_2（p-b 的 EDS）为硬石英形貌，c 处样品成分（p-c 的 EDS）由 $MnSO_4$，$Fe_2(SO_4)_3$ 和少量 Fe_2O_3 组成。550℃和 600℃焙烧产物的形貌图显示，疏松多孔块状硫酸锰颗粒数量增加，细小而杂乱的 Fe_2O_3 颗粒附着在大颗粒 SiO_2 和硫酸锰表面（p-d 的 EDS）。在 650℃的形貌图上可以清楚地看到硫酸锰颗粒表面的细小而不规则的 Fe_2O_3 颗

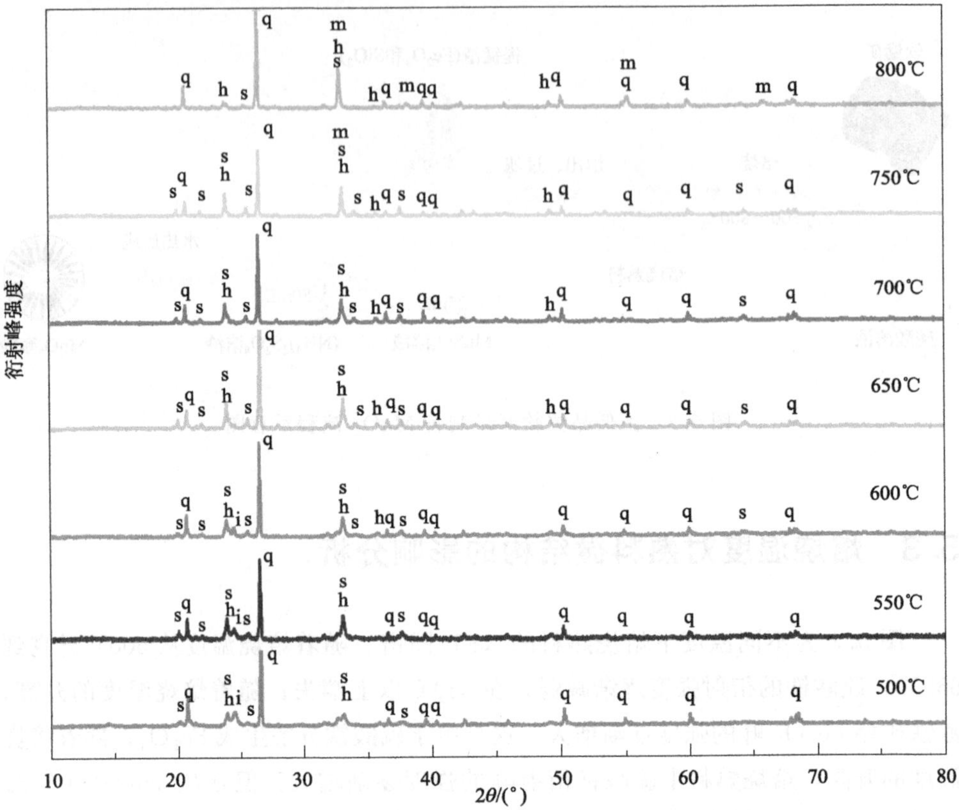

图 5.3 不同温度焙烧熟料 XRD 图

h—Fe_2O_3；i—$Fe_2(SO_4)_3$；m—Mn_2O_3；q—SiO_2；s—$MnSO_4$

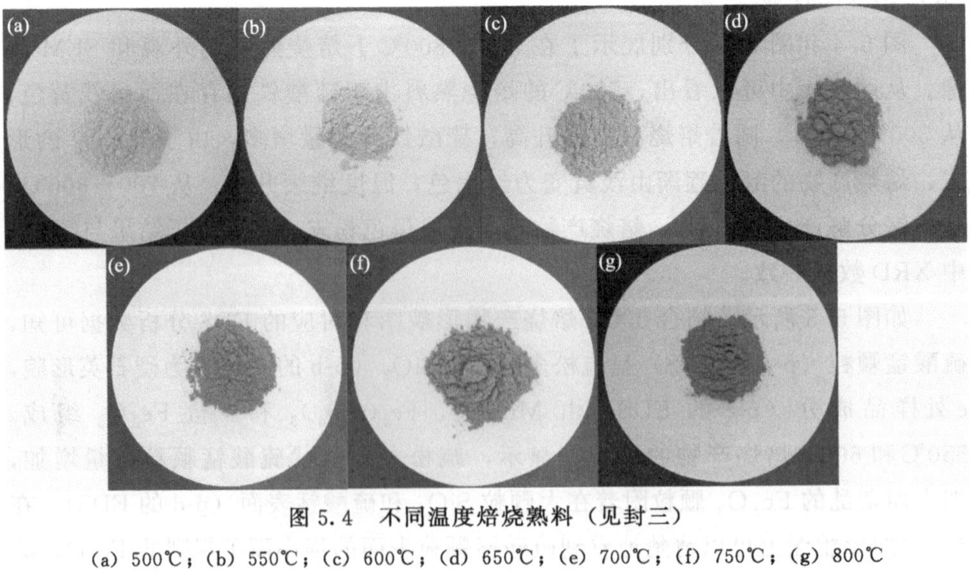

图 5.4 不同温度焙烧熟料（见封三）

(a) 500℃；(b) 550℃；(c) 600℃；(d) 650℃；(e) 700℃；(f) 750℃；(g) 800℃

粒（p-e 的 EDS）。在 750℃和 800℃焙烧温度下，p-f 和 p-g 的 EDS 数据显示有 Mn_2O_3 的生成。其中 f 处样品表面成分（p-f 的 EDS）由 $MnSO_4$、Fe_2O_3、SiO_2 和 Mn_2O_3 组成；p-g 样品表面成分（p-g 的 EDS）由 Fe_2O_3、SiO_2 和 Mn_2O_3 组成。此处的 SEM 和 EDS 数据分析结果与上述 XRD 图谱一致。

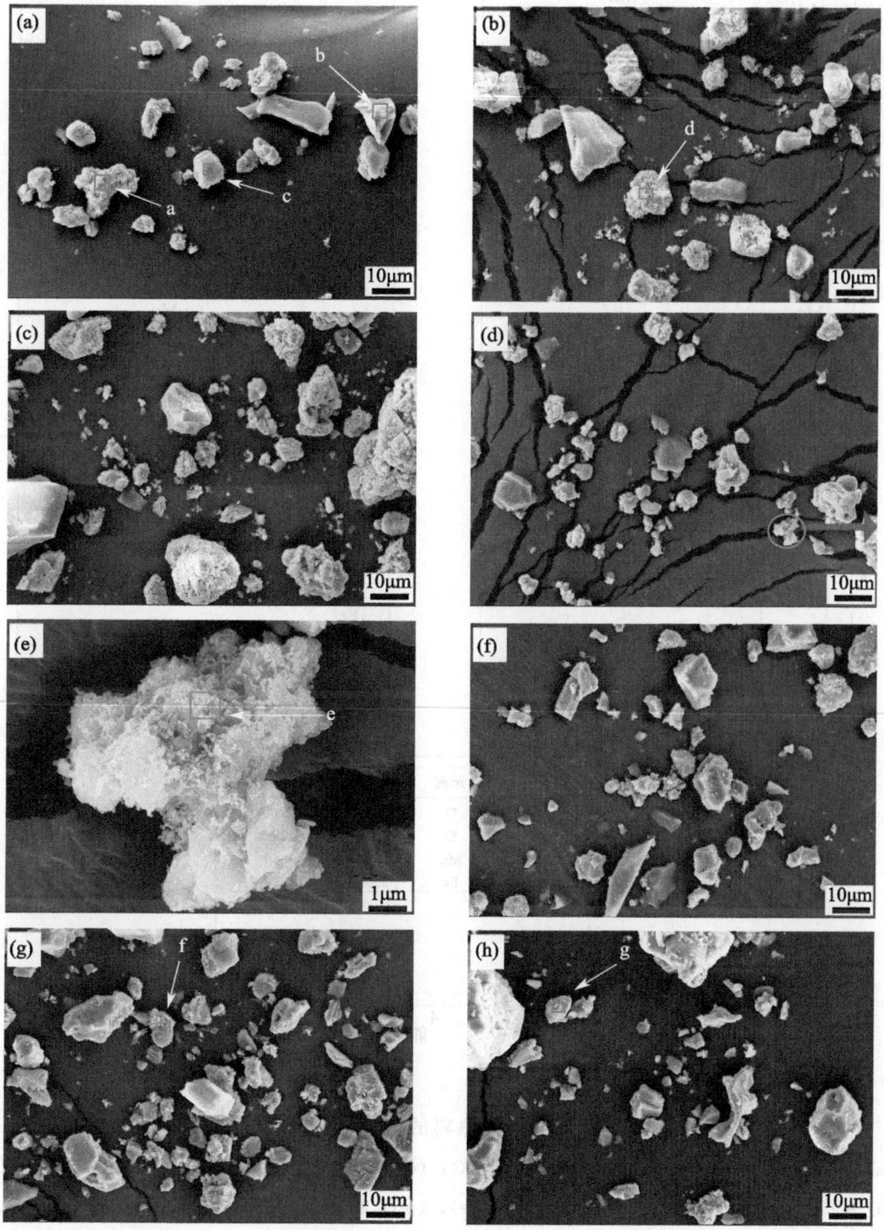

图 5.5

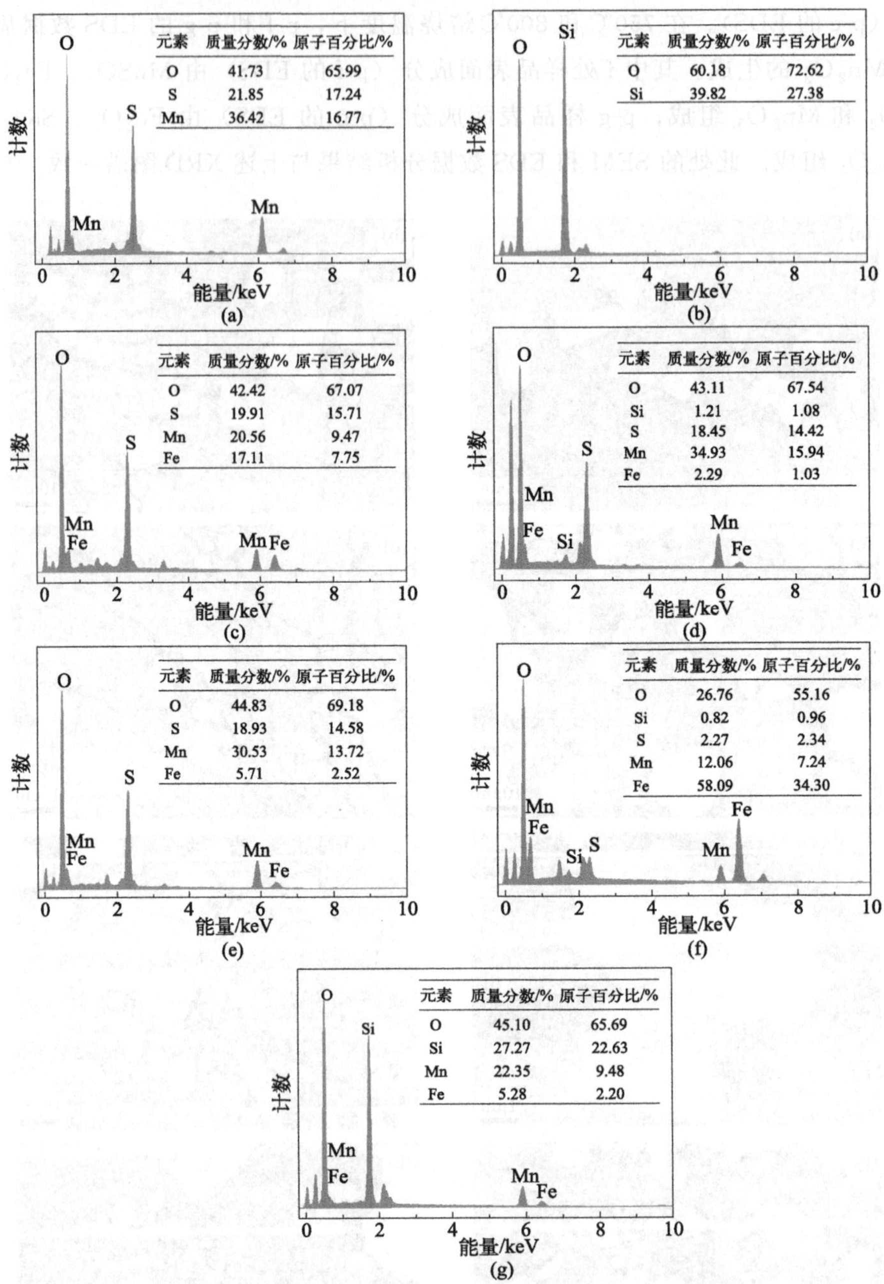

图 5.5 不同温度焙烧熟料的 SEM 图和 EDS 能谱图

(a) 500℃；(b) 550℃；(c) 600℃；(d) 650℃；(e) 650℃局部放大图；(f) 700℃；(g) 750℃；(h) 800℃；(p-a)、(p-b)、(p-c)、(p-d)、(p-e)、(p-f) 和 (p-g) 分别为对应点 a、b、c、d、e、f 和 g 的 EDS 能谱图

表 5.1 列出了软锰矿和硫酸在不同焙烧温度所得焙烧熟料溶出液的各项物性参数。表中 C_{Mn} 为溶出液中锰离子质量浓度；C_{Fe} 为溶出液中铁离子质量浓度。焙烧温度分别为 500℃、550℃、600℃、650℃、700℃、750℃和 800℃。从表中数据可明显看出，在 500～800℃范围内，随焙烧温度的升高，溶出液的 pH 值增大。这可归因于高温能促进焙烧熟料中硫酸及硫酸盐的分解，对应的与过硫酸铵混合后溶液 pH 值也逐渐增大，但均为酸性溶液。随焙烧温度的升高，溶出液中铁离子质量浓度逐渐降低，这是硫酸铁分解的缘故。锰离子质量浓度呈先增大后减小的趋势，这是由于在高温时硫酸锰分解的缘故。当焙烧温度为 600℃时，熟料溶出液中锰离子质量浓度达到最大值，28.79g・L^{-1}。这与上述 XRD 和 SEM 结果分析一致。

表 5.1　不同焙烧温度熟料溶出液的物性参数

焙烧温度/℃	溶出液 pH 值	溶出液 C_{Mn}/g・L^{-1}	溶出液 C_{Fe}/g・L^{-1}	溶出液与过硫酸铵混合后溶液 pH 值
500	1.72	16.30	1.7900	2.08
550	1.90	20.55	0.9380	2.36
600	2.27	28.79	0.1966	2.52
650	3.14	27.37	0.0513	2.95
700	3.44	23.01	0.0166	3.26
750	4.54	21.36	0.0148	4.02
800	5.06	17.20	0.0087	4.25

5.4　熟料溶出液水热法制备铁掺杂 MnO_2 的微结构研究

将上述不同焙烧温度所得熟料溶出液制备的铁掺杂 MnO_2 产物分别命名为 MnO_2-500、MnO_2-550、MnO_2-600、MnO_2-650、MnO_2-700、MnO_2-750 和 MnO_2-800。

图 5.6 显示了不同 MnO_2 产物的 XRD 衍射谱图。与标准卡片比对可知，MnO_2-500、MnO_2-550 和 MnO_2-600 的所有衍射峰均可指标化为 γ-MnO_2（JCPDS No. 44-0142，a＝9.372Å，b＝2.851Å 和 c＝4.471Å）。位于 22.0°，36.9°，42.2°和 55.8°处的四个衍射峰分别对应于（101）、（210）、（211）和（212）晶面。所得铁掺杂 MnO_2 产物的所有衍射峰呈现宽而低强度特征，表明所制备的样品结晶度低或无定型。非晶态结构晶格能小，有利于电化学反应

中质子的插入和释放。然而，MnO_2-650、MnO_2-700、MnO_2-750和MnO_2-800的所有衍射峰均与β-MnO_2的标准卡片（JCPDS No. 24-0735，$a=b=4.400Å$，$c=2.874Å$）密切吻合，且无杂峰。位于28.7°、37.3°、42.8°、56.7°、59.4°、64.8°和72.4°处的强衍射峰分别为（110）、（101）、（111）、（211）、（220）、（002）和（112）晶面，表明所合成的MnO_2结晶度良好。以上结果表明，以软锰矿为原料，所制备的MnO_2样品由γ相和β相组成，焙烧熟料溶出液中的铁质量浓度影响MnO_2产物的晶体结构。

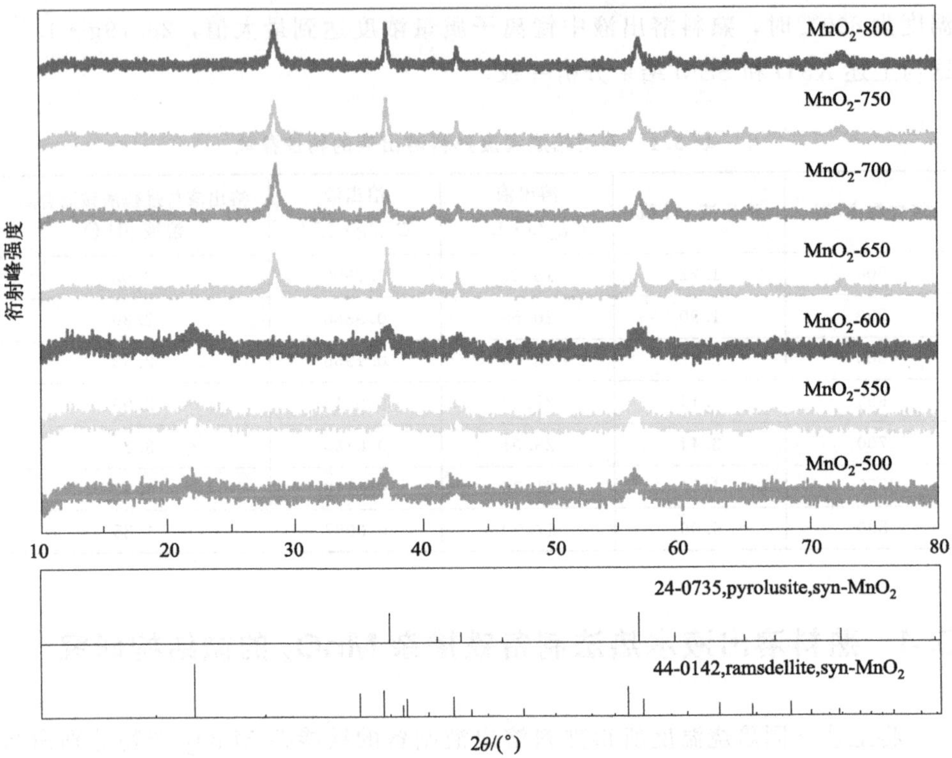

图 5.6 不同MnO_2产物XRD谱图

不同MnO_2产物的形貌和微观结构如图5.7所示。如图5.7(a)、(b-1)和(c)所示，MnO_2-500、MnO_2-550和MnO_2-600为直径约0.5～2μm的微球。从破碎的球壳放大图[图5.7(b-2)]中可以看出，所制备的产物为空心结构，空腔较大，内壁光滑。它们的外壳由纳米棒组成，内部中空的微球壁厚约为207.7nm。从图5.7(d)～(g)所示的SEM图像可以清楚地看到，MnO_2-

650、MnO_2-700、MnO_2-750 和 MnO_2-800 主要由纳米棒结构组成。这是由于随着焙烧温度的升高，熟料溶出液中的铁离子质量浓度降低，球形结构破坏。不同温度焙烧熟料溶出液所制备的样品均呈相似的棒状，分布均匀。β-MnO_2 纳米棒的直径和长度分别为 50～100nm 和 0.5～2μm。然而，γ-MnO_2 样品微球中纳米棒尺寸相对较小，直径约为 50nm，长度约为 200nm。此结果与上述 XRD 分析结果一致。γ-MnO_2 和 β-MnO_2 之间存在着显著的形态差异，说明焙烧熟料溶出液中铁离子质量浓度对 MnO_2 纳米材料的形貌构建起着重要作用。

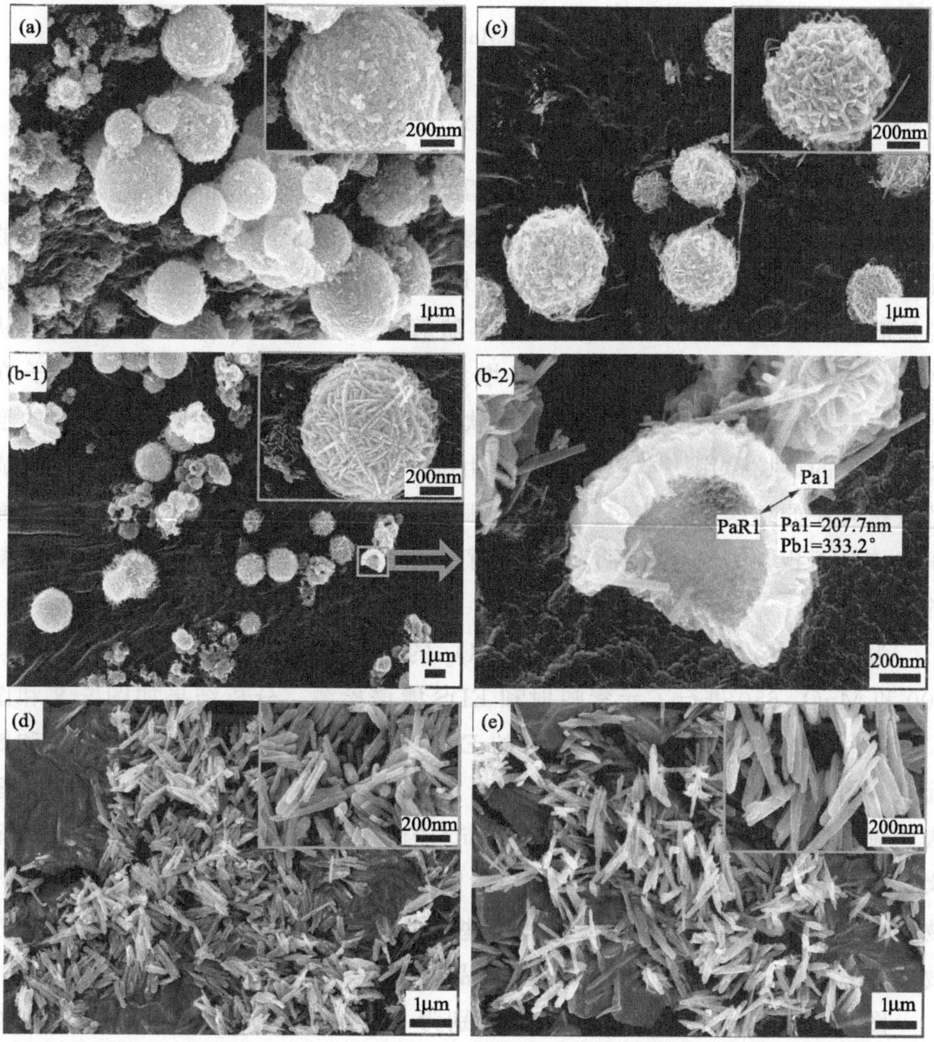

图 5.7

图 5.7　不同 MnO_2 产物 SEM 图

(a) MnO_2-500；(b-1) 和 (b-2) MnO_2-550；(c) MnO_2-600；(d) MnO_2-650；

(e) MnO_2-700；(f) MnO_2-750；(g) MnO_2-800℃

通过对比图 5.7(a)、(b-1)和(c)可看出，MnO_2-500、MnO_2-550 和 MnO_2-600 的形貌有一定不同。MnO_2-500 微球样品表面除了棒状外，还有不规则的圆片状聚集；MnO_2-550 样品表面致密均匀；MnO_2-600 样品表面结构开始变得松散。对比图 5.7(d)～(g)发现，随着焙烧温度的升高，所得样品从 MnO_2-650 到 MnO_2-800 尺寸稍有增大趋势。以上结果表明，铁离子在 MnO_2 产物球形形貌构筑上不仅起到软模板的作用，而且对 MnO_2 产物的形态有明显的调控作用。空心纳米微球由细小的纳米棒组成，这些纳米棒形成了致密有序的结构。这些短棒之间有很多空隙，细小的孔洞具有较大的表面积和接触面积，为氧化还原反应提供了大量的空间，这有利于提高活性材料的利用率。

为了进一步了解 γ-MnO_2 和 β-MnO_2 的组成和元素分布，对产物 MnO_2-500 和 MnO_2-650 进行了元素映射和 EDS 能谱检测，分析结果如图 5.8 和图 5.9 所示。图 5.8(b) 和图 5.9(b) 的 EDS 图像显示了样品中含有氧、锰和铁元素。图 5.8(a)、(c)、(d)、(e) 和图 5.9(a)、(c)、(d)、(e) 的元素映射图表明氧、锰和铁元素在每个样品中分布均匀。图 5.8(e) 的 EDS 分析结果证实，产物 MnO_2-500 中锰、氧元素质量比为 56.63∶37.48；图 5.9(e) 显示产物 MnO_2-650 中为 65.17∶33.99。这些结果与 MnO_2 化学计量非常相似。产物 MnO_2-650 中铁含量低于 500℃的样品，这与表 5.1 中数据一致。

图 5.10(a)、(b)、(d) 和 (e) 分别为 MnO_2-500 和 MnO_2-650 样品颗粒的 TEM 图像。图中清楚地揭示了在 γ-MnO_2 和 β-MnO_2 粒子的内部结构，这些

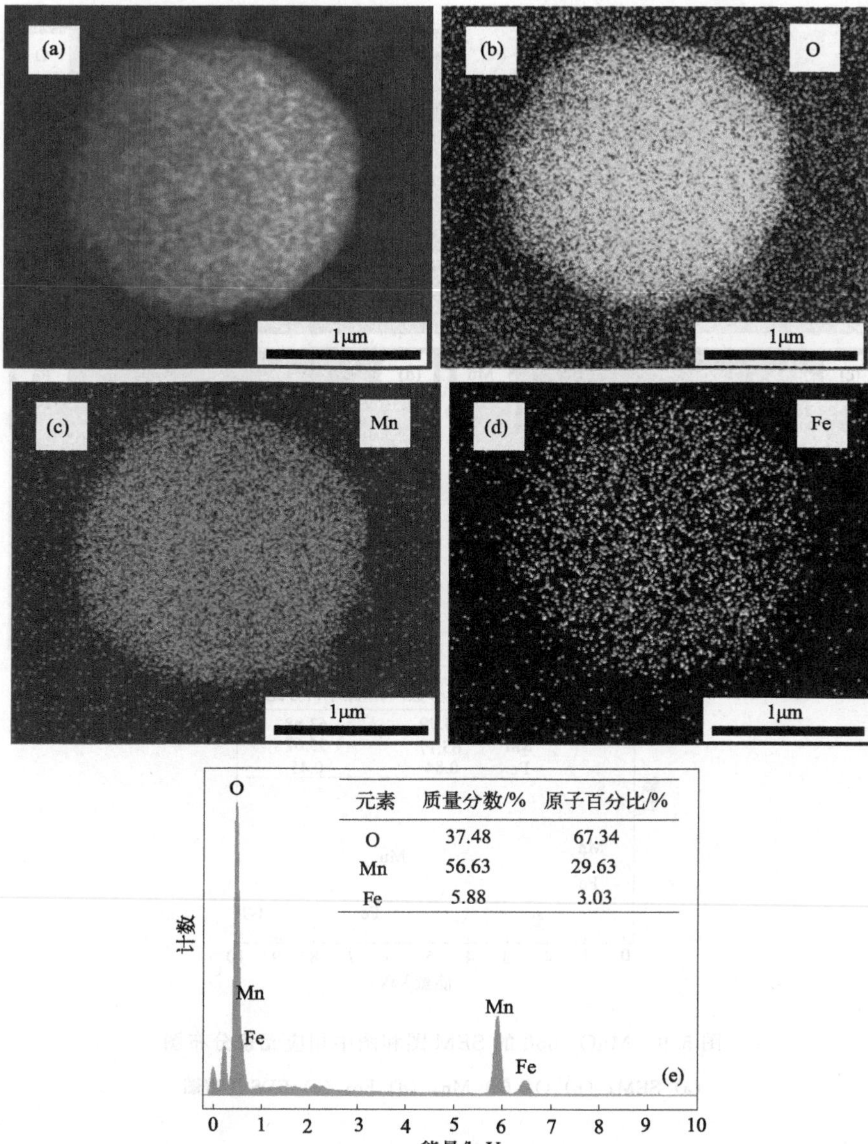

图 5.8　MnO_2-500 的 SEM 图和图中相应元素分布图

(a) SEM；(b) O；(c) Mn；(d) Fe；(e) EDS 能谱图

结果与图 5.7(a) 和(d) 所观察到的 SEM 显微图一致。两样品对应的高分辨率透射电镜（HRTEM）图像如图 5.10(c) 和 (f) 所示。可以清楚地看到 γ-MnO_2 和 β-MnO_2 的晶格间距分别为 0.24nm 和 0.31nm，分别与（210）晶面和（110）晶面相匹配，这与 XRD 分析结果一致。

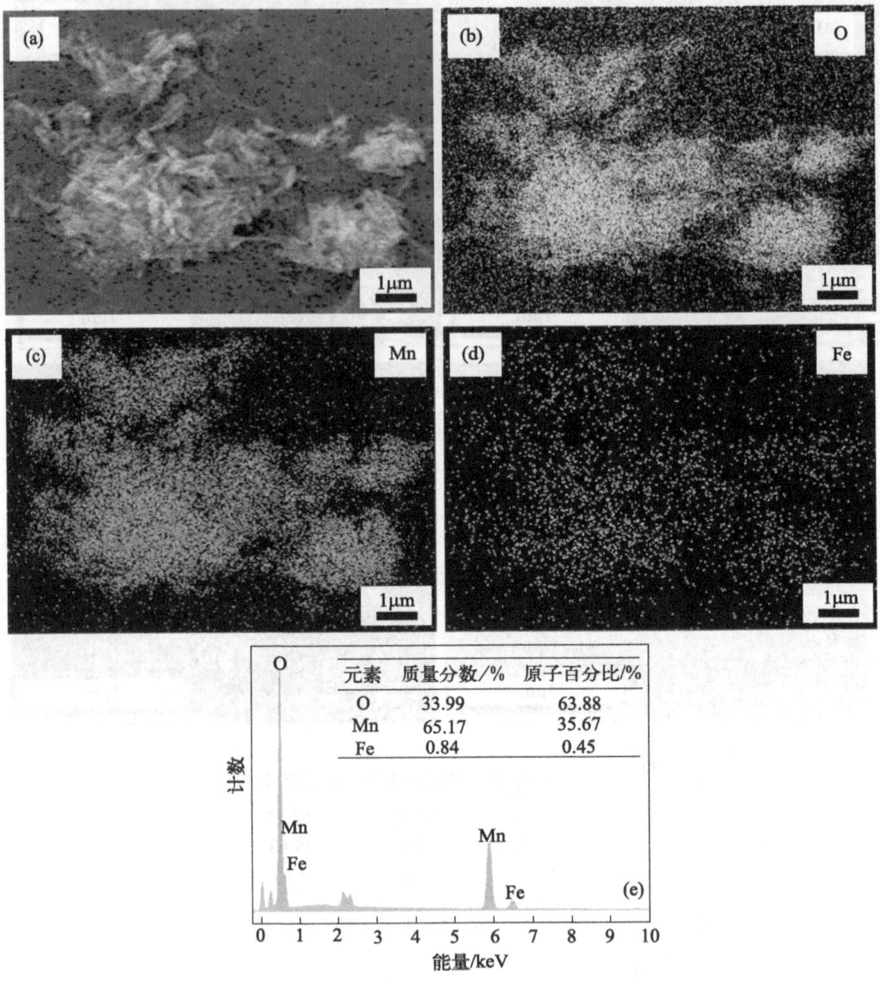

图 5.9 MnO_2-650 的 SEM 图和图中相应元素分布图

(a) SEM；(b) O；(c) Mn；(d) Fe；(e) EDS 能谱图

为了进一步了解所制备的 γ-MnO_2 和 β-MnO_2 样品的表面化学成分和 Mn 的精确价态，进行了 X 射线光电子能谱（XPS）分析。结果如图 5.11 和图 5.12 所示。图 5.11(e) 和图 5.12(e) 分别显示了 MnO_2-500 和 MnO_2-650 样品的全谱。在 0～1000eV 能量范围内，显示了锰、氧和碳元素的特征峰，且两样品全谱数据的谱图形状和结合能相似。基于全谱数据，检测了 Mn 2p、Mn 3s、O 1s 和 C 1s 的高分辨率光谱。如图 5.11(a) 所示，Mn 2p 谱图在 641.9eV 和 653.8eV 处有两个特征峰，分别与 Mn $2p_{3/2}$ 和 Mn $2p_{1/2}$

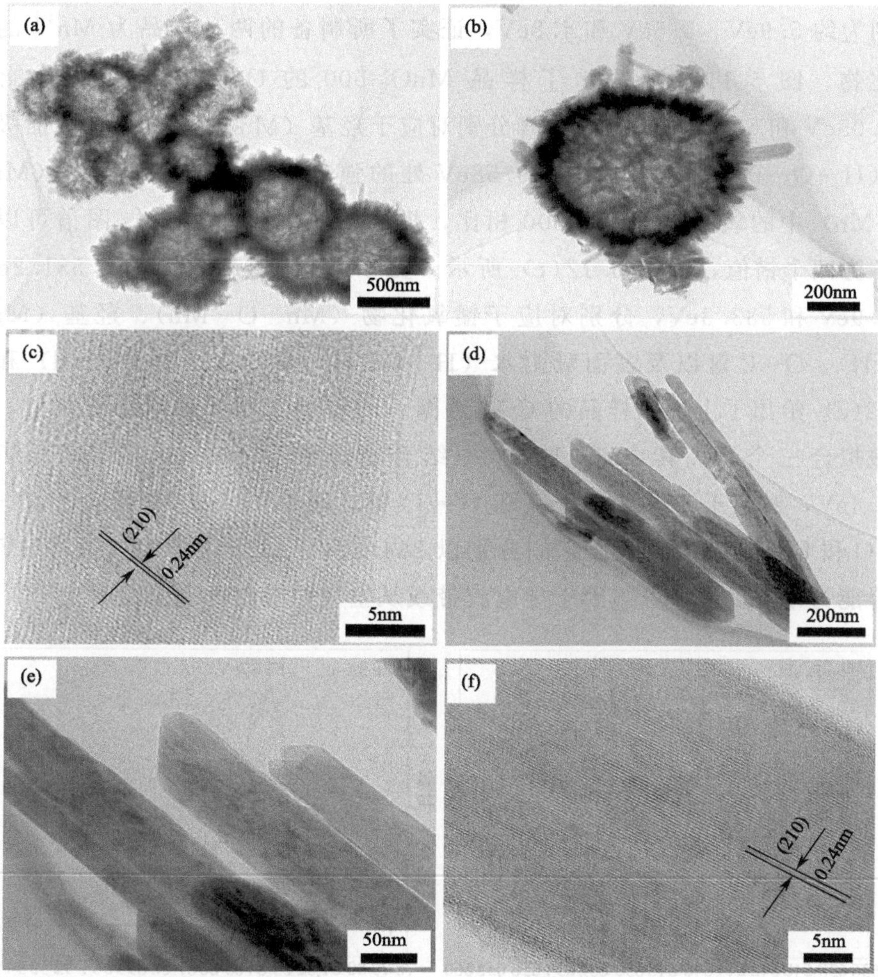

图 5.10　MnO_2 产物的 TEM 图

(a) 和 (b) MnO_2-500 的 TEM 图；(c) MnO_2-500 的 HRTEM 图；(d) 和 (e) MnO_2-650 的 TEM 图；(f) MnO_2-650 的 HRTEM

的结合能一致，二者的结合能相差 11.9eV。图 5.12(a) 的谱图形状和结合能与之相似，谱峰分别出现在 641.4eV 和 653.3eV 处，两谱峰间的能量差也为 11.9eV，这与之前关于 MnO_2 的报道一致。然而，仅靠 Mn 2p 的结合能很难确定锰的确切价态，因为 Mn^{2+}、Mn^{3+}、和 Mn^{4+} 具有相似的结合能。Mn 3s 核级谱的两峰之间能量差可以作为 Mn 氧化态的鉴定指标。根据图 5.11(b) 和图 5.12(b) 中数据可知，两样品的 Mn 3s 的两峰间能量差分别是 4.68eV 和 4.78eV。由于 Mn^{2+}、Mn^{3+} 和 Mn^{4+} 的 Mn 3s 两峰间能量差分别为约 5.9eV、5.5eV 和 4.8eV，证实了所制备的两种样品为 Mn^{4+} 的锰氧化物。图 5.11(c) 显示了样品 MnO_2-500 的 O 1s 图谱。结合能在 531.05eV 和 532.66eV 处的谱峰分别对应于羟基（Mn—O—H）和表面吸附水（H—O—H）中的氧；在 529.58eV 处的强峰可归属于锰氧化物（Mn—O—Mn）中的氧。与 MnO_2-500 相比，样品 MnO_2-650 的 O 1s 图谱可以被分解为四个谱值，如图 5.12(c) 所示。其中心分别为 528.9eV、531.2eV、531.9eV 和 533.3eV，分别对应于锰氧化物（Mn—O—Mn）、羟基（Mn—O—H）、O—C 键以及表面吸附水（H—O—H）中的氧。图 5.11(d) 和图 5.12(d) 给出了上述两样品的 C 1s 谱图。两者谱图形状和结合能相似，均可被拟合三个峰。其中 5.11(d) 中结合能分别为 284.6eV、286.1eV 和 288.4eV，对应于 C—C、C—O 和 C ═O 键。图 5.12(d) 中对应于 C—C、C—O 和 C ═O 键的贡献。它们分别以 284.6eV、286.17eV 和 288.58eV 的结合能为中心。C 峰可归因于导电胶带或从空气中吸附的二氧化碳。

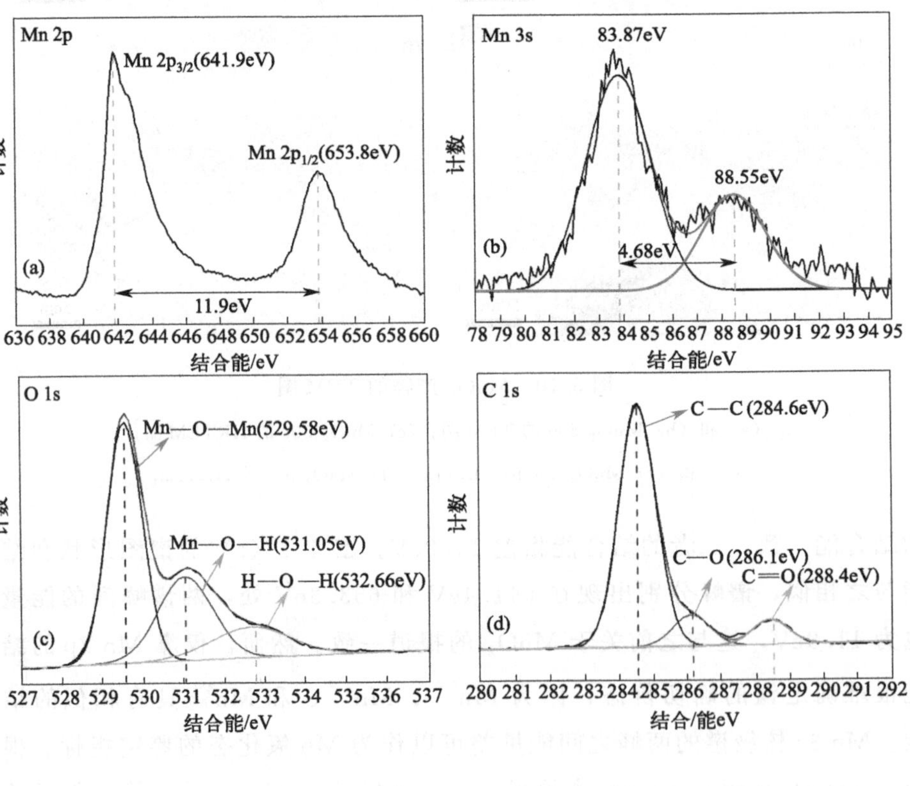

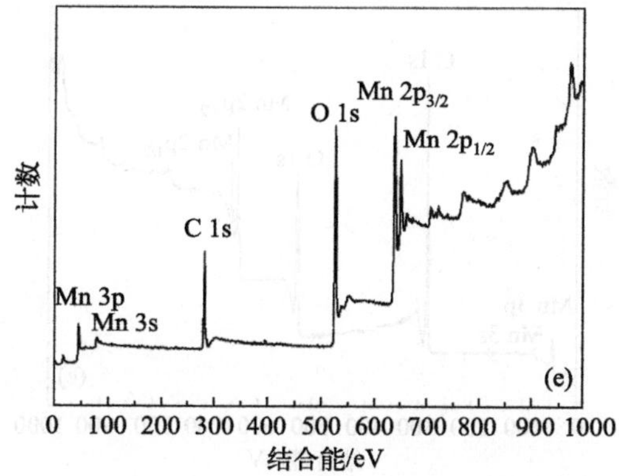

图 5.11　MnO_2-500 的 XPS 光谱图

(a) Mn 2p 谱图；(b) Mn 3s 谱图；(c) O 1s 谱图；(d) C 1s 谱图；(e) 全谱

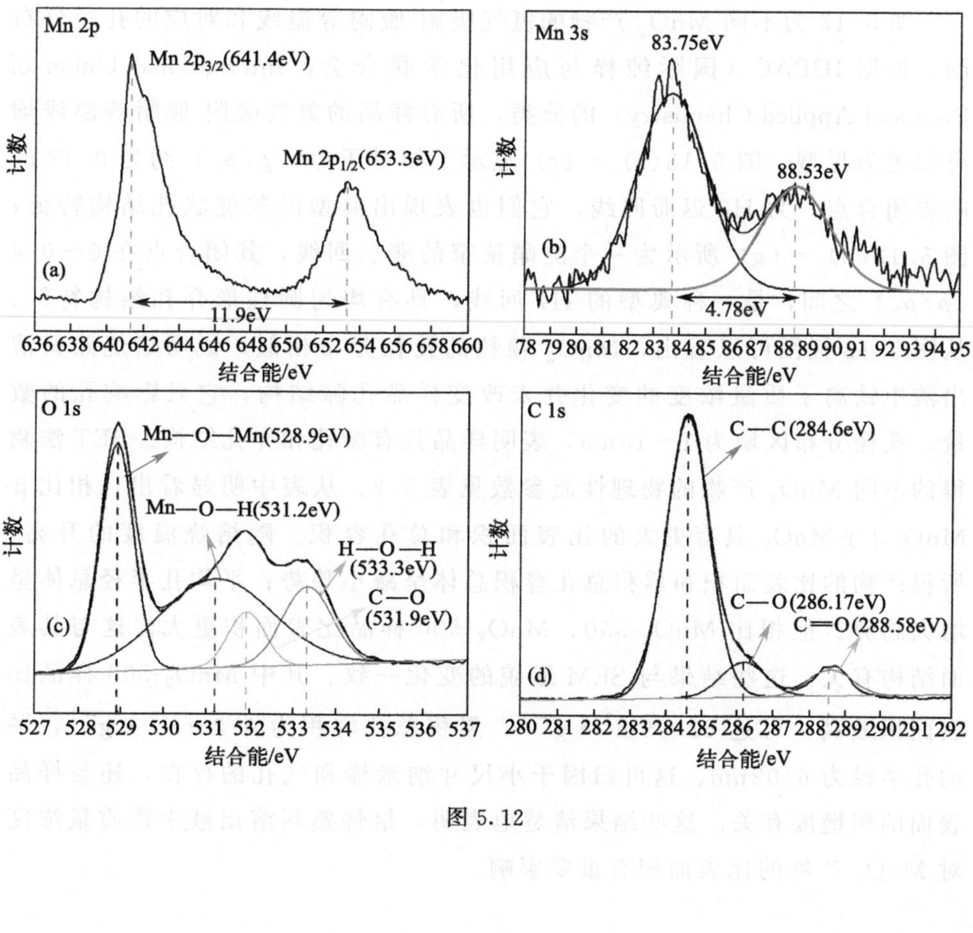

图 5.12

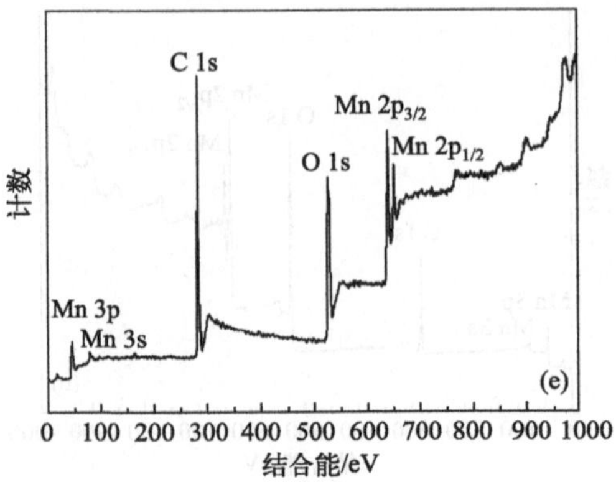

图 5.12 MnO_2-650 的 XPS 光谱图

(a) Mn 2p 谱图；(b) Mn 3s 谱图；(c) O 1s 谱图；(d) C 1s 谱图；(e) 全谱

图 5.13 为不同 MnO_2 产物的氮气吸附-脱附等温线和对应的孔径分布图。根据 IUPAC（国际纯粹与应用化学联合会，International Union of Pure and Applied Chemistry）的分类，所有样品的氮气吸附-脱附等温线均可归类为Ⅳ型。图 5.13(a) ～(c) 显示了相对压力（p/p_0）约为 0.42 的临界闭合点，为 H3 迟滞回线，它们也表现出典型的狭缝状孔结构特征；图 5.13(d) ～(g) 所示为一个陡峭狭窄的滞后回线，其闭合点在 0～0.4（p/p_0）之间，是一种典型的 H1 回线，具有均匀圆柱形介孔结构特征。从图 5.13 插图可以看出，MnO_2 颗粒的孔径分布相似，说明焙烧熟料溶出液中铁离子质量浓度的变化并未改变样品孔隙结构，它只影响孔的数量。孔径分布区域为 1～10nm，表明样品具有微孔和介孔结构。BET 法测得的不同 MnO_2 产物的物理性质参数见表 5.2。从表中明显看出，相比 β-MnO_2，γ-MnO_2 具有更大的比表面积和总孔容积。随焙烧温度的升高，所得产物的比表面积和累积总孔容积总体呈减小趋势；平均孔半径总体呈增大趋势。但相比 MnO_2-550，MnO_2-600 样品比表面积更大。这与其表面结构有关，这些结果与 SEM 形貌的变化一致。其中 MnO_2-500 样品比表面积最高，可达 $63.39m^2 \cdot g^{-1}$，累积总孔容积为 $0.25cm^3 \cdot g^{-1}$，平均孔半径为 6.02nm。这可归因于小尺寸纳米棒和气孔的存在，还与样品表面的粗糙度有关。这些结果清楚地表明，焙烧熟料溶出液中铁质量浓度对 MnO_2 产物的比表面积有重要影响。

表 5.2　不同 MnO_2 产物的比表面积及相关数据

样品	比表面积/$m^2\cdot g^{-1}$	累积总孔容积/$cm^3\cdot g^{-1}$	平均孔半径/nm
MnO_2-500	69.39	0.25	6.02
MnO_2-550	37.23	0.12	6.29
MnO_2-600	45.96	0.16	6.97
MnO_2-650	17.94	0.09	6.32
MnO_2-700	13.80	0.06	6.45
MnO_2-750	12.35	0.04	6.52
MnO_2-800	10.77	0.04	7.45

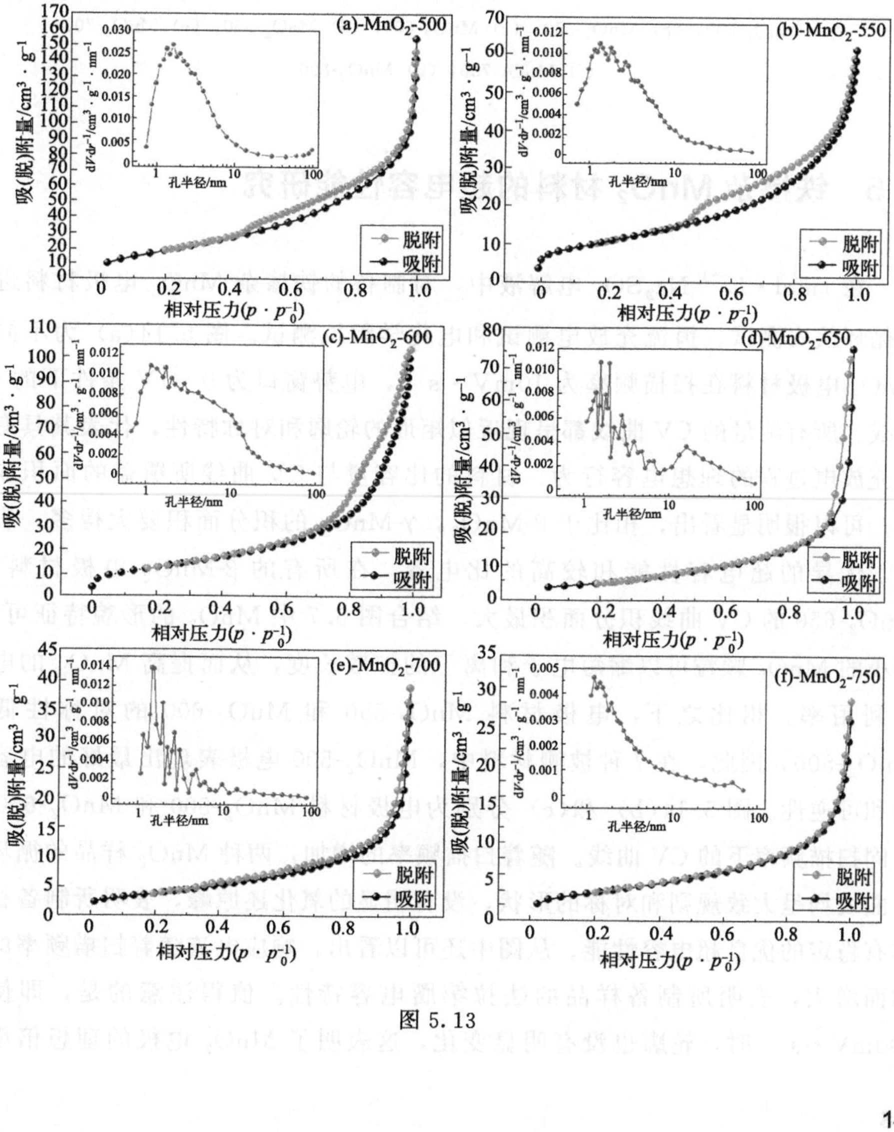

图 5.13

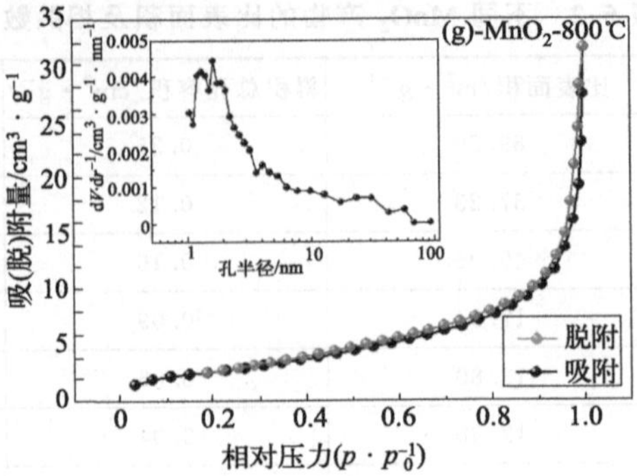

图 5.13 不同 MnO_2 产物的氮气吸附-脱附等温线和孔径分布

(a) MnO_2-500；(b) MnO_2-550；(c) MnO_2-600；(d) MnO_2-650；(e) MnO_2-700；(f) MnO_2-750；(g) MnO_2-800

5.5 铁掺杂 MnO_2 材料的超电容性能研究

在 $1mol\cdot L^{-1}$ Na_2SO_4 电解液中，对制备的铁掺杂 MnO_2 电极材料进行了循环伏安测试、恒流充放电测试和电化学阻抗测试。图 5.14(a) 为不同的 MnO_2 电极材料在扫描频率为 $10mV\cdot s^{-1}$，电势窗口为 0～1V 条件下的 CV 曲线。所有测量的 CV 曲线都呈现近似矩形的轮廓和对称特性，代表其具有快速充放电过程的理想电容行为。材料的比容量与 CV 曲线所覆盖的面积成正比。可以很明显看出，相比于 β-MnO_2，γ-MnO_2 的积分面积要大得多，表现出了优异的超电容性能和较高的比电容。在所有的 β-MnO_2 电极材料中，MnO_2-650 的 CV 曲线积分面积最大。结合图 5.7 中 MnO_2 的形貌特征可知，较小的 MnO_2 颗粒可以缩短电子和离子的扩散长度，从而提高 MnO_2 的电化学利用率。相比之下，电极材料 MnO_2-550 和 MnO_2-600 的对称性低于 MnO_2-500，因此，在 7 种被测材料中，MnO_2-500 电极表现出最好的电容性能和可逆性。图 5.14(b) 和(c) 分别为电极材料 MnO_2-500 和 MnO_2-650 在不同扫描频率下的 CV 曲线。随着扫描频率的增加，两种 MnO_2 样品的循环伏安曲线均呈大致规则和对称的形状，没有明显的氧化还原峰，表明所制备材料具有稳定的优良超电容性能。从图中还可以看出，响应电流随着扫描频率的增加而增大，表明所制备样品的法拉第赝电容特性。值得注意的是，即使在 $100mV\cdot s^{-1}$ 时，轮廓也没有明显变化，这表明了 MnO_2 电极的理想倍率性能。作为超级电容电极材料，锰氧化物纳米材料的电荷存储机理有两种类型。第一个来源于电解质阳离子（$M=H^+$，Li^+，Na^+，K^+）在 MnO_2 电极表面的表面吸附/解吸过程的概念，如式(5-2) 所示，这种机理在非晶态 MnO_2 中较常见；第二种机理源于在氧化还原过程中，电解质阳离子在 MnO_2 颗粒中的嵌入和脱出。其反应方程式如式(5-3) 所示，这种机理可能在结晶 MnO_2 中占主导地位。

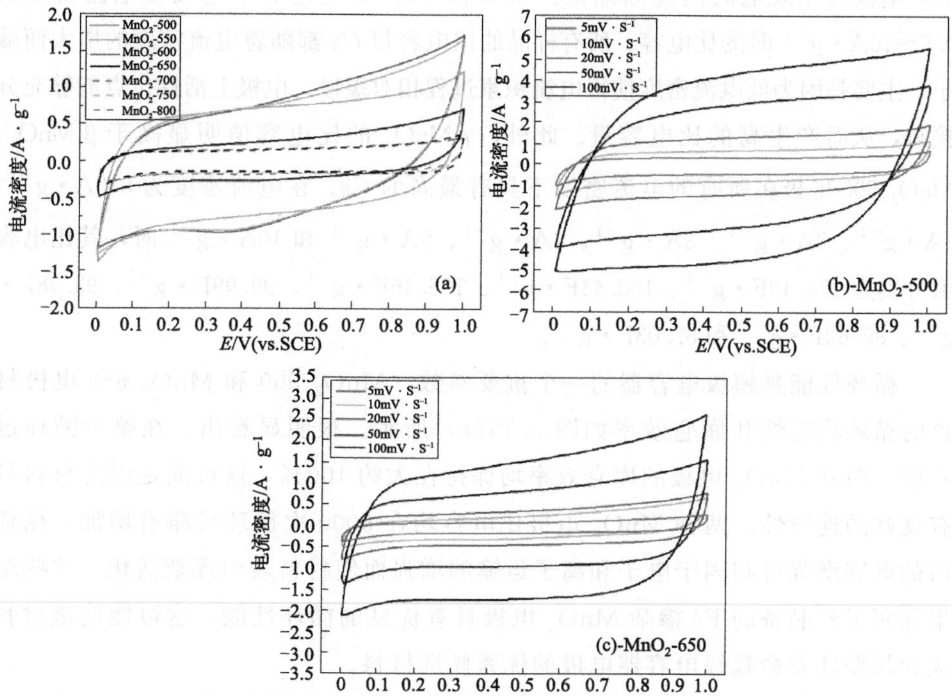

图 5.14　产物 MnO_2 的 CV 曲线

(a) 不同 MnO_2 电极在扫描频率为 $10mV \cdot s^{-1}$ 下的 CV 曲线；(b) MnO_2-500 在不同扫描频率下的 CV 曲线；(c) MnO_2-650 在不同扫描频率下的 CV 曲线

$$(MnO_2)_{surface} + M^+ + e^- \rightleftharpoons (MnO_2^- M^+)_{surface} \tag{5-2}$$

$$(MnO_2) + M^+ + e^- \rightleftharpoons MnOOM \tag{5-3}$$

为了进一步研究所制备的铁掺杂 MnO_2 电极材料的充放电性能，在恒电流密度为 $0.5A \cdot g^{-1}$，电势窗口为 0～1V 的条件下，对上述 7 个样品进行了 GCD 测试。从图 5.15(a) 中可以看出，所有的曲线是近似线性和对称的，这进一步表明，所有电极具有规则的充放电电容行为和良好的可逆性。曲线有一个轻微的弯曲，这源于赝电容和双电层贡献。在相同的电流密度下，相比于 β-MnO_2，γ-MnO_2 充放电时间要长得多，这与图 5.14(a) 中 CV 曲线的电流响应规律一致。MnO_2-500 电极充放电时间最长，这是因为其比表面积更大，电化学反应活性位点更多。图 5.15(b) 和 (c) 分别给出了 MnO_2-500 和 MnO_2-650 电极材料在不同电流密度下的 GCD 曲线。在不同的电流密度下，两个 MnO_2 电极都有良好的线性和对称的电位变化。当电流密度从 $0.5A \cdot g^{-1}$ 增加到 $10A \cdot g^{-1}$ 时，电极的充放电时间逐渐缩短。图 5.15 (d) 为上述 7 个电极在电流密度为 $0.5 \sim 10A \cdot g^{-1}$ 时的比电容。所有样品的比电容量 Cs 都随着电流密度的增大而减小，主要是因为低电流密度使得电流积累过程相对缓慢，电极上活性位点能够充分接触，从而产生高的比电容量。此外，γ-MnO_2 的比电容值明显高于 β-MnO_2，MnO_2-500 电极在所有的电流密度下具有最高的 Cs。在电流密度为 $0.5A \cdot g^{-1}$、$1A \cdot g^{-1}$、$2A \cdot g^{-1}$、$3A \cdot g^{-1}$、$4A \cdot g^{-1}$、$5A \cdot g^{-1}$ 和 $10A \cdot g^{-1}$ 时，其比电容值分别为 $174.10F \cdot g^{-1}$、$130.44F \cdot g^{-1}$、$106.46F \cdot g^{-1}$、$99.99F \cdot g^{-1}$、$93.98F \cdot g^{-1}$、$89.62F \cdot g^{-1}$ 和 $82.03F \cdot g^{-1}$。

循环性能是超级电容器的一个重要参数，MnO_2-500 和 MnO_2-650 电极材料的循环稳定性和库仑效率如图 5.15(e) 所示。很明显看出，在整个循环过程中，两种 MnO_2 电极的库仑效率均保持在大约 100%，这可能是因为材料具有良好的连通性。两种 MnO_2 电极比电容均在 5000 次循环后略有增加，循环后的电容增强可归因于电子和离子运输的增强而使材料表面逐渐活化。这些结果证实了所制备的 Fe 掺杂 MnO_2 电极具有优良的循环性能，这可能使该材料成为长循环寿命超级电容器电极的优秀候选材料。

为了清楚地评价电阻性，对不同电极进行了 EIS 测试，图 5.15(f) 为不同铁掺杂 MnO_2 的电化学阻抗图谱。曲线包括两部分：位于高频区域的小半圆弧和位于低频区域的斜线，可通过对应的等效电路进行拟合，如图 5.15(f) 插图所示。其中 R_s 为溶液电阻，R_{ct} 为电荷转移电阻，CPE 为双电层电容，Z_w 为瓦尔堡阻抗。实轴处截距为 R_s，半圆的直径对应 R_{ct}。从图中数据可知 MnO_2-500、MnO_2-550、MnO_2-600 和 MnO_2-650 电极的 R_s 值分别为 2.18Ω、2.45Ω、2.49Ω 和 2.35Ω；对应的 R_{ct} 值分别为 0.34Ω、0.36Ω、0.35Ω 和 0.51Ω。MnO_2-500 电极的 R_s 和 R_{ct} 值最小，与其他样品相比，其直线最陡，结果表明，它具有最小的内阻和最小的扩散电阻，说明它具有潜在的优良超电容性能。

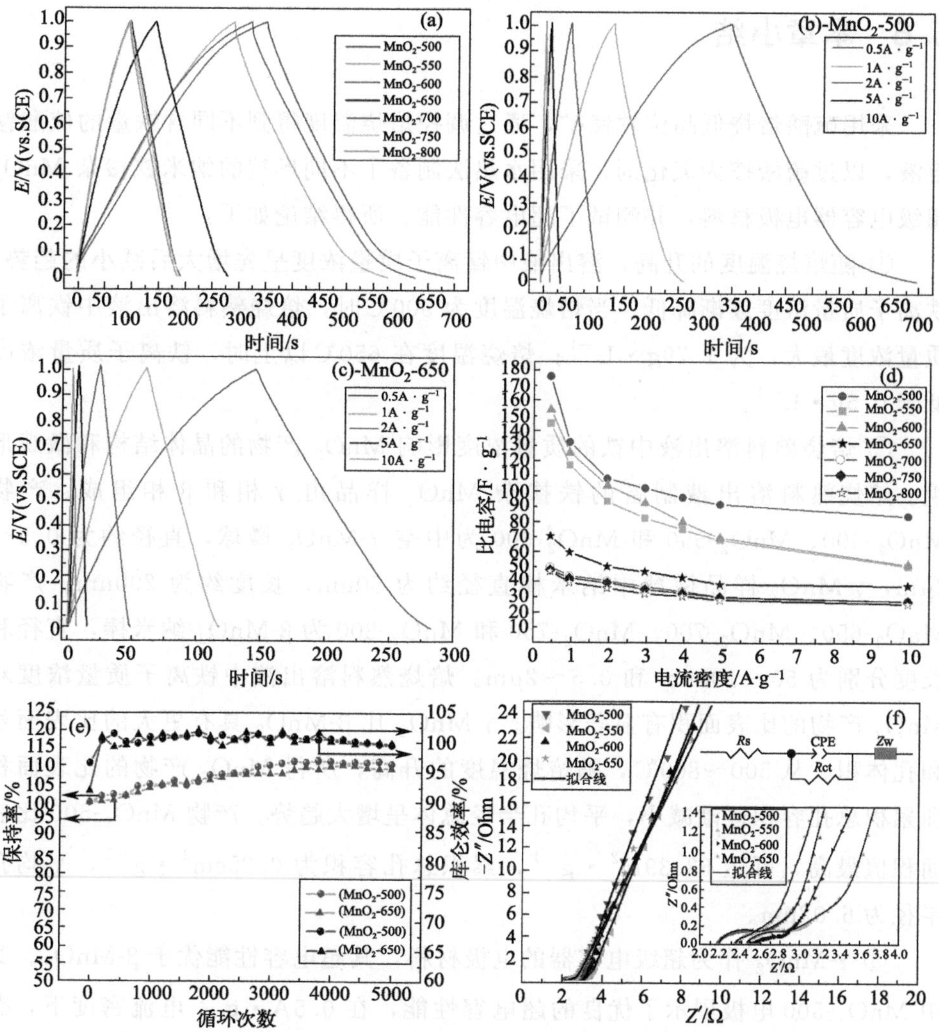

图 5.15　产物 MnO_2 的超电容性能

(a) 不同 MnO_2 电极在电流密度为 $0.5A \cdot g^{-1}$ 时的 GCD 曲线；(b) MnO_2-500 电极在不同电流密度下的 GCD 曲线；(c) MnO_2-650 电极在不同电流密度下的 GCD 曲线；(d) 不同 MnO_2 电极在电流密度为 $0.5 \sim 10A \cdot g^{-1}$ 时的比电容；(e) 在 $2A \cdot g^{-1}$ 条件下，进行 5000 次循环时，MnO_2-500 和 MnO_2-650 电极材料的循环稳定性和库仑效率；(f) 不同 MnO_2 电极的 EIS 曲线，插图为对应的高频区域放大图和等效电路图

5.6 本章小结

采用硫酸焙烧低品位软锰矿，通过调控焙烧温度得到不同含铁量的硫酸锰溶液，以过硫酸铵为氧化剂，采用水热法制备了不同形貌的纳米铁掺杂 MnO_2 超级电容器电极材料，并测试了超电容性能。所得结论如下：

① 随焙烧温度的升高，溶出液中锰离子质量浓度呈先增大后减小的趋势；铁离子质量浓度逐渐降低。当焙烧温度为500℃时，焙烧熟料溶出液中铁离子质量浓度最大，为 $1.79g \cdot L^{-1}$；焙烧温度在650℃以上时，铁离子质量浓度低于 $0.5g \cdot L^{-1}$。

② 焙烧熟料溶出液中铁的质量浓度影响 MnO_2 产物的晶体结构和微观形貌。焙烧熟料溶出液制备的铁掺杂 MnO_2 样品由 γ 相和 β 相组成。产物 MnO_2-500、MnO_2-550 和 MnO_2-600 为中空 γ-MnO_2 微球，直径约为 0.5～2μm，γ-MnO_2 样品微球中纳米棒直径约为 50nm，长度约为 200nm。产物 MnO_2-650、MnO_2-700、MnO_2-750 和 MnO_2-800 为 β-MnO_2 纳米棒，直径和长度分别为 50～100nm 和 0.5～2μm。焙烧熟料溶出液中铁离子质量浓度对 MnO_2 产物的比表面积有显著影响。γ-MnO_2 比 β-MnO_2 具有更大的比表面积和孔体积。从 500～800℃，随焙烧温度的升高，所得 MnO_2 产物的比表面积和累积总孔容积逐渐减小，平均孔半径总体呈增大趋势。产物 MnO_2-500 比表面积值最高，可达 $63.39m^2 \cdot g^{-1}$，累积总孔容积为 $0.25cm^3 \cdot g^{-1}$，平均孔半径为 6.02nm。

③ γ-MnO_2 作为超级电容器的电极材料，其超电容性能优于 β-MnO_2。其中 MnO_2-500 电极展示了优良的超电容性能，在 $0.5A \cdot g^{-1}$ 电流密度下，获得了 $174.10F \cdot g^{-1}$ 的比电容。与其他样品相比，它具有最小的内阻和最小的扩散电阻。在循环 5000 次后，其电极的库仑效率保持率约为 100%，其比电容在 5000 次循环后略有增加，所制备的铁掺杂 MnO_2 电极具有优良的循环性能。

第6章

提锰渣提铁及微波水热法制备纳米 Fe_2O_3 及其超电容性能

提锰渣是提锰过程中产生的固体废弃物。将提锰渣通过筑坝堆存或排入填埋场，不仅占用大面积耕地资源，而且污染环境。提锰渣中主要含有 SiO_2 和 Fe_2O_3，以及少量的锰、铝、钡和锶等元素，具有较高的二次资源综合利用价值。因此，寻求二次资源的高效循环利用途径，开展对提锰渣废弃物的高附加值利用，不仅可以使资源得到有效利用，还可以提高企业的经济效益，减轻对环境的污染，对锰矿资源的优化配置和企业的可持续发展具有重要意义。

Fe_2O_3 是一种重要的金属氧化物，广泛应用于光催化剂、气体传感器、磁性材料、电极材料、涂料、建筑材料、场发射体、吸附净化和生物技术等领域。由于非晶态 Fe_2O_3 具有粒径小、长程无序、分散性好和比表面积大等优点，因此它表现出很多独有的特性，具有巨大的应用前景。近年来，非晶态 Fe_2O_3 的合成得到了极大的发展，研究人员采用不同的方法成功合成了非晶纳米 Fe_2O_3。每种制备方法都有其特点，与传统的加热方式相比，微波加热具有反应效率高、速度快、能耗低和环保等特点。

从国内外研究现状来看，以提锰渣为原料，采用微波水热法制备纳米 Fe_2O_3 的研究，尚未见报道。本章以提锰渣为原料，采用硫酸焙烧提锰渣提取铁，焙烧熟料溶出液为硫酸铁溶液。以提取的硫酸铁溶液为原料，以氨水为沉淀剂，通过微波水热法制备纳米 Fe_2O_3，并对其性能表征。

6.1 提锰渣提铁工艺设计

提铁实验原料为第3章3.6节中所述的提锰渣，根据提锰渣分析结果可知，提锰渣中主要含有 SiO_2 和 Fe_2O_3，含有少量的锰、铝等元素。SiO_2 的质量分数为81.33%，全铁的质量分数为8.91%。

采用硫酸与提锰渣进行焙烧-水浸工艺，提锰渣中的 Fe_2O_3 与硫酸反应生成硫酸铁，而 SiO_2 不与硫酸反应，焙烧后熟料经溶出、过滤分离，硫酸铁以可溶盐形式进入溶液中，滤渣主要成分为 SiO_2，进一步实现铁与硅的有效分离。但如果温度过高，达到硫酸铁分解温度时，硫酸铁会分解成 Fe_2O_3，与硅进入提铁渣中，这不仅影响提铁率，而且难以实现铁与硅的有效分离，因此，需要精确调控焙烧条件，以提高铁的提取率，得到合适的焙烧条件。工艺过程中主要发生的化学反应见式(3-1)、式(3-2)、式(3-4) 和式(3-7)。

为了进一步研究反应机理，对提锰渣与硫酸混合物进行了热分析测试，测试结果如图6.1所示。测试条件为：温度范围 RT～800℃，升温速率为5℃·min^{-1}，酸料质量比5∶1，水酸体积比0.6∶1，测试所用混合物质量21.2mg。结合图6.1中DTG曲线，可看出TG曲线上有5个明显失重阶段，对应差热曲线上的5个吸热反应，将其标记为1～5。反应温度为33.28～83.86℃的第1阶段对应的是混合物料中少量水分的脱除，总失重率为0.93%；2～4阶段主要对应的是硫酸与 Fe_2O_3 的反应以及硫酸的分解反应，失重率分别为12.43%、7.03%和23.50%，反应温度范围分别为86.15～176.19℃，176.19～211.36℃和211.43～282.78℃；第5阶段的反应温度范围为566.56～716.78℃，总失重率为8.78%，该阶段对应的是硫酸铁的分解反应。

提锰渣提铁的实验工艺流程如图6.2所示。首先将去离子水和浓硫酸按一定水酸比混合搅拌后倒入刚玉坩埚中（浓硫酸的加入量根据矿粉中 Fe_2O_3 的质量而定），然后按照一定酸料比称取一定量提锰渣缓慢加入坩埚内，边加入边搅拌，直至混合均匀；将坩埚置于竖式电阻炉内，在电阻炉中按设定控温程序焙烧一定时间，将焙烧熟料随炉冷却降温后取出；最后用去离子水按照一定液固比溶出熟料，将溶出液抽滤，将分离出来的滤渣烘干，溶出液冷却后记录滤液体积并检测其中铁的质量浓度，计算铁的提取率。

实验中以铁的提取率为考察指标。铁的提取率为溶出后滤液中铁的质量与提锰渣中铁的质量的比值。铁的提取率越高，表示铁与硅分离效果越好。铁的提取率由式(3-9) 计算。

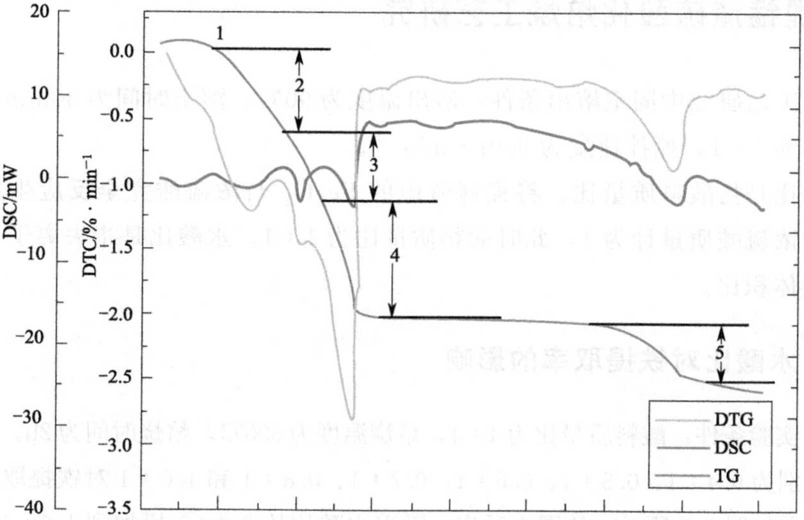

图 6.1　提锰渣焙烧过程的 DSC-TG-DTG 曲线

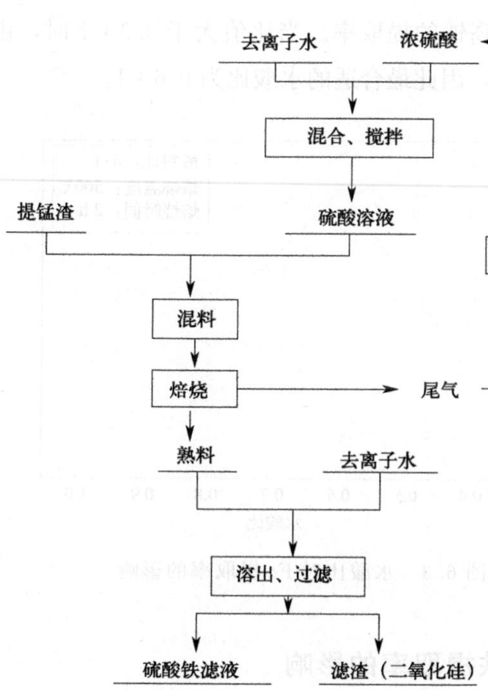

图 6.2　提锰渣硫酸焙烧工艺流程图

6.2 提锰渣硫酸化焙烧工艺研究

焙烧工艺研究中固定溶出条件：溶出温度为 90℃，溶出时间为 30min，溶出液固比为 6∶1，搅拌速度为 $300r \cdot min^{-1}$。

酸料比是指酸料质量比。将提锰渣中的 Fe_2O_3 与浓硫酸完全反应生成盐所消耗的浓硫酸质量计为 1，此时酸料质量比为 1∶1。水酸比是指去离子水与浓硫酸的体积比。

6.2.1 水酸比对铁提取率的影响

固定实验条件：酸料质量比为 4∶1，焙烧温度为 500℃，焙烧时间为 2h，考察水酸比分别为 0.4∶1、0.5∶1、0.6∶1、0.7∶1、0.8∶1 和 1.0∶1 对铁提取率的影响，结果如图 6.3 所示。从图中看出，随着水酸比从 0.4∶1 增加到 1.0∶1，铁的提取率呈先增后减趋势，在 0.6∶1 处达到最大值。由于提锰渣中含有大量的 SiO_2，加入硫酸量是根据所含 Fe_2O_3 质量计算所得，所以液固比较小，加入一定量的水，可以增加体系的流动性和反应物之间的接触面积，从而促进提锰渣中 Fe_2O_3 与硫酸的反应，提高铁的提取率。当比值大于 0.6∶1 时，由于硫酸浓度较低，铁的提取率开始下降，因此最合适的水酸比为 0.6∶1。

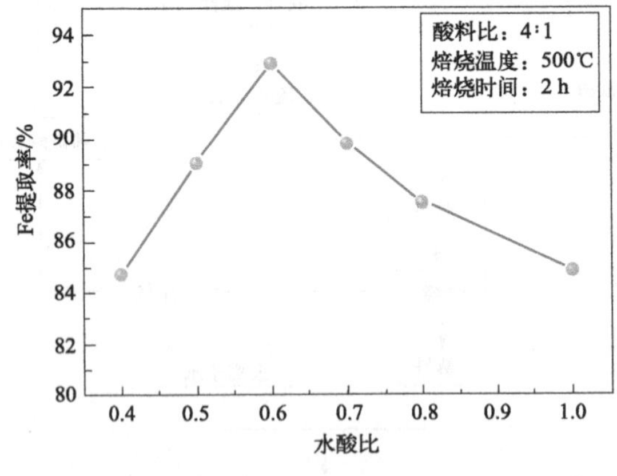

图 6.3 水酸比对 Fe 提取率的影响

6.2.2 焙烧温度对铁提取率的影响

固定实验条件：酸料质量比为 4∶1，水酸比为 0.6∶1，焙烧时间为 2h，考察不同的焙烧温度（250～650℃）对铁提取率的影响，实验结果如图 6.4 所示。从图中可看出，随焙烧温度的上升，铁的提取率先上升后下降。因为升高温度可增加参与反应的活化分子数量，还可增加反应速率，进而增大铁的提取率。但当温度升高到硫酸的分解温度时，部分硫酸会分解，降低反应物浓度，从而提取率下降。当温度达到硫酸铁分解温度时，硫酸铁会分解成 Fe_2O_3 和 SO_3，使得铁不再以可溶盐的形式存在，这也会降低铁的提取率。由图可以看出，565℃时铁的提取率最高，达到 97.54%，所以考虑 565℃为合适的焙烧温度。

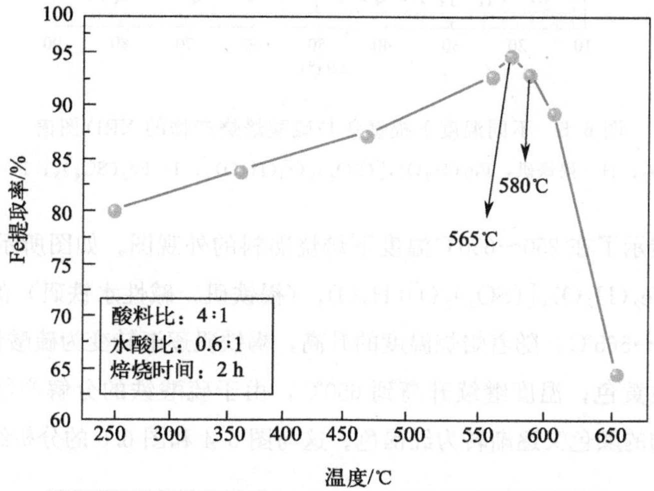

图 6.4　焙烧温度对 Fe 提取率的影响

图 6.5 显示了提锰渣与硫酸在 250℃、450℃、565℃和 650℃条件下所得焙烧产物的物相变化。从分析结果可知，在 250℃时，提锰渣中大部分 Fe_2O_3 已与硫酸反应，说明 Fe_2O_3 与硫酸容易反应，在较低温度即可进行，这与图 6.4 中约 80% 的提铁率一致，产物为 $Fe_2(SO_4)_3$ 和少量 $Fe_2(H_2O)_4[(SO_4)_2O](H_2O)_4$。从 250～450℃，$Fe_2(H_2O)_4[(SO_4)_2O](H_2O)_4$ 逐渐转变为 $Fe_2(SO_4)_3$，说明式(3-1) 可分为两个阶段，对应的反应如式(6-1) 和式(6-2) 所示；从 450～565℃，剩余很少量的 $Fe_2(H_2O)_4[(SO_4)_2O](H_2O)_4$ 转化为 $Fe_2(SO_4)_3$；565℃时，$Fe_2(SO_4)_3$ 衍射强度最大；650℃时，大部分硫酸铁已经分解成 Fe_2O_3，这与图 6.1 分析结果一致。在不同的焙烧温度下，SiO_2 相谱峰的位置和强度基本没有变化，说明 SiO_2 未参与反应。

$$Fe_2O_3+2H_2SO_4+6H_2O \xlongequal{} Fe_2(H_2O)_4[(SO_4)_2O](H_2O)_4 \quad (6\text{-}1)$$

$$Fe_2(H_2O)_4[(SO_4)_2O](H_2O)_4+H_2SO_4 \xlongequal{} Fe_2(SO_4)_3+9H_2O\uparrow \quad (6\text{-}2)$$

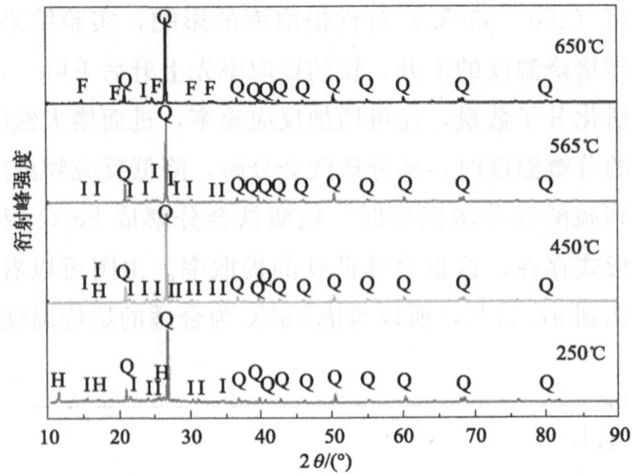

图 6.5　不同温度下提锰渣与硫酸焙烧产物的 XRD 图谱

Q—SiO_2；H—褐铁矾，$Fe_2(H_2O)_4[(SO_4)_2O](H_2O)_4$；I—$Fe_2(SO_4)_3$；F—$Fe_2O_3$

图 6.6 展示了在 250～650℃温度下焙烧熟料的外观图。如图所示，250℃的焙烧熟料由于 $Fe_2(H_2O)_4[(SO_4)_2O](H_2O)_4$（褐铁矾，碱性水铁矾）的生成而呈深绿色。从 250～565℃，随着焙烧温度的升高，褐铁矾逐渐转变为硫酸铁，熟料颜色逐渐转变为浅黄色；温度继续升高到 650℃，由于硫酸铁的分解产物 Fe_2O_3 的形成，焙烧产物的颜色又逐渐转为红褐色。这与图 6.4 和图 6.5 的分析结果一致。

图 6.6　不同温度焙烧熟料（见封三）

(a) 250℃；(b) 350℃；(c) 450℃；(d) 550℃；(e) 565℃；(f) 580℃；(g) 600℃；(h) 650℃

6.2.3　酸料质量比对铁提取率的影响

固定实验条件：焙烧温度为 565℃，水酸比为 0.6∶1，焙烧时间为 2h，考察不同的酸料质量比（2∶1～6∶1）对铁提取率的影响，实验结果如图 6.7 所示。随着酸料质量比的增加，铁的提取率上升。这说明增加酸料质量比，有助于提锰渣中 Fe_2O_3 与硫酸反应得充分进行。酸料质量比从 2∶1 到 4∶1，铁的提取率从 86.83%增加到 97.47%；继续增大酸料质量比，铁的提取率没有明显增加，且硫酸过量太多，不仅浪费原料还会导致反应过程中产生的 SO_3 量增多，而且当酸料质量比为 6∶1 时，物料容易喷溅。因此，酸料质量比选取 4∶1 较合适。较高的酸料质量比，主要是因为提锰渣中大量成分为 SiO_2，影响硫酸与 Fe_2O_3 的接触面积，且 SiO_2 不与硫酸反应，实验中的酸料质量比是根据提锰渣中 Fe_2O_3 质量计算所得，提锰渣中铁含量不高，所以所用的理论酸量不大。

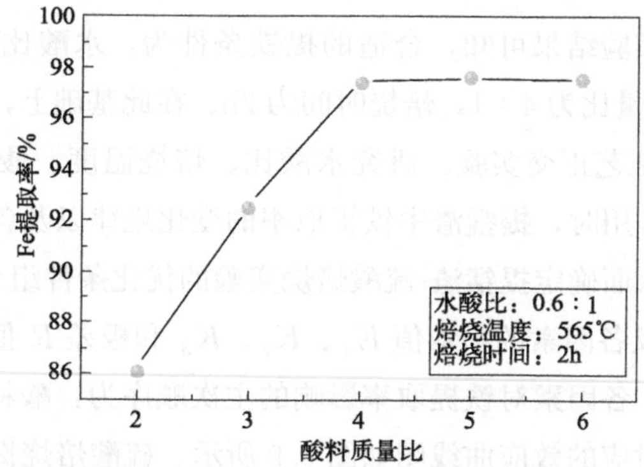

图 6.7　酸料比对 Fe 提取率的影响

6.2.4　焙烧时间对铁提取率的影响

固定实验条件：水酸比为 0.6∶1，焙烧温度为 565℃，酸料质量比为 4∶1，考察不同焙烧时间 0.5～4h 对铁提取率的影响，实验结果如图 6.8 所示。从图中可看出，随着焙烧时间的延长，铁的提取率总体趋势是先上升后下降。这是因为随着焙烧时间的延长，反应进行得更充分，生成的硫酸铁可溶盐越多，所以铁的提取率越高。但在 2h 以上，铁的提取率开始下降。这是因为在 565℃条件下焙烧，已经达到了硫酸铁的分解温度，过多延长反应时间，硫酸铁分解的就越多，因此，最合适的焙烧时间为 2h。

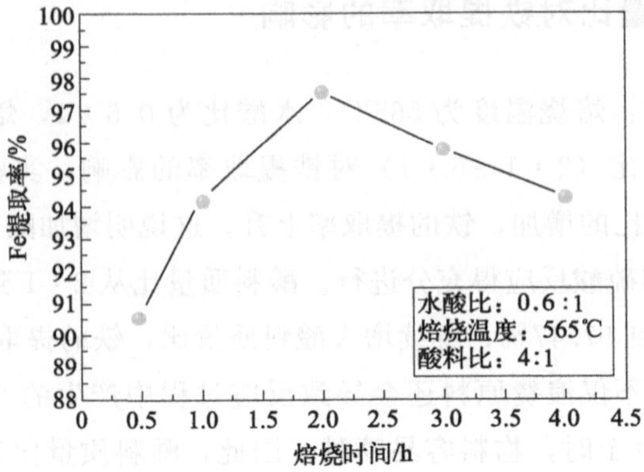

图 6.8　焙烧时间对 Fe 提取率的影响

6.2.5　焙烧正交实验

由上述单因素实验结果可知，合适的提铁条件为：水酸比为 0.6∶1，焙烧温度为 565℃，酸料质量比为 4∶1，焙烧时间为 2h。在此基础上，设计了四因素三水平 L_9（3^4）的焙烧工艺正交实验。研究水酸比、焙烧温度、酸料质量比和焙烧时间这四种因素同时作用时，提锰渣中铁提取率的变化规律以及各个因素对铁提取率的影响主次顺序，从而确定提锰渣-硫酸焙烧实验的优化条件组合。

正交实验结果及各因素的平均值 K_1、K_2、K_3 和极差 R 值列于表 6.1 中。由表中实验结果可见，各因素对铁提取率影响的主次顺序为：酸料比＞焙烧温度＞水酸比＞焙烧时间，对应的效应曲线图如图 6.9 所示。硫酸焙烧提锰渣提铁的优化工艺条件：酸料质量比为 5∶1，焙烧温度为 565℃，水酸比为 0.6∶1，焙烧时间为 2h，即 $A_2B_3C_2D_2$。经过多次试验发现，在保持焙烧温度：565℃，水酸比：0.6∶1，焙烧时间：2h 不变的条件下，酸料质量比 5∶1 与 4∶1 所得提铁率相差很少，均为 97%左右。综合考虑，确定酸料质量比：4∶1，焙烧温度：565℃，水酸比：0.6∶1，焙烧时间：2h 为提铁的优化工艺条件。

表 6.1　正交实验结果

序号	水酸比(A)	酸料质量比(B)	焙烧温度/℃(C)	焙烧时间/h(D)	Fe 提取率/%
1	0.5∶1	3∶1	540	1	82.04
2	0.5∶1	4∶1	565	2	93.83
3	0.5∶1	5∶1	590	3	88.66
4	0.6∶1	3∶1	565	3	88.37

续表

序号	水酸比(A)	酸料质量比(B)	焙烧温度/℃(C)	焙烧时间/h(D)	Fe 提取率/%
5	0.6∶1	4∶1	590	1	91.48
6	0.6∶1	5∶1	540	2	93.75
7	0.7∶1	3∶1	590	2	86.05
8	0.7∶1	4∶1	540	3	88.33
9	0.7∶1	5∶1	565	1	91.32
K_1	88.18	85.49	88.04	88.28	
K_2	91.20	91.23	91.17	91.21	
K_3	88.57	91.24	88.73	88.45	
R	3.02	5.75	3.13	2.93	

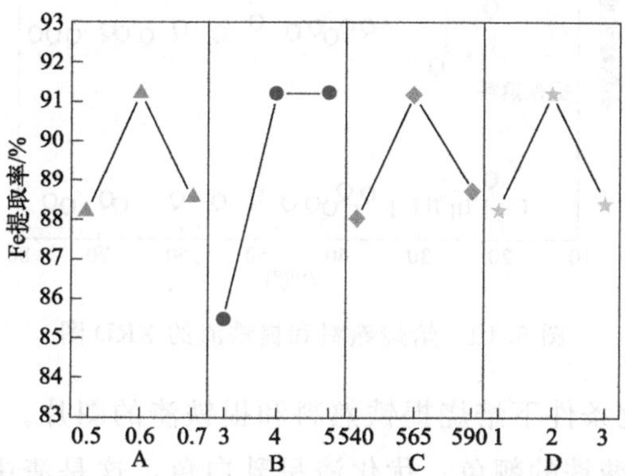

图 6.9 Fe 的提取率与因素水平关系图

6.2.6 优化焙烧熟料和提铁渣表征

将上述优化焙烧条件下得到的焙烧熟料溶出过滤，分离出的提铁渣洗涤烘干，对其进行化学成分分析。提铁渣的化学成分定量分析结果列于表 6.2。从表内数据可知提铁渣主要成分是 SiO_2，含有少量铁、钡、钙、锶、铝和锰等元素。表 6.3 中数据为提铁渣中主要元素的定量分析结果。由表可知提铁渣中的 SiO_2 的质量分数为 98.50%，全铁的质量分数仅为 0.28%，锰和铝含量很低，验证了铁提取效果很好，进一步实现了铁与硅的分离。

图 6.10 为上述优化工艺条件下得到的焙烧熟料和提铁渣 XRD 图谱。由图可见，焙烧熟料主要由 SiO_2 和硫酸铁组成，溶出渣中有较强的 SiO_2 衍射峰，无其他杂峰。这说明提锰渣中 Fe_2O_3 与硫酸反应生成可溶盐硫酸铁经溶出进入溶液，SiO_2 不与硫酸反应经溶出过滤进入滤渣，这与之前的实验分析结果一致，也进一步验证了提铁效果较好，实现了铁与硅的有效分离，SiO_2 待后续研究中提取利用。

表 6.2 提铁渣的化学组成 单位：%

SiO_2	Fe_2O_3	BaO	CaO	SrO	Al_2O_3	MnO
97.64	0.94	0.61	0.26	0.26	0.12	0.12

表 6.3 提铁渣的主要化学组成 单位：%

SiO_2	TFe	Mn	Al_2O_3
98.50	0.28	0.03	<0.05

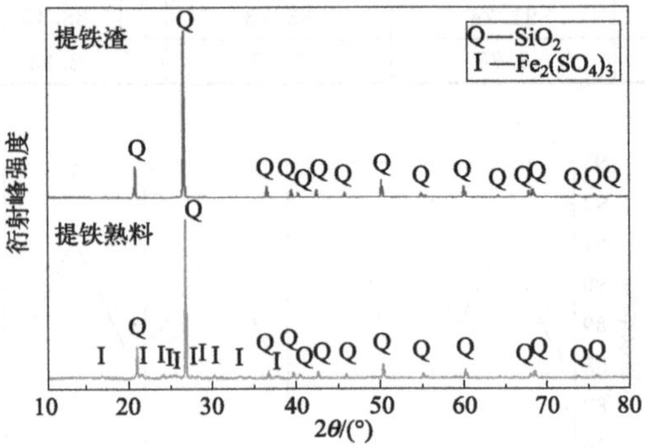

图 6.10 焙烧熟料和提铁渣的 XRD 图

图 6.11 为优化条件下焙烧提铁熟料和提铁渣的图片。优化的熟料呈浅黄色，这是熟料中硫酸铁的颜色；优化渣呈乳白色，这是渣中 SiO_2 的颜色，这与物相分析结果一致。

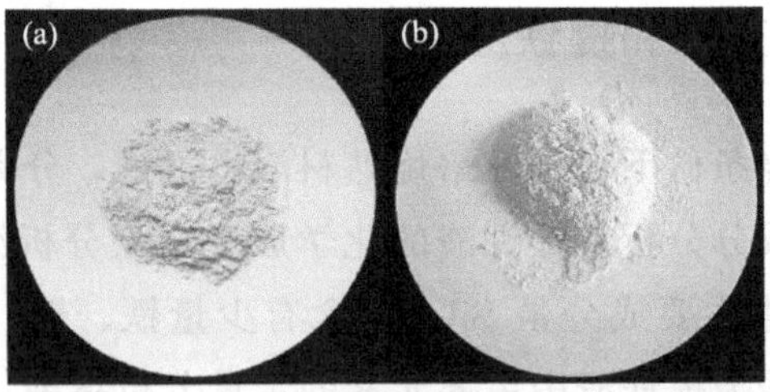

图 6.11 优化条件下焙烧熟料和提铁渣

(a) 焙烧熟料；(b) 提铁渣

图 6.12 为在上述优化工艺条件下得到的焙烧熟料的 SEM 图和 EDS 能谱图。如图可以看出，提铁焙烧熟料主要成分为硫酸铁和 SiO_2。SiO_2 为较大光滑颗粒，硫酸铁颗粒形状不规则，较为松散。图 6.13 为对应提铁渣的 SEM 图和 EDS 能谱图。从图中数据可知，提铁渣主要成分为 SiO_2，这与 XRD 分析结果一致，形貌为大小不均的微米级颗粒，表面光滑、致密。

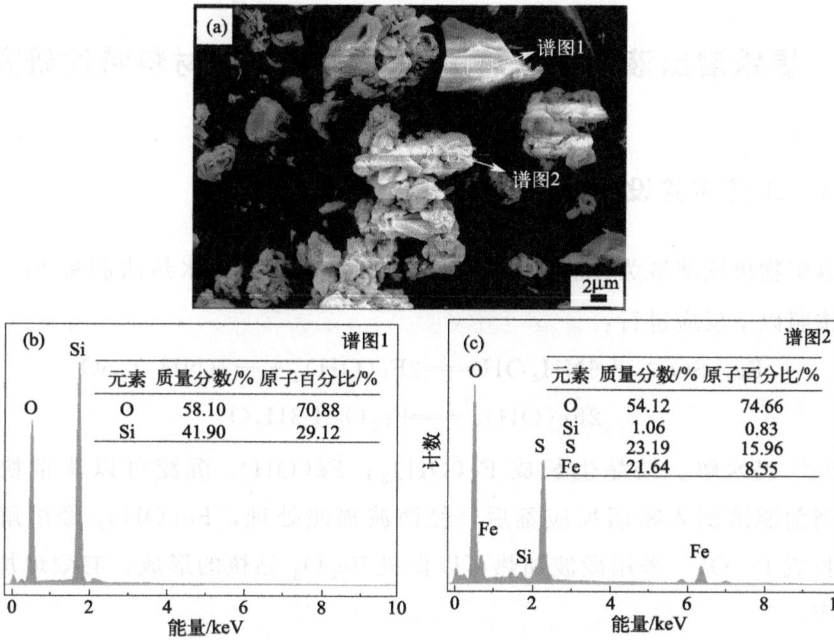

图 6.12　焙烧熟料的 SEM 图和 EDS 能谱图

（a）SEM 图；（b）谱图 1 的 EDS 能谱图；（c）谱图 2 的 EDS 能谱图

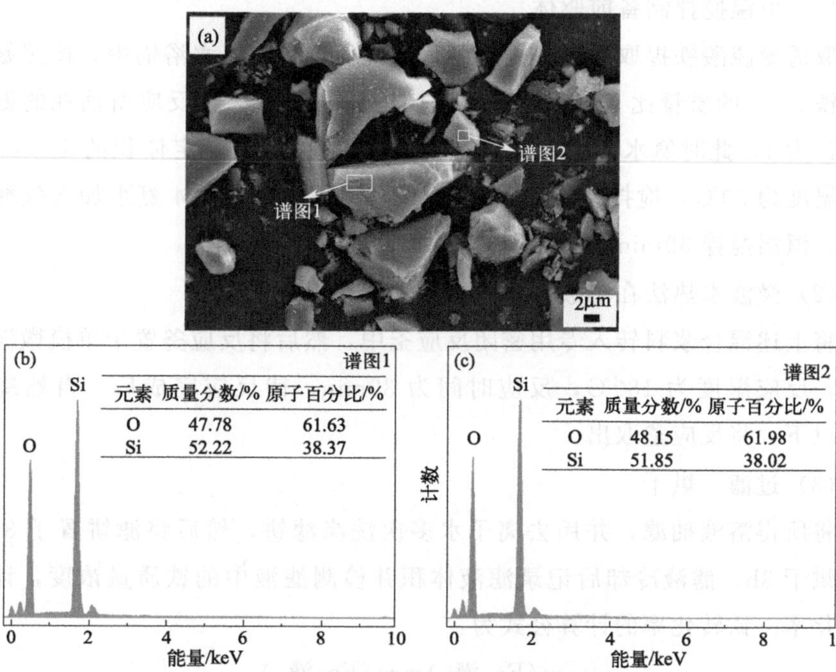

图 6.13　提铁渣的 SEM 图和 EDS 能谱图

（a）SEM 图；（b）谱图 1 的 EDS 能谱图；（c）谱图 2 的 EDS 能谱图

6.3 提铁溶出液微波水热法制备 Fe_2O_3 及材料特性研究

6.3.1 工艺实验设计

以矿物提铁溶液为原料，氨水为沉淀剂，通过微波水热法制备 Fe_2O_3 的过程按照以下反应进行：

$$Fe_2(SO_4)_3+6NH_4OH \xlongequal{} 2Fe(OH)_3\downarrow+3(NH_4)_2SO_4 \tag{6-3}$$

$$2Fe(OH)_3 \xlongequal{} Fe_2O_3+3H_2O \tag{6-4}$$

Fe^{3+} 经水解、结晶生长成 $Fe(OH)_3$；$Fe(OH)_3$ 沉淀可以非常快的析出；当前驱液倒入密闭反应釜后，经微波辐照处理，$Fe(OH)_3$ 经溶解重结晶生长成 Fe_2O_3。采用微波加热可以促进 Fe_2O_3 晶核的形成，有效地加速脱水反应。

本实验采用微波水热法制备纳米 Fe_2O_3，图 6.14 为对应的工艺流程示意图。其过程分为以下步骤。

(1) 恒温搅拌制备前驱体

取适量硫酸铁提取液置于烧杯中，将烧杯置于恒温水浴锅中；按照氨水与硫酸铁 3∶1 的质量比（将提铁液中的硫酸铁与氨水完全反应所消耗的氨水的质量计为 1，此时氨水与硫酸铁质量比为 1∶1）量取一定体积的 1∶4 氨水；水浴温度为 30℃，搅拌速度为 $200r\cdot min^{-1}$，缓缓将 1∶4 氨水加入硫酸铁溶液中，恒温搅拌 30min。

(2) 微波水热法在溶液中生长纳米颗粒

将上述混合浆料转入专用密闭反应釜中，然后将反应釜置于单模微波合成仪中，反应温度为 180℃，反应时间为 30min，待反应完成后，自然冷却至 70℃以下，将反应釜取出。

(3) 过滤、烘干

将所得溶液抽滤，并用去离子水多次洗涤滤饼，然后将滤饼置于 80℃烘箱中烘干 3h；滤液冷却后记录滤液体积并检测滤液中的铁质量浓度，计算铁的转化率。铁转化率的计算公式为：

$$r(Fe)=\frac{m(Fe,液_2)-m(Fe,液_1)}{m(Fe,液_2)}\times 100\% \tag{6-5}$$

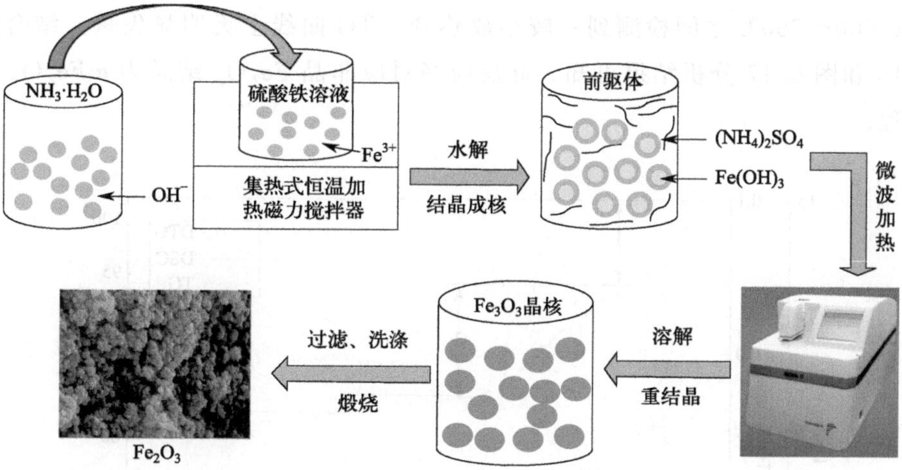

图 6.14　微波水热法制备纳米 Fe_2O_3 流程示意图

式中，$r(Fe)$ 为铁的转化率,%；m(Fe，液$_1$) 为陈铁后滤液中铁离子质量，g；m(Fe，液$_2$) 为提铁液（硫酸铁溶液）中铁离子质量，g。

(4) 煅烧

将烘干后固体产物研磨后置于马弗炉中，在设置温度下煅烧一定时间，得到 Fe_2O_3 粉体，随炉冷却后将其取出。

6.3.2　Fe_2O_3 粉体材料的特性研究

微波处理后溶液经过滤后，溶液中铁离子质量浓度低于 0.01mg · L^{-1}，铁的转化率约为 100%。因为 $Fe(OH)_3$ 沉淀完全的 pH=4.1，本实验中氨水与硫酸铁混合后溶液 pH≈7～8，故沉淀率很高。

为了研究 Fe_2O_3 产物的热稳定性和相转变特性，对 Fe_2O_3 产物进行了 25～900℃的热分析测试，升温速率为 10℃ · min^{-1}，图 6.15 为对应的测试结果。从图中可明显看出，反应分 3 个阶段，将其标记为 1～3。为了确定产物组成，揭示 Fe_2O_3 在焙烧过程中的转化机制，明确反应机理，将未经煅烧的 Fe_2O_3 以及在 400℃和 750℃下煅烧后的产物进行了物相分析和红外光谱分析，结果见图 6.16 和图 6.17。在图 6.15 中，25～150℃之间有一个吸热失重反应，此阶段对应的是产物中表面水分和结合水的挥发；150～400℃之间有两连续放热峰，热重曲线上对应失重反应，结合图 6.16 和图 6.17 分析结果可知，此温度段对应的是非晶 FeOOH 固相转化为非晶 Fe_2O_3 的过程；600～750℃之间检测到一较小放热峰，TG 曲线上无明显失重，结合图 6.16 和图 6.17 分析结果可知，此反应峰对应非晶 Fe_2O_3 结晶为 α-Fe_2O_3 的过程。

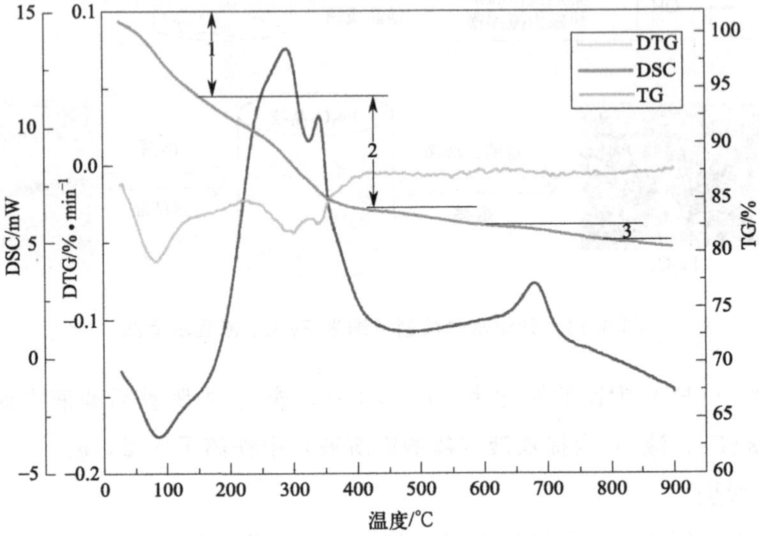

图 6.15　Fe_2O_3 焙烧过程的 DSC-TG-DTG 曲线

从图 6.16 可以看出，所制备的 Fe_2O_3 材料在 400℃下煅烧后也没有任何晶态的衍射谱峰，这表明所制备的样品为非晶材料。当煅烧温度达到 750℃时，产物的衍射峰与标准卡片（JCPDS 33-0664）相对应，且无杂峰，表明样品在该温度转变为 α-Fe_2O_3。

在图 6.17 中 3442cm^{-1}、3421cm^{-1} 处宽的吸收峰和 1630cm^{-1} 处出现的小吸收峰归因于水分子中 O—H 键的振动；在 1049～1117cm^{-1} 范围内的微弱吸收峰，是由硫酸根离子中 S—O 键的振动所引起的，表明在形成 Fe_2O_3 的过程中体系中有少量 SO_4^{2-} 吸附在样品颗粒的表面；在 1443cm^{-1} 和 1448cm^{-1} 处的小吸收峰对应 C—O 键的振动，这可能是由于 Fe_2O_3 样品吸附空气中的 CO_2 所致；在 2347cm^{-1} 处的小吸收峰为 FeOOH 特征峰，表明所制备的 Fe_2O_3 产物中还含有一定量的非晶 FeOOH，在 400℃下煅烧后产物中的 2349cm^{-1} 处，此吸收峰变得非常微弱，几乎消失，表明经过 400℃煅烧，非晶 FeOOH 全部转化为非晶 Fe_2O_3。在 590cm^{-1} 和 592cm^{-1}

处显著的吸收峰可归属于Fe—O键的振动，结果表明，Fe_2O_3 产物中存在Fe—O键和O—H键，从而证实了 Fe_2O_3 化合物的形成。对比三个样品的谱图可明显看出，随煅烧温度的升高，在 $590cm^{-1}$ 和 $592cm^{-1}$ 处的吸收峰逐渐变得高而尖锐，结合图6.15中物相分析结果可知随煅烧温度升高，Fe_2O_3 样品逐渐从非晶状态转变成 α-Fe_2O_3，这与上述热分析和物相分析结果一致。

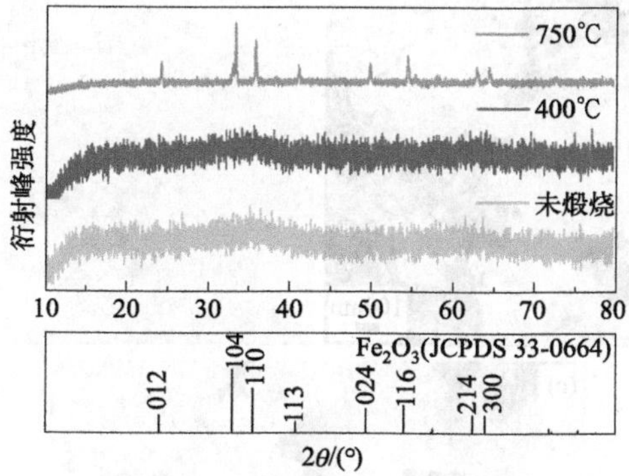

图6.16 不同煅烧温度 Fe_2O_3 产物的XRD图

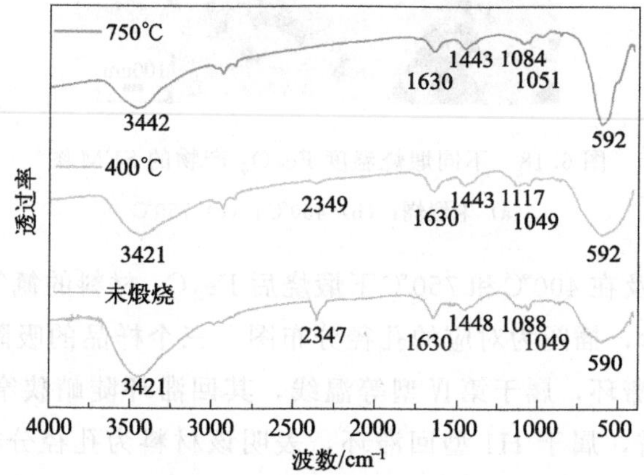

图6.17 不同煅烧温度 Fe_2O_3 产物的FT-IR光谱图

图6.18为 Fe_2O_3 样品未经煅烧以及在400℃和750℃下煅烧后产物的SEM图。从图中可以明显看出，采用微波法制备的 Fe_2O_3 样品为纳米级细小颗粒。这是由于在微波水热的高温高压条件下，$Fe(OH)_3$ 可直接在内部脱水重结晶生成 Fe_2O_3 晶核，结晶成核速率大于颗粒生长速率。其中未经煅烧和

在400℃下煅烧所得样品颗粒更为细小、大小更均匀。未经煅烧的Fe_2O_3颗形状不规则，类似小薄圆片状，边界不清，颗粒表面较粗糙、排列较稀松；样品经400℃煅烧后，形貌无太大变化，但排列更紧密、表面稍加光滑；经750℃煅烧后的样品形貌有明显变化，颗粒呈类球形，表面结实光滑，边界清晰分明，且颗粒尺寸增大，这与上述XRD分析结果一致。

图6.18　不同煅烧温度Fe_2O_3产物的SEM图

(a) 未煅烧；(b) 400℃；(c) 750℃

未经煅烧以及在400℃和750℃下煅烧后Fe_2O_3材料的氮气吸附-脱附等温线如图6.19所示，插图为对应的孔径分布图。三个样品的吸附-脱附等温线均显示了明显的回滞环，属于第Ⅳ型等温线，其回滞环陡峭狭窄，闭合点在$p/p_0=0\sim0.4$左右，属于H1型回滞环，表明该材料为孔径分布较窄的圆柱形均匀介孔材料，分析结果与其孔径分布图一致。表6.4中列举了上述三个样品的比表面积及相关数据。从表中数据可知，以软锰矿提铁液为原料，采用微波法所制备的Fe_2O_3材料具有较大比表面积，与750℃煅烧后晶型较好的α-Fe_2O_3相比，非晶Fe_2O_3具有更大的比表面积。经过400℃煅烧后的样品，比表面积达$194.95m^2\cdot g^{-1}$，累积总孔容积为$0.38cm^3\cdot g^{-1}$，平均孔半径为3.73nm。

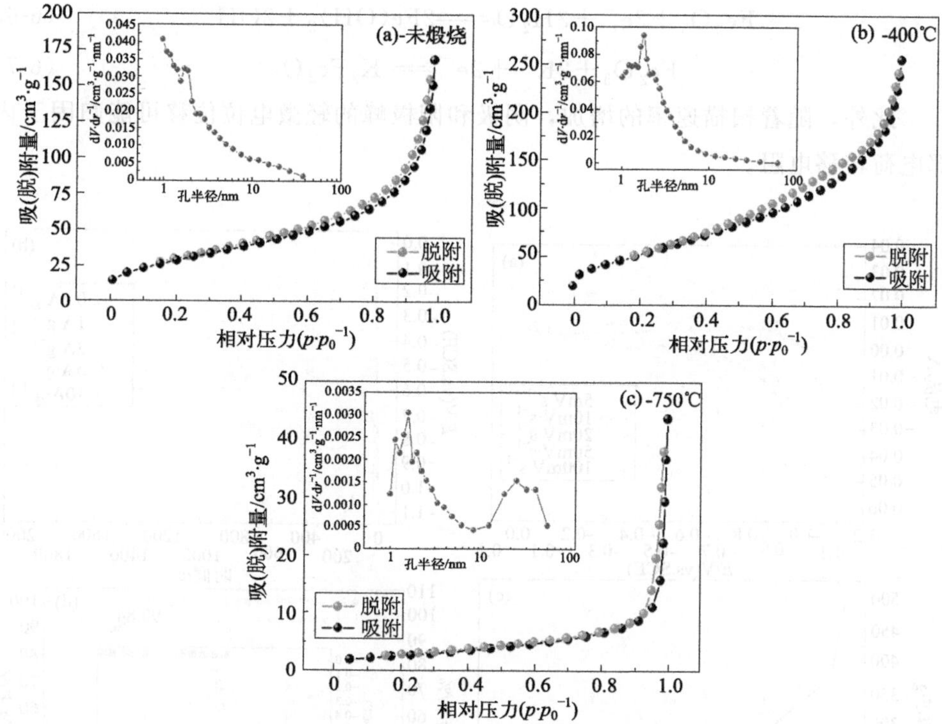

图 6.19 不同煅烧温度 Fe_2O_3 产物的氮气吸附-脱附等温线和孔径分布

(a) 未煅烧；(b) 400℃；(c) 750℃

表 6.4 不同煅烧温度 Fe_2O_3 产物的比表面积及相关数据

样品	比表面积/$m^2 \cdot g^{-1}$	累计总孔容积/$cm^3 \cdot g^{-1}$	平均孔半径/nm
(a)未煅烧	107.14	0.24	4.86
(b)400℃	194.95	0.38	3.73
(c)750℃	8.72	0.06	12.37

6.3.3 Fe_2O_3 材料的超电容性能研究

在 $3mol \cdot L^{-1}$ KOH 电解液中，对 400℃煅烧后的 Fe_2O_3 电极材料在不同电流密度下进行了循环伏安和恒流充放电测试。

图 6.20(a)显示了样品在不同扫描速率下的 CV 曲线。从这些曲线的特征可以看出该电极材料的赝电容性。值得注意的是，即使在较高的扫描速率下，所有 CV 曲线也保持相似的形状，这表明其具有优异的离子响应能力。每条 CV 曲线都有一对氧化还原峰（约为－0.6V 时的氧化峰和约为－0.95V 时的还原峰），对应于 Fe^{2+} 和 Fe^{3+} 的转化。相应转换方程式如下：

$$Fe_2O_3 + 2e^- + 3H_2O \rightleftharpoons 2Fe(OH)_2 + 2OH^- \tag{6-6}$$

$$Fe_2O_3 + 2K^+ + 2e^- \rightleftharpoons K_2Fe_2O_3 \tag{6-7}$$

此外，随着扫描速率的增加，阴极和阳极峰的轻微电位位移可能归因于内部电荷转移电阻。

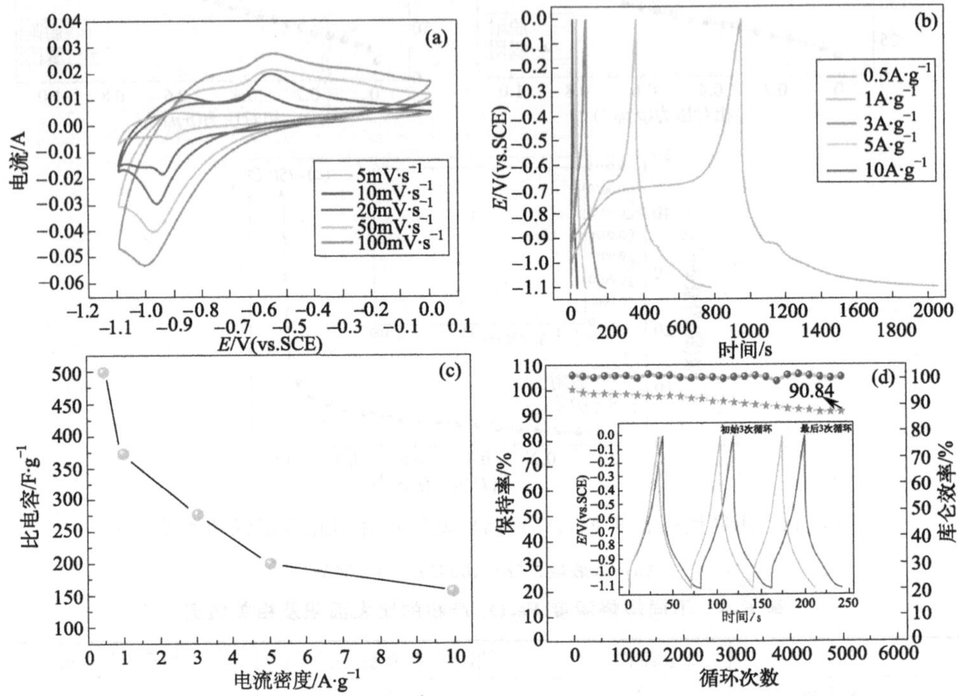

图 6.20 Fe_2O_3 的超电容性能

(a) 不同扫描速率下 Fe_2O_3 电极材料的 CV 曲线；(b) Fe_2O_3 电极在不同电流密度下的 GCD 曲线；(c) Fe_2O_3 电极在电流密度为 0.5～10A·g^{-1} 时的比电容；(d) Fe_2O_3 电极材料在 5A·g^{-1} 条件下的循环稳定性和库仑效率

图 6.20(b)为不同电流密度下的 GCD 曲线。显然，在−0.7V 左右和−0.9V 左右出现了充电和放电平台，分别对应 Fe_2O_3 电极材料的氧化和还原反应，表明了 Fe_2O_3 电极材料具有典型的赝电容法拉第特性。当电流密度从 0.5A·g^{-1} 增加到 10A·g^{-1} 时，电极的充放电时间逐渐缩短。

图 6.20(c)为该电极材料在电流密度为 0.5～10A·g^{-1} 时的比电容，在电流密度为 0.5A·g^{-1}、1A·g^{-1}、3A·g^{-1}、5A·g^{-1} 和 10A·g^{-1} 时，其比电容值分别为 500F·g^{-1}、375F·g^{-1}、277F·g^{-1}、200F·g^{-1} 和 159F·g^{-1}。样品

的比电容随着电流密度的增大而减小，主要是因为在较高的电流密度下，活性材料表面与电解液离子接触不够充分，导致法拉第氧化还原反应相对不足。从而产生低的比电容量。

循环性能对超级电容器的实际应用至关重要。图 6.20(d)为 Fe_2O_3 电极材料在 $5A \cdot g^{-1}$ 时的循环稳定性和库仑效率。值得注意的是，库仑效率（η）的计算公式为 $\eta = t_d/t_c \times 100\%$，其中 t_d 和 t_c 分别为放电和充电次数。在循环 5000 次后，Fe_2O_3 电极的库仑效率接近 100%，具有良好的导电性。循环 5000 次后，材料的比电容保持在初始值的 90.84%。此外，图 6.20(d)的插图显示了初始和最后三次循环的 GCD 曲线，曲线形状保持相似，只有放电时间的减小，进一步证实了所制备的 Fe_2O_3 材料具有优异的循环稳定性，是具有长循环寿命的超级电容器电极的优秀候选材料。

6.4　本章小结

以提锰渣为原料，采用硫酸焙烧提锰渣提取铁；以焙烧熟料溶出液为原料，以氨水为沉淀剂，采用微波水热法制备纳米 Fe_2O_3 材料，并对其性能表征。得到结论如下。

① 硫酸焙烧提锰渣的焙烧工艺条件对提铁率有显著影响。随着酸料质量比从 2∶1 到 4∶1，铁的提取率增大，继续增大酸料质量比，铁的提取率没有明显增加；铁的提取率随焙烧温度、水酸比和焙烧时间均呈先增后减趋势。确定酸料质量比：4∶1，焙烧温度：565℃，水酸比：0.6∶1，焙烧时间：2h 为提铁的优化条件。在此条件下，提铁率可达 97%，提铁渣中 SiO_2 的质量分数为 98.50%，Fe_2O_3 的质量分数仅为 0.40%，进一步实现了铁的高效提取及铁与硅的有效分离。

② 以硫酸焙烧提锰渣得到的提铁溶液为原料，1∶4 氨水为沉淀剂，在沉淀温度为 30℃，搅拌速度为 $200r \cdot min^{-1}$，沉淀时间为 30min，微波反应温度为 180℃，微波反应时间为 30min 条件下，采用微波水热法成功制备出纳米非晶材料，铁的转化率约为 100%，实现了铁的高效转化。400℃煅烧后全部转化为非晶 Fe_2O_3，750℃煅烧后，转变为 α-Fe_2O_3。经 400℃煅烧后的非晶 Fe_2O_3 材料，比表面积值达 $194.95m^2 \cdot g^{-1}$，累积总孔容积为 $0.38cm^3 \cdot g^{-1}$，平均孔半径为 3.73nm；作为电极材料，表现出了优良的超电容性能，在 $0.5A \cdot g^{-1}$ 电流密度下，获得了 $500F \cdot g^{-1}$ 的比电容，具有优异的循环稳定性。

参考文献

[1] 吴小俊．软锰矿制备高纯四氧化三锰的研究［D］．马鞍山：安徽工业大学，2013.

[2] 谢红艳．复杂低品位锰矿及含锰烟尘加压酸浸-净化-萃取工艺研究［D］．昆明：昆明理工大学，2012.

[3] 梅光桂，张文山，曾湘波，等．中国锰业技术［M］．长沙：中南大学出版社，2011.

[4] 余文刚，毛治超，孙春叶．我国锰矿资源及评价方法综述［J］．金属世界，2013（2）：22-24.

[5] Ye Q X，Chen J，Chen G，et al. Effect of microwave heating on the microstructures and kinetics of carbothermal reduction of pyrolusite ore［J］．Advanced Powder Technology，2018，29（8）：1871-1878.

[6] Sun W Y，Su S J，Wang Q Y，et al. Lab-scale circulation process of electrolytic manganese production with low-grade pyrolusite leaching by SO_2［J］．Hydrometallurgy，2013，133：118-125.

[7] Xin B P，Li T，Li X，et al. Reductive dissolution of manganese from manganese dioxide ore by autotrophic mixed culture under aerobic conditions［J］．Journal of Cleaner Production，2015，92：54-64.

[8] 叶乾旭．微波强化碳热还原低品位软锰矿的研究［D］．昆明：昆明理工大学，2017.

[9] Gao Y B. Prereduction and magnetic separation of low grade manganese ore［D］．Salt Lake：University of Utah，2011.

[10] Liu B B，Zhang Y B，Lu M M，et al. Extraction and separation of manganese and iron from ferruginous manganese ores：A review［J］．Minerals Engineering，2019，131：286-303.

[11] 李康强．微波强化生物质热解还原低品位软锰矿的研究［D］．昆明：昆明理工大学，2020.

[12] 张兴然．低品位复杂锰矿浸出与电解过程的强化研究［D］．重庆：重庆大学，2017.

[13] 邓文兵，张彦文，孔令湖，等．中国锰矿资源现状与国家级锰矿床实物地质资料筛选［J］．中国矿业，2019，28（9）：175-182.

[14] 黎贵亮．中国锰矿山现状［J］．中国锰业，2018，36（3）：5-12.

[15] 产业信息网．2020—2026年中国锰矿产业运营现状及投资规划分析报告［R/OL］．北京：智研咨询，2019-12-30［2020-09-14］．

[16] Li K Q，Chen J，Peng J H，et al. Pilot-scale study on enhanced carbothermal reduction of low-grade pyrolusite using microwave heating［J］．Powder Technology，2020，360：846-854.

[17] 林顺达，李康强，李鑫培，等．软锰矿还原技术研究现状［J］．湿法冶金，2019，38（6）：432-437.

[18] Li K Q, Chen G, Chen J, et al. Microwave pyrolysis of walnut shell for reduction process of low-grade pyrolusite [J]. Bioresource Technology, 2019, 291: 1-9.

[19] Deng L, Qu B, Su S J, et al. Separation of manganese from iron in the SO_2 reductive leaching iron-rich pyrolusite ore: leaching mechanism and kinetics [J]. Arabian Journal for Science and Engineering, 2019, 44 (6): 5335-5344.

[20] Yang K D, Ye X J, Su J, et al. Response surface optimization of process parameters for reduction roasting of low-grade pyrolusite by bagasse [J]. Transactions of Nonferrous Metals Society of China, 2013, 23 (2): 548-555.

[21] You Z X, Li G H, Zhang Y B, et al. Extraction of manganese from iron rich MnO_2 ores via selective sulfation roasting with SO_2 followed by water leaching [J]. Hydrometallurgy, 2015, 156: 225-231.

[22] He F, Chen J, Chen G, et al. Microwave dielectric properties and reduction behavior of low-grade pyrolusite [J]. The Minerals, Metals & Materials Society, 2019, 71 (11): 3909-3914.

[23] Lan J R, Sun Y, Du Y G, et al. Environmentally-friendly bioleaching of manganese from pyrolusite: performance and mechanisms [J]. Journal of Cleaner Production, 2020, 249: 1-11.

[24] 常伟. 低品位软锰矿还原浸出过程及其动力学研究 [D]. 长沙: 中南大学, 2014.

[25] Welham N J. Activation of the carbothermic reduction of manganese ore [J]. International Journal of Mineral Processing, 2002, 67 (1-4): 187-198.

[26] 田宗平. 二氧化锰还原焙烧炉的研究与运用 [J]. 中国锰业, 2009, 27 (2): 24-26.

[27] Bafghi M S, Zakeri A, Ghasemi Z, et al. Reductive dissolution of manganese ore in sulfuric acid in the presence of iron metal [J]. Hydrometallurgy, 2008, 90 (2-4): 207-212.

[28] Zhang Y B, You Z X, Li G H, et al. Manganese extraction by sulfur-based reduction roasting-acid leaching from low-grade manganese oxide ores [J]. Hydrometallurgy, 2013, 133: 126-132.

[29] 李康强, 李鑫培, 和飞, 等. 低品位软锰矿还原技术研究进展 [J]. 矿冶, 2019, 28 (3): 64-77.

[30] 朱贤徐, 王志坚, 刘平. 两矿焙烧法制备硫酸锰的工艺研究 [J]. 湖南有色金属, 2010, 26 (5): 22-23.

[31] Cheng Z, Zhu G C, Zhao Y N. Study in reduction-roast leaching manganese from low-grade manganese dioxide ores using cornstalk as reductant [J]. Hydrometallurgy, 2009, 96 (1-2): 176-179.

[32] 满瑞林, 常伟, 吴奇, 等. 燕麦秸秆还原浸出低品位软锰矿及其动力学 [J]. 中国有色金属学报, 2014, 24 (8): 2158-2163.

[33] Li C X, Zhong H, Wang S, et al. Manganese extraction by reduction-acid leaching from low-grade manganese oxide ores using CaS as reductant [J]. Transactions of Nonferrous Metals Society of China, 2015, 25 (5): 1677-1684.

[34] 冯雅丽, 张旭, 李浩然, 等. FeS_2-MnO_2-H_2SO_4 浸出软锰矿反应 [J]. 东北大学学报 (自然科学版), 2014, 35 (2): 241-244.

[35] Lin S D, Li K Q, Yang Y, et al. Microwave-assisted method investigation for the selective and

enhanced leaching of manganese from low-grade pyrolusite using pyrite as the reducing agent [J]. Chemical Engineering and Processing-Process Intensification, 2021, 159: 1-9.

[36] Nayl A A, Ismail I M, Aly H F. Recovery of pure $MnSO_4 \cdot H_2O$ by reductive leaching of manganese from pyrolusite ore by sulfuric acid and hydrogen peroxide [J]. International Journal of Mineral Processing, 2011, 100 (3-4): 116-123.

[37] Sinha M K, Purcell W, Westhuizen W A V D. Recovery of manganese from ferruginous manganese ore using ascorbic acid as reducing agent [J]. Minerals Engineering, 2020, 154: 1-9.

[38] 崔益顺. 蔗渣还原硫酸浸取低品位软锰矿工艺研究 [J]. 无机盐工业, 2013, 45 (10): 45-47.

[39] Pagnanellia F, Furlania G, Valentinia P, et al. Leaching of low-grade manganese ores by using nitric acid and glucose: optimization of the operating conditions [J]. Hydrometallurgy, 2004, 75 (1-4): 157-167.

[40] Su H F, Wen Y X, Wang F, et al. Reductive leaching of manganese from low-grade manganese ore in H_2SO_4 using cane molasses as reductant [J]. Hydrometallurgy, 2008, 93 (3-4): 136-139.

[41] Tian X K, Wen X X, Yang C. Reductive leaching of manganese from low-grade manganese dioxide ores using corncob as reductant in sulfuric acid solution [J]. Hydrometallurgy, 2010, 100 (3-4): 157-160.

[42] Tang Q, Zhong H, Wang S, et al. Reductive leaching of manganese oxide ores using waste tea as reductant in sulfuric acid solution [J]. Transactions of Nonferrous Metals Society of China, 2014, 24 (3): 861-867.

[43] Keshavarz S, Faraji F, Rashchi F, et al. Bioleaching of manganese from a low-grade pyrolusite ore using Aspergillus niger: Process optimization and kinetic studies [J]. Journal of Environmental Management, 2021, 285: 1-11.

[44] Sinha M K, Purcell W. Reducing agents in the leaching of manganese ores: A comprehensive review [J]. Hydrometallurgy, 2019, 187: 168-186.

[45] 谭柱中, 梅光贵, 李维健. 锰冶金学 [M]. 长沙: 中南大学出版社, 2004.

[46] Yousefi T, Golikand A N, Mashhadizadeh M H, et al. High temperature and low current density synthesis of Mn_3O_4 porous nano spheres: Characterization and electrochemical properties [J]. Current Applied Physics, 2012, 12 (2): 544-549.

[47] Fritsch S, Rousset A, Kularni G U, et al. Low-temperature oxidation of Mn_3O_4 hausmannite [J]. Materials Research Bulletin, 1998, 33 (8): 1185-1194.

[48] Adizzone S, Bianchi C, Tire D. Mn_3O_4 and γ-MnOOH powers, preparation, phase composition and XPS characterization [J]. Collid surface A, 1998, 134 (3): 305-312.

[49] He L, Zhang G, Dong Y Z, et al. Polyetheramide templated synthesis of monodisperse Mn_3O_4 nanoparticles with controlled size and study of the electrochemical properties [J]. Nano-Micro Letters, 2014, 6 (1): 38-45.

[50] Nallathambi A, Prakasam A, Raj R A. Structural, photoluminescence and magnetic properties of chromium (Cr) doped manganese oxide (Mn_3O_4) hexagonal particles [J]. Physica E: Low-di-

mensional Systems and Nanostructures, 2020, 116: 1-7.

[51] 骆艳华，陈思学，王凡，等．硫酸锰直接制备四氧化三锰的研究 [J]. 矿业快报，2008，24 (2)：17-19.

[52] 王新华．冶金研究 [M]. 北京：冶金工业出版社，2003.

[53] 张晓泉，王以存，杨洋，等．四氧化三锰技术与发展 [J]. 中国锰业，2017，35 (4)：110-111.

[54] 董昌文，叶华，杨光辉．四氧化三锰的制备方法 [J]. 广东化工，2016，43 (12)：92-93.

[55] Davar F, Salavati-Niasari M, Mir N, et al. Thermal decomposition route for synthesis of Mn_3O_4 nanoparticles in presence of a novel precursor [J]. Polyhedron, 2010, 29 (7): 1747-1753.

[56] Sayyed S G, Pathan H M, Shaikh A V, et al. Investigation of electrochemical performance and stability of electrodeposited Mn_3O_4 thin films in different aqueous electrolytes for its application in flexible supercapacitors [J]. Journal of Energy Storage, 2021, 33: 1-9.

[57] Wang L, Chen L, Li Y H, et al. Preparation of Mn_3O_4 nanoparticles at room condition for supercapacitor application [J]. Powder Technology, 2013, 235: 76-81.

[58] Dhaouadi H, Madani A, Touati F. Synthesis and spectroscopic investigations of Mn_3O_4 nanoparticles [J]. Materials Letters, 2010, 64 (21): 2395-2398.

[59] 游小鹰．贫菱锰矿制备四氧化三锰过程的控制研究 [D]. 福州：福州大学，2005.

[60] Chen B, Rao G H, Wang S W. Facile synthesis and characterization of Mn_3O_4 nanoparticles by auto-combustion method [J]. Materials Letters, 2015, 154: 160-162.

[61] Jansi-Rani B, Ravina M, Ravi G, et al. Synthesis and characterization of hausmannite (Mn_3O_4) nanostructures [J]. Surfaces and Interfaces, 2018, 11: 28-36.

[62] Ramezanpour S, Sheikhshoaie I, Khatamian M. Synthesis, characterization and photocatalytic properties of V-doped Mn_3O_4 nanoparticles as a visible light-activated photocatalyst [J]. Journal of Molecular Liquids, 2017, 231: 64-71.

[63] Ozkaya T, Baykal A, Kavas H, et al. A novel synthetic route to Mn_3O_4 nanoparticles and their magnetic evaluation [J]. Physica B: condensed Matter, 2008, 403 (19-20): 3760-3764.

[64] Sukhdev A, Challa M, Narayani L, et al. Synthesis, phase transformation, and morphology of hausmannite Mn_3O_4 nanoparticles: photocatalytic and antibacterial investigations [J]. Heliyon, 2020, 6 (1): 1-18.

[65] Cao S X, Han T, Peng L L, et al. Hydrothermal preparation, formation mechanism and gas-sensing properties of novel Mn_3O_4 nano-octahedrons [J]. Materials Letters, 2019, 246: 210-213.

[66] 吴浩，许江枫，乐黎明，等．电极材料 Mn_3O_4 的制备及性能研究 [J]. 中国锰业，2016，34 (3)：105-112.

[67] 黄萍，郭昊，郭婧．微波辅助与水热法合成形貌可控的 Mn_3O_4 纳米材料及其电化学性能研究 [J]. 企业技术开发，2016，35 (15)：169-171.

[68] 张野．四氧化三锰超细粉体的制备 [J]. 金属矿山，2001 (7)：22-23，31.

[69] 银瑰，曾维勇，宁杨．低硒四氧化三锰制备新方法研究 [J]. 矿冶工程，2004，24 (2)：59-64.

[70] 余进，张玉灿，李如宏．制备四氧化三锰氧气利用率的研究 [J]. 金属矿山，2007 (11)：74-

75，110.

[71] 杨志超，冯雅丽，李浩然，等．石灰乳法制备四氧化三锰［J］．中国有色金属学报，2013，23（11）：3254-3259.

[72] Gibot P，Laffont L. Hydrophilic and hydrophobic nano-sized Mn_3O_4 particles [J]. Journal of Solid State Chemistry，2007，180（2）：695-701.

[73] 唐爱东，黄可龙．Mn_3O_4 的溶剂热法制备及晶粒生长动力学研究［J］．无机化学学报，2005，21（6）：929-932.

[74] 吴义添，张其听．四氧化三锰的研制［J］．中国锰业，1990，4（14）：38-41.

[75] Bos V C，Sugathan N，Biju V. Novel sol-gel method for low temperature synthesis of nanostructured Mn_3O_4：Structure，cation valence states，optical and electrical properties [J]. Journal of Crystal Growth，2021，555：1-4.

[76] Dubal D P，Dhawale D S，Salunkhe R R，et al. A novel chemical synthesis and characterization of Mn_3O_4 thin films for supercapacitor application [J]. Applied Surface Science，2010，256（14）：4411-4416.

[77] Zhang X，Yu P，Zhang D C. Room temperature synthesis of Mn_3O_4 nanoparticles：characterization，electrochemical properties and hydrothermal transformation to γ-MnO_2 nanorods [J]. Materials Letters，2013，92：401-404.

[78] Apte S K，Naik S D，Sonawane R S，et al. Nanosize Mn_3O_4（Hausmannite）by microwave irradiation method [J]. Materials Research Bulletin，2006，41（3）：647-654.

[79] Song R，Feng S H，Wang H J，et al. Effect of organic solvents on particle size of Mn_3O_4 nanoparticles synthesized by a solvothermal method [J]. Journal of Solid State Chemistry，2013，202：57-60.

[80] Safarifard V，Morsali A. Sonochemical syntheses of a new fibrous-like nano-scale manganese（Ⅱ）coordination supramolecular compound；precursor for the fabrication of octahedral-like Mn_3O_4 nano-structure [J]. Ultrasonics Sonochemistry，2014，21（1）：253-261.

[81] Shaika D P，Rosaiahb P，Hussain O M. Supercapacitive properties of Mn_3O_4 nanoparticles synthesized by hydrothermal method [J]. Materials Today：Proceedings，2016，3（1）：64-73.

[82] Liu Y，Sun G Y，Chen Y Z，et al. Synthesis and magnetic properties of colloidal superparticles assembled by Mn_3O_4 octahedral nanocrystals [J]. Journal of Magnetism and Magnetic Materials，2020，510：1-7.

[83] Li Z C，Gu A J，Zhou Q F. Facile hydrothermal synthesis of MnOOH nanorods and their application [J]. Rare Metal Materials and Engineering，2016，45（4）：862-867.

[84] Atique-Ullah A K M，Fazle-Kibria A K M，Akter M，et al. Synthesis of Mn_3O_4 nanoparticles via a facile gel formation route and study of their phase and structural transformation with distinct surface morphology upon heat treatment [J]. Journal of Saudi Chemical Society，2017，21（7）：830-836.

[85] 李先柏，陈一波，许彬，等．用菱锰矿制备四氧化三锰工艺研究［J］．金属材料与冶金工程，2011，39（6）：12-18.

[86] 张歆皓．微波辅助水热条件下形貌可控二氧化锰的合成及其电化学性能研究［D]．长春：吉林大学，2013.

[87] 章本天，廖秀红，赵应锦，等．不同晶型和形貌二氧化锰的可控合成及催化性能［J]．精细化工，2016，33（11）：1232-1238.

[88] Devaraj S，Munichandraiah N. Effect of crystallographic structure of MnO_2 on its electrochemical capacitance properties [J]. Journal of Physical Chemistry C，2008，112（11）：4406-4417.

[89] Moradkhani D，Malekzadeh M，Ahmadi E. Nanostructured MnO_2 synthesized via methane gas reduction of manganese ore and hydrothermal precipitation methods [J]. Transactions of Nonferrous Metals Society of China，2013，23（1）：134-139.

[90] Aghazadeh M，Asadi M，Maragheh M G，et al. Facile preparation of MnO_2 nanorods and evaluation of their supercapacitive characteristics [J]. Applied Surface Science，2016，364：726-731.

[91] Huang M，Li F，Dong F，et al. MnO_2-based nanostructures for high-performance supercapacitors [J]. Journal of Materials Chemistry A，2015，3（43）：21380-21423.

[92] Wei Y H，Ni L，Li M X，et al. A template-free method for preparation of MnO_2 catalysts with high surface areas [J]. Catalysis Today，2017，297：188-192.

[93] Gao Q，Wang J X，Ke B，et al. Fe doped δ-MnO_2 nanoneedles as advanced supercapacitor electrodes [J]. Ceramics International，2018，44（15）：18770-18775.

[94] Majidi M R，Farahani F S，Hosseini M，et al. Low-cost nanowired α-MnO_2/C as an ORR catalyst in air-cathode microbial fuel cell [J]. Bioelectrochemistry，2019，125：38-45.

[95] Zuo L X，Jiang L P，Abdel-Halim E S，et al. Sonochemical preparation of stable porous MnO_2 and its application as an efficient electrocatalyst for oxygen reduction reaction [J]. Ultrasonics Sonochemistry，2017，35：219-225.

[96] Xia Y X，Meng L Y，Jiang Y J，et al. Facile preparation of MnO_2 functionalized baker' s yeast composites and their adsorption mechanism for Cadmium [J]. Chemical Engineering Journal，2015，259：927-935.

[97] Liao F，Han X R，Cheng D H，et al. MnO_2 hierarchical microspheres assembled from porous nanoplates for high-performance supercapacitors [J]. Ceramics International，2019，45（1）：1058-1066.

[98] Sindhuja M，Padmapriya S，Sudha V，et al. Phase specific α-MnO_2 synthesis by microbial fuel cell for supercapacitor applications with simultaneous power generation [J]. International Journal of Hydrogen Energy，2018，44（11）：1-10.

[99] Zhao J，Xu L J，Xie C. Preparation of chemical manganese dioxide from low-grade rhodochrosite ore [J]. Chinese Journal of Geochemistry，2013，32（4）：380-384.

[100] Fu J G，He Z X，Wang H，et al. Preparation of chemical manganese dioxide from manganese sulfate [J]. Mining Science and Technology，2010，20（6）：877-881.

[101] 赵玉娜，朱国才，田野．从低品位氧化锰矿制备纳米二氧化锰工艺研究［J]．矿冶，2016，25（5）：29-35.

[102] Chi H Z，Yin S，Qin H Y，et al. The preparation of MnO_2 hollow spheres for electrochemical

capacitor [J]. Materials Letters, 2016, 162: 131-134.

[103] Shindea P A, Lokhande V C, Ji T, et al. Facile synthesis of hierarchical mesoporous weirds-like morphological MnO_2 thin films on carbon cloth for high performance supercapacitor application [J]. Journal of Colloid and Interface Science, 2017, 498: 202-209.

[104] Kondo T, Matsushima Y, Matsuda K, et al. Electrochemical properties of δ-and γ-MnO_2 thin films deposited by a chemical bath technique [J]. Journal of Materials Science: Materials in Electronics, 2016, 27: 8001-8005.

[105] Wanchaema T, Rattanamaia S, Dulyaseree P, et al. Facile synthesis of hybrid manganese oxide and multiwalled carbon nanotube by two-step electrodeposition for supercapacitor electrode [J]. Materials Today: Proceedings, 2017, 4 (5): 6620-6625.

[106] Tizfahm J, Aghazadeh M, Maragheh M G, et al. Electrochemical preparation and evaluation of the supercapacitive performance of MnO_2 nanoworms [J]. Materials Letters, 2016, 167: 153-156.

[107] 李飞．介孔 MnO_2 纳米管的先进设计及赝电容机理研究 [D]. 重庆：重庆大学，2016.

[108] 张雨．MnO_2 的制备及作为超级电容器电极材料的研究 [D]. 哈尔滨：哈尔滨工程大学，2016.

[109] Darmane Y, Cherkaoui M, Kitane S, et al. Preparation of chemical manganese dioxide from moroccan pyrolusite mine waste [J]. Hydrometallurgy, 2008, 92 (1-2): 73-78.

[110] 刘斐，王保成，贾一鸣，等．不同形貌 MnO_2 的制备及其电化学性能 [J]. 人工晶体学报，2015，44 (2)：394-399.

[111] Li Y, Xie H Q, Wang J F, et al. Preparation and electrochemical performances of α-MnO_2 nanorod for supercapacitor [J]. Materials Letters, 2011, 65 (2): 403-405.

[112] Wang W, Pan Y, Pan H F, et al. Synthesis and characterization of MnO_2 nanosheets based multilayer coating and applications as a flame retardant for flexible polyurethane foam [J]. Composites Science and Technology, 2016, 123: 212-221.

[113] 朱杨军，代芳，谭军艳，等．OMS-5 型纳米 MnO_2 电极材料的制备与电化学性能研究 [J]. 兵器材料科学与工程，2016，39 (2)：33-37.

[114] Hu X L, Zhu S F, Huang H H, et al. Controllable synthesis and characterization of α-MnO_2 nanowires [J]. Journal of Crystal Growth, 2016, 434: 7-12.

[115] Toufiq A M, Wang F P, Javed Q, et al. Hydrothermal synthesis of MnO_2 nanowires: structural characterizations, optical and magnetic properties [J]. Applied Physics A-Materials science & Processing, 2014, 116 (3): 1127-1132.

[116] Wei H M, Wang J X, Yang S W, et al. Facile hydrothermal synthesis of one-dimensional nanostructured α-MnO_2 for supercapacitors [J]. Physica E: Low-dimensional Systems and Nanostructures, 2016, 83: 41-46.

[117] 马淳安，楼颖伟，赵峰鸣，等．纳米 MnO_2 的制备及电化学性能研究 [J]. 中国有色金属学报，2004，14 (10)：1736-1740.

[118] Cabello G, Davoglio R A. Inorganic frameworks based on bimetallic nanoparticles encapsulated in hollow MnO_2 structures [J]. Applied Catalysis B-Environmental, 2017, 218: 192-198.

[119] Sankar S, Inamdar A I, Im H, et al. Template-free rapid sonochemical synthesis of spherical α-MnO_2 nanoparticles for high-energy supercapacitor electrode [J]. Ceramics International, 2018, 44 (14): 17514-17521.

[120] Xu K B, Li S J, Yang J M, et al. Hierarchical hollow MnO_2 nanofibers with enhanced supercapacitor performance [J]. Journal of Colloid and Interface Science, 2018, 513: 448-454.

[121] Shen H J, Zhang Y, Song X L, et al. Facile hydrothermal synthesis of actiniaria-shaped α-MnO_2/activated carbon and its electrochemical performances of supercapacitor [J]. Journal of Alloys and Compounds, 2019, 770: 926-933.

[122] Wang J W, Chen Y, Chen B Z. Effects of transition-metal ions on the morphology and electrochemical properties of δ-MnO_2 for supercapacitors [J]. Metals and Materials International, 2014, 20 (6): 989-996.

[123] Li Y, Li J, Xie H Q, et al. Structural and electrochemical performances of α-MnO_2 doped with tin for supercapacitors [J]. Journal of Wuhan University of Technology (Materials Science), 2017, 4: 237-244.

[124] Yang Y F, Liu T M, Zhang L Q, et al. Facile synthesis of nickel doped walnut-like MnO_2 nanoflowers and their application in supercapacitor [J]. Journal Materials Science-Materials in Electronics, 2016, 27 (6): 6202-6207.

[125] Guo X M, Zhang W, Qian C, et al. MnO_2/C composite with 3D hierarchical architecture for high-performance supercapacitor electrodes [J]. Ceramics International, 2018, 44 (8): 9696-9702.

[126] 赵晨阳，潘士斌，吴瑞红，等. 无机化工原料手册 [M]. 北京：化学工业出版社，2014.

[127] Machala L, Tucek J, Zboril R. Polymorphous transformations of nanometric iron (Ⅲ) oxide: a review [J]. Chemistry of Materials, 2011, 23 (14): 3255-3272.

[128] Marinho J Z, Montes R H O, Moura A P D, et al. Rapid preparation of α-FeOOH and α-Fe_2O_3 nanostructures by microwave heating and their application in electrochemical sensors [J]. Materials Research Bulletin, 2014, 49: 572-576.

[129] Low Q X, Ho G W. Facile structural tuning and compositing of iron oxide-graphene anode towards enhanced supacapacitive performance [J]. Nano Energy, 2014, 5: 28-35.

[130] 苏昌华. α-Fe_2O_3 微/纳米材料的控制合成、生长机理与储氢性质研究 [D]. 西安：西北大学，2011.

[131] Pawar R C, Um J H, Kang S, et al. Solvent-polarity-induced hematite (α-Fe_2O_3) nanostructures for lithium-ion battery and photoelectrochemical applications [J]. Electrochimica Acta, 2017, 245: 643-653.

[132] Mallesh S, Narsimulu D, Kim K H. High coercivity in α-Fe_2O_3 nanostructures synthesized by surfactant-free microwave-assisted solvothermal method [J]. Physics Letters A, 2020, 384 (1): 1-5.

[133] Wang H Y, Li R Y, Li M, et al. Flower-like Fe_2O_3@multiple graphene aerogel for high-performance supercapacitors [J]. Journal of Alloys and Compounds, 2018, 742: 759-768.

[134] Cao Z Q, Zuo C Y. One step synthesis of N-doped carbon/amorphous iron oxide composite for enhanced photodegradation activity [J]. Materials Research Express, 2019, 6 (10): 1-10.

[135] Deshmukh R G, Badadhe S S, Mulla I S. Microwave-assisted synthesis and humidity sensing of nanostructured α-Fe_2O_3 [J]. Materials Research Bulletin, 2009, 44 (5): 1179-1182.

[136] Bhujel R, Rai S, Deka U, et al. Electrochemical, bonding network and electrical properties of reduced graphene oxide-Fe_2O_3 nanocomposite for supercapacitor electrodes applications [J]. Journal of Alloys and Compounds, 2019, 792: 250-259.

[137] Koga N, Sato Y. Formation and transformation kinetics of amorphous iron (Ⅲ) oxide during the thermally induced transformation of ferrous oxalate dihydrate in air [J]. Journal of Physical Chemistry A, 2011, 115 (2): 141-151.

[138] Machala L, Zboril R, Gedanken A. Amorphous iron (Ⅲ) oxides a review [J]. Journal of Physical Chemistry B, 2007, 111 (16): 4003-4018.

[139] Chandrababu P, Cheriyan S, Raghavan R. Aloe vera leaf extract-assisted facile green synthesis of amorphous Fe_2O_3 for catalytic thermal decomposition of ammonium perchlorate [J]. Journal of Thermal Analysis and Calorimetry, 2020, 139 (1): 89-99.

[140] Fouada D E, Zhang C H, El-Didamonyc H, et al. Improved size, morphology and crystallinity of hematite (α-Fe_2O_3) nanoparticles synthesized via the precipitation route using ferric sulfate precursor [J]. Results in Physics, 2019, 12: 1253-1261.

[141] Nassar N, Husein M. Preparation of iron oxide nanoparticles from $FeCl_3$ solid powder using microemulsions [J]. Physica Status Solidi A-Applications and Materials Science, 2006, 203 (6): 1324-1328.

[142] Umar A, Akhtar M S, Dar G N, et al. Low-temperature synthesis of α-Fe_2O_3 hexagonal nanoparticles for environmental remediation and smart sensor applications [J]. Talanta, 2013, 116: 1060-1066.

[143] Palchik O, Felner I, Kataby G, et al. Amorphous iron oxide prepared by microwave heating [J]. Journal Materials Research, 2000, 15 (10): 2176-2181.

[144] 赵倩, 吕伟伟, 陈占路, 等. α-氧化铁材料的制备及应用进展 [J]. 应用化工, 2019, 48 (11): 2749-2752.

[145] Shivakumara S, Penki T R, Munichandraiah N. High specific surface area α-Fe_2O_3 nanostructures as high performance electrode material for supercapacitors [J]. Materials Letters, 2014, 131: 100-103.

[146] Xie S L, Zhang M, Liu P, et al. Advanced negative electrode of Fe_2O_3/graphene oxide paper for high energy supercapacitors [J]. Materials Research Bulletin, 2017, 96: 413-418.

[147] Li F, Liu Y L, Wang G G, et al. Few-layered $Ti_3C_2T_x$ MXenes coupled with Fe_2O_3 nanorod arrays grown on carbon cloth as anodes for flexible asymmetric supercapacitors [J]. Journal of Materials Chemistry A, 2019, 7 (39): 22631-22641.

[148] Liu P G, Wu D L, Gao Y, et al. Reduced graphene oxide-coated mulberry-shaped α-Fe_2O_3 nanoparticles composite as high performance electrode material for supercapacitors [J]. Journal of Al-

loys and compounds，2018，738：89-96.

[149] 唐啸虎．尖晶石锰酸锂正极材料的制备及表面改性研究［D］．沈阳：沈阳理工大学，2023.

[150] 崔勇，唐啸虎，邵忠财，等．锰源对合成尖晶石锰酸锂的影响及电化学性能分析［J］．沈阳理工大学学报，2024，43（3）：70-75.

[151] 李泽坤．尖晶石型锰酸锂基正极材料的制备与改性研究［D］．徐州：中国矿业大学，2022.

[152] 张舒．锰酸锂正极材料结构设计与性能研究［D］．长沙：中南大学，2023.

[153] 谢雪珍，陈慧，叶有明，等．修饰四氧化三锰对尖晶石锰酸锂电化学性能的影响［J］．矿业工程，2024，44（4）：31-35.

[154] 马皓皓．以四氧化三锰制备尖晶石锰酸锂正极材料及其改性的研究［D］．桂林：桂林理工大学，2024.

[155] 牛莎莎．从锰阳极渣制备微粒电解二氧化锰及锰酸锂的研究［D］．长沙：中南大学，2012.

[156] Majumdar D，Ghosh S. Recent advancements of copper oxide based nanomaterials for supercapacitor applications［J］．The Journal of Energy Storage，2021，34：101995.

[157] 董一狄．氧化铁及其纳米复合材料的制备和超级电容器性能研究［D］．沈阳：沈阳工业大学，2019.

[158] 余丽丽，朱俊杰，赵景泰．超级电容器的现状及发展趋势［J］．自然杂志，2015，37（3）：188-196.

[159] 闫绳学．铁钴硫化物柔性电极的构筑及超级电容器性能调控［D］．沈阳：东北大学，2023.

[160] 何明亮．垂直石墨烯自支撑电极的可控制备与超级电容器应用研究［D］．南昌：江西师范大学，2024.

[161] 彭波．MnO_2 基超级电容器电极材料的制备［D］．长沙：中南大学，2005.

[162] 白波．氧化铁复合纳米材料的水热制备及其超级电容特性研究［D］．太原：太原理工大学，2017.

[163] 刘春娜．超级电容器应用展望［J］．电源技术，2010，34（9）：979-980.

[164] 北京矿冶研究总院分析室．矿石及有色金属分析手册［M］．北京：冶金工业出版社，2007：20-39，92-100.

[165] 北京矿冶研究总院测试研究所．有色冶金分析手册［M］．北京：冶金工业出版社，2004：225-235，754.

[166] Gambou-Bosca A，Belanger D. Electrochemical characterization of MnO_2-based composite in the presence of salt-in-water and water-in-salt electrolytes as electrode for electrochemical capacitors［J］．Journal of Power Sources，2016，326：595-603.

[167] 娄振宁．高硫铝土矿活化焙烧提铝的基础研究［D］．沈阳：东北大学，2018.

[168] Vracar R Z，Cerovic K P. Manganese leaching in the FeS_2-MnO_2-O_2-H_2O system at high temperature in an autoclave［J］．Hydrometallurgy，2000，55（1）：79-92.

[169] Buttler F G，Mitchell A. The thermal decomposition of manganese（Ⅱ）sulphite trihydrate［J］．Journal of Thermal Analysis，1976，10（2）：257-264.

[170] Turkdogan E T，Olsson R G，Vinters J V. Sulfate and sulfide reactions in the Mn-S-O system［J］．Metallurgical Transactions B，1977，8（1）：59-65.

[171] 正交试验法编写组．正交试验法［M］．北京：国防工业出版社，1976.

[172] 陈建设．冶金试验研究方法［M］．北京：冶金工业出版社，2005.

[173] 华一新．冶金过程动力学导论［M］．北京：冶金工业出版社，2004.

[174] 李洪桂．冶金原理［M］．北京：科学出版社，2018.

[175] Xue J R，Zhong H，Wang S，et al. Kinetics of reduction leaching of manganese dioxide ore with phytolacca americana in sulfuric acid solution [J]．Journal of Saudi Chemical Society，2014，20 (4)：437-442.

[176] Yadav V K，Ali D，Khan S H，et al. Synthesis and characterization of amorphous iron oxide nanoparticles by the sonochemical method and their application for the remediation of heavy metals from wastewater [J]．Nanomaterials，2020，10 (8)：1-17.

[177] Dong H，Zhang H，Xu Y L，et al. Facile synthesis of α-Fe_2O_3 nanoparticles on porous human hairderived carbon as improved anode materials for lithium ion batteries [J]．Journal of Power Sources，2015，300：104-111.

[178] 常翔，郑晓曼，王巍巍，等．不同晶相羟基氧化铁的合成及选择性降低卷烟烟气中 TSNAs 的应用［J］．现代化工，2021，41 (1)：169-173.

[179] 童诚，吴文韬，王挺．具有不对称孔道结构的小介孔二氧化硅粒子的合成及其高分子杂化膜的构建［J］．高等学校化学学报，2021，42 (3)：946-955.

[180] Karimi M，Eshraghi M J. One-pot and green synthesis of Mn_3O_4 nanoparticles using an all-in-one system (solvent，reactant and template) based on ethaline deep eutectic solvent [J]．Journal of Alloys and Compounds，2017，696：171-176.

[181] Raj B G S，Ramprasad R N R，Asiri A M，et al. Ultrasound assisted synthesis of Mn_3O_4 nanoparticles anchored graphene nanosheets for supercapacitor applications [J]．Electrochimica Acta，2015，156：127-137.

[182] Yang G，Li Y H，Ji H M，et al. Influence of Mn content on the morphology and improved electrochemical properties of Mn_3O_4 | MnO@carbonnanofiber as anode material for lithium batteries [J]．Journal of Power Sources，2012，216：353-362.

[183] Han Y F，Chen F X，Zhong Z Y，et al. Synthesis and characterization of Mn_3O_4 and Mn_2O_3 nanocrystals on SBA-15：novel combustion catalysts at low reaction temperatures [J]．Catalysis Communications，2006，7 (10)：739-744.

[184] 施雯．软锰矿湿法还原制备四氧化三锰的研究［D］．吉首：吉首大学，2012.

[185] 王红太．国内四氧化三锰的生产工艺现状及发展方向［J］．山西化工，2006，26 (3)：55-57.

[186] Zhao J，Xu L J，Xie T P，et al. Preparation of Mn_3O_4 from low-grade rhodochrosite ore by chemical bath deposition method [J]．Chinese Journal of Geochemistry，2015，34 (1)：55-61.

[187] Pitchai R，Thavasi V，Mhaisalkar S G，et al. Nanostructured cathode materials：a key for better performance in Li-ion batteries [J]．Journal of Materials Chemistry，2011，21 (30)：11040-11051.

[188] Abou-Rjeily J，Bezza I，Laziz N A，et al. High-rate cyclability and stability of $LiMn_2O_4$ cathode materials for lithium-ion batteries from low-cost natural β-MnO_2 [J]．Energy Storage Materials，

2020, 26: 423-432.

[189] Zhang Z, Wang Y, Ren W, et al. Scalable synthesis of interconnected porous silicon/carbon composites by the rochow reaction as high-performance anodes of lithium ion batteries [J]. Angewandte Chemie-International Edition, 2014, 53 (20): 5165-5169.

[190] Li S, Zhu K, Du S. Enhanced elevated-temperature performance of Al-doped $LiMn_2O_4$ as cathodes for lithium ion batteries [J]. AIP Conference Proceedings, 2017, 1890: 040098.

[191] Liu G Y, Guo J M, Li Y N, et al. Effect of single or double calcination on $LiMn_2O_4$ prepared by a solution combustion synthesis [J]. Advanced Materials Research, 2011, 216: 134-137.

[192] 李长安，陈上，刘伟．从硫酸锰两步法制备的四氧化三锰中除硫 [J]. 中国有色金属学报，2013, 23 (6): 1783-1788.

[193] Zhen M M, Zhang Z, Ren Q T, et al. Room-temperature synthesis of ultrathin Mn_3O_4 nanosheets as anode materials for lithium-ion batteries [J]. Materials Letters, 2016, 177: 21-24.

[194] 胡文立，耿萌，陈梦琴，等．几种表面活性剂对 Mn_3O_4 生成形貌的影响 [J]. 湿法冶金，2016, 35 (3): 225-230.

[195] Hu Y Y, Wen Z Y, Jin J. Rapid low-cost synthesis and enhanced electrochemical properties of mesoporous Mn_3O_4 nanorods [J]. Journal of Inorganic Materials, 2013, 28 (9): 1045-1050.

[196] Wan C Y, Cheng M, Zhang Q S, et al. Preparation of MnO_2 nanostructures by controlled crystal growth and its pseudocapacitive properties [J]. Powder Technology, 2013, 235: 706-711.

[197] 李文艳．微波辅助制备高比表面积四氧化三锰的研究 [D]. 重庆：重庆大学，2009.

[198] 邹兴，朱鸿民．硫酸锰在氨性介质中制备四氧化三锰的研究 [J]. 中国锰业，2009, 27 (4): 4-6.

[199] Ristic M, Music S, Popovic S, et al. Synthesis and long-term phase stability of Mn_3O_4 nanoparticles [J]. Journal of Molecular Structure, 2013, 1044: 255-261.

[200] Meng S J, Mo Z L, Li Z L, et al. Effect of annealing temperature on the compositions and electrochemical performance of Mn_3O_4/γ-MnOOH composites on carbon cloth [J]. Chemical Physics Letters, 2020, 738: 1-7.

[201] Hashem A M A. Preparation, characterization and electrochemical performance of γ-MnO_2 and $LiMn_2O_4$ as cathodes for lithium batteries [J]. Ionics, 2004, 10: 206-212.

[202] Tholkappiyan R, Naveen A N, Vishistal K, et al. Investigation on electrochemical performance of hausmannite Mn_3O_4 nanoparticles by ultrasonic irradiation assisted co-precipitation method for supercapacitor electrodes [J]. Journal of Taibah University for Science, 2018, 12 (5): 669-677.

[203] 杨正红．物理吸附100问 [M]. 北京：化学工业出版社，2015.

[204] Dubal D P, Jagadale A D, Lokhande C D. Big as well as light weight portable, Mn_3O_4 based symmetric supercapacitive devices: fabrication, performance evaluation and demonstration [J]. Electrochimica Acta, 2012, 80: 160-170.

[205] 李春流，农艳莉，闫冠杰，等．一步氧化法制备类球形四氧化三锰 [J]. 湿法冶金，2020, 39 (3): 232-236.

[206] 廖璐，王海峰．贫锰矿制取四氧化三锰的实验研究［J］．广州化工，2014，42（18）：113-115.

[207] Salavati-Niasari M，Davar F D，Mazaheri M. Synthesis of Mn_3O_4 nanoparticles by thermal decomposition of a［bis（salicylidiminato）manganese（Ⅱ）］complex［J］. Polyhedron，2008，27（17）：3467-3471.

[208] Long Y T，Xie J L，Li H，et al. Solvothermal synthesis，electromagnetic and electrochemical properties of jellylike cylinder graphene-Mn_3O_4 composite with highly coupled effect［J］. Journal of Solid State Chemistry，2017，256：256-265.

[209] Sharma J K，Srivastava P，Ameen S，et al. Azadirachta indica plant-assisted green synthesis of Mn_3O_4 nanoparticles：Excellent thermal catalytic performance and chemical sensing behavior［J］. Journal of Colloid and Interface Science，2016，472：220-228.

[210] 朱伟长，吴小俊，高孝钱，等．由硫酸锰制备高纯四氧化三锰的研究［J］．安徽工业大学学报（自然科学版），2013，30（2）：138-141.

[211] 何佳，张昭．硫酸锰为原料沉淀-氧化法制备四氧化三锰的研究［J］．无机盐工业，2014，46（3）：45-49.

[212] 蔡启果，王海峰，王家伟，等．硫酸锰液制取四氧化三锰的工艺条件研究［J］．金属矿山，2018，5：80-83.

[213] 王军伟，晓峰．四氧化三锰反应机理的探索［J］．中国锰业，2015，33（1）：31-33.

[214] 李小栓．尖晶石锰酸锂正极材料的合成与改性研究［D］．湘潭：湘潭大学，2011.

[215] Palaniyandy N，Rambau K，Musyoka N，et al. A facile segregation process and restoration of $LiMn_2O_4$ cathode material from spent Lithium-ion batteries［J］. Journal of the Electrochemical Society，2020，167（9）：090510.

[216] Zhang L，Wang C，Liu Y，et al. Suppressing interlayer-gliding and Jahn-Teller effect in P_2-type layered manganese oxide cathode via Mo doping for sodium-ion batteries［J］. Chemical Engineering Journal，2021，426：130813.

[217] Camacho-Forero L E.，Balbuena P B，Effects of charged interfaces on electrolyte decomposition at the lithium metal anode［J］. Journal of Power Sources，2020，472：228449.

[218] Chen F，Jonathan L，Dion. H，et al. Large-molecule decomposition products of electrolytes and additives revealed by on-electrode chromatography and maldi［J］. Joule，2021，5（2）：415-428.

[219] Kumar N，Rodriguez J R，Pol V G，et al. Facile synthesis of 2D graphene oxide sheet enveloping ultrafine 1D $LiMn_2O_4$ as interconnected framework to enhance cathodic property for Li-ion battery［J］. Applied Surface Science，2019，463：132-140.

[220] Wang B，Qiu J H，Feng H X，et al. Preparation of MnO_2/carbon nanowires composites for supercapacitors［J］. Electrochimica Acta，2016，212：710-721.

[221] Ji X Q，Sun D L，Zou W H. Ni/MnO_2 doping pulping lignin-based porous carbon as supercapacitors electrode materials［J］. Journal of Alloys and Compounds，2021，876：1-11.

[222] Wang X，Li Y D. Synthesis and formation mechanism of manganese dioxide nanowires/nanorods［J］. Chemistry-A European Journal，2003，9（1）：300-306.

[223] Zheng H T, Modibedi M, Mathe M, et al. The thermal effect on the catalytic activity of MnO_2 (α, β, and γ) for oxygen reduction reaction [J]. Materialstoday: Proceedings, 2017, 4 (11): 11624-11629.

[224] Dong J Y, Lu G, Wu F, et al. Facile synthesis of a nitrogen-doped graphene flower-like MnO_2 nanocomposite and its application in supercapacitors [J]. Applied Surface Science, 2018, 427: 986-993.

[225] Li R B, Yu L L, Li S, et al. Facile synthesis of hierarchical mesoporous beta-manganese dioxide nanoflowers with extremely high specific surface areas for high-performance electrochemical capacitors [J]. Electrochimica Acta, 2018, 284: 52-59.

[226] 袁传军．锰氧化物基复合材料的制备及其电化学电容性能的研究 [D]. 长春：吉林大学，2016.

[227] Yang H P, Jiang J, Zhou W W, et al. Influences of graphene oxide support on the electrochemical performances of graphene oxide-MnO_2 nanocomposites [J]. Nanoscale Research Letters, 2011, 6: 1-8.

[228] Bai X L, Tong X L, Gao Y L, et al. Hierarchical multidimensional MnO_2 via hydrothermal synthesis for high performance supercapacitors [J]. Electrochimica Acta, 2018, 281: 525-533.

[229] Kim M, Hwang Y, Kim J. Super-capacitive performance depending on different crystal structures of MnO_2 in graphene/MnO_2 composites for supercapacitors [J]. Journal of Materials Science, 2013, 48 (21): 7652-7663.

[230] Miniach E, Sliwak A, Moyseowicz A, et al. MnO_2/thermally reduced graphene oxide composites for high-voltage asymmetric supercapacitors [J]. Electrochimica Acta, 2017, 240: 53-62.

[231] Qi P, Hou J S, Zhang N, et al. Concentration dependent structure evolution and electrical properties of MnO_2 nanostructures [J]. Materials Letters, 2016, 165: 200-204.

[232] Zhao S Q, Liu T M, Shi D F, et al. Hydrothermal synthesis of urchin-like MnO_2 nanostructures and its electrochemical character for supercapacitor [J]. Applied Surface Science, 2015, 351: 862-868.

[233] Ma M Y, Du Y G, Bao S X, et al. Removal of cadmium and lead from aqueous solutions by thermal activated electrolytic manganese residues [J]. Science of the Total Environment, 2020, 748: 1-8.

[234] Zheng F, Zhu H, Luo T, et al. Pure water leaching soluble manganese from electrolytic manganese residue: Leaching kinetics model analysis and characterization [J]. Journal of Environmental Chemical Engineering, 2020, 8 (4): 1-7.

[235] Shi G L, Zhang K, Zhou S, et al. Template-free synthesis and gas-sensing properties of hierarchical α-Fe_2O_3 hollow urchin-like spheres [J]. Materials Letters, 2013, 107: 228-230.

[236] Wang X, Tian W, Liu D Q, et al. Unusual formation of α-Fe_2O_3 hexagonal nanoplatelets in N-doped sandwiched graphene chamber for high-performance lithium-ions batteries [J]. Nano Energy, 2013, 2 (2): 257-267.

[237] 王海博．非晶氧化铁纳米颗粒的制备与表征 [D]. 兰州：兰州大学，2011.

[238] Kulal P M, Dubal D P, Lokhande C D, et al. Chemical synthesis of Fe_2O_3 thin films for supercapacitor application [J]. Journal of Alloys and Compounds, 2011, 509 (5): 2567-2571.

[239] Zhu S S, Zou X F, Zhou Y, et al. Hydrothermal synthesis of graphene-encapsulated 2D circular nanoplates of α-Fe_2O_3 towards enhanced electrochemical performance for supercapacitor [J]. Journal of Alloys and Compounds, 2019, 775: 63-71.

[240] 郑辛. α-Fe_2O_3 微纳结构及其复合结构材料的制备和性能研究 [D]. 哈尔滨: 哈尔滨师范大学, 2017.

[241] 孟哲, 贾振斌, 魏雨. δ-FeOOH 的制备及热处理产物的 FTIR 光谱 [J]. 过程工程学报, 2004, 4 (2): 146-149.

[242] Mondal A K, Chen S Q, Su D, et al. Microwave synthesis of α-Fe_2O_3 nanoparticles and their lithium storage properties: A comparative study [J]. Journal of Alloys and Compounds, 2015, 648: 732-739.

[243] 刘昭成. 硫铁矿烧渣水热法制备云母氧化铁及其基础理论研究 [D]. 长沙: 中南大学, 2011.

[244] Žic, M, Ristić M, Musić S. Monitoring the hydrothermal precipitation of α-Fe_2O_3 from concentrated Fe $(NO_3)_3$ solutions partially neutralized with NaOH [J]. Journal of Molecular Structure, 2011, 993 (1-3): 115-119.

[245] Mochizuki Y, Bud J, Liu J Q, et al. Adsorption of phosphate from aqueous using iron hydroxides prepared by various methods [J]. Journal of Environmental Chemical Engineering, 2021, 9 (1): 1-10.

[246] 刘辉, 李平, 魏雨, 等. 红外光谱技术在铁氧化物形成研究中的应用 [J]. 河北师范大学学报 (自然科学版), 2005, 29 (3): 272-276.

[247] Biju C S. Properties of α-Fe_2O_3/graphene nanohydrid synthesized by a simple hydrothermal/solution mixing method [J]. Nano-Structures & Nano-Objects, 2018, 13: 44-50.

[248] Rachedi N, Hadjersi T, Moulai F, et al. Effect of Electrolyte Type on Properties of Diamond-like Carbon Films Electrodeposited onto N-Type Si Substrate, Application as Electrode for Supercapacitors [J]. Silicon, 2020, 12: 2445-2453.

[249] Zheng D Y, Sun C X, Pan W X, et al. Nanostructured Fe_2O_3@C negative electrodes for stable asymmetric supercapacitors with high-performance [J]. Energy Fuels, 2021, 35: 16915-16924.

[250] Gao Y, Wu D L, Wang T, et al. One-step solvothermal synthesis of quasi-hexagonal Fe_2O_3 nanoplates/graphene composite as high performance electrode material for supercapacitor [J]. Electrochimica Acta, 2016, 191: 275-283.

[251] Ponnarasi K, Elangovan P, Surender S. Development of CNT/Fe_2O_3 nanocomposites as electrode materials for advanced supercapacitors [J]. Results in Chemistry, 2024, 7: 101355.